Drath · Überleben in SAP-Projekten

Überleben in SAP-Projekten
Erfolgscoaching für Projektleiter

Karsten Drath

Haufe Mediengruppe
Freiburg · Berlin · München

Bibliografische Information der Deutschen Nationalbibliothek

Die Deutsche Nationalbibliothek verzeichnet diese Publikation in der Deutschen Nationalbibliografie; detaillierte bibliografische Daten sind im Internet über http://dnb.d-nb.de abrufbar.

ISBN: 978-3-648-00308-4 Bestell-Nr.00286-0001

1. Auflage 2010

Redaktionsanschrift: Postfach, 82142 Planegg/München
Hausanschrift: Fraunhoferstraße 5, 82152 Planegg/München
Telefon: (089) 895 17-0
Telefax: (089) 895 17-290
www.haufe.de
online@haufe.de
Lektorat: Nicole Jähnichen, 81247 München
Produktmanagement: Rechtsassessorin Elvira Plitt

Umschlag: Kienle gestaltet, Stuttgart
Druck: freiburger grafische betriebe GmbH & Co. KG, 79108 Freiburg

Zur Herstellung dieses Buches wurde alterungsbeständiges Papier verwendet.

Inhalt

Über dieses Buch

Projektmanagement ist weit mehr als die Fixierung auf Gantt-Diagramme und Controlling-Zahlen oder die Verwendung der richtigen Planungssoftware. Gutes Projektmanagement ist im Wesentlichen zunächst eins: Die erfolgreiche Führung von Menschen zur Erreichung eines konkreten Ziels durch Sie, den Projektmanager.

Sie können noch so viel Durchblick in der Sache und Prozesswissen haben, wenn Ihr Team nicht hinter Ihnen steht, werden Sie scheitern. Kein Projektleiter kann ohne oder gegen sein Team auf Dauer erfolgreich sein. Starke Führung muss dabei mit gesunder Fairness in Balance stehen, um dauerhaft ein Klima des gegenseitigen Respekts und der Motivation zu erzeugen. Auch Kommunikation und andere eher weiche Faktoren spielen eine wichtige Rolle.

Und genau darum geht es in diesem Buch, das sich als Werk von Praktikern für Praktiker versteht: Am Beispiel der Einführung neuer ERP-Systeme wird Schritt für Schritt erläutert, worauf zu achten ist, um ein langwieriges, internationales Großprojekt zum Erfolg zu führen. Dabei stehen insbesondere auch die Faktoren jenseits der Sachebene im Fokus, die entscheidend für den Erfolg oder Misserfolg eines Projekts sein können: Firmenpolitik, Management von Krisen, Menschenführung, Umgang mit Konflikten.

Das Buch richtet sich an jetzige oder künftige Projektleiter, die vor einem großen Projekt stehen und sich nicht nur auf die anstehenden Sachaufgaben, sondern auch auf den Umgang mit den beteiligten Menschen vorbereiten wollen. Auch für Führungskräfte aus den Geschäftsbereichen, die zukünftig von einer SAP-Einführung betroffen sind, ist es lesenswert.

Die spannenden Erlebnisse des fiktiven Projektleiters Hajo Rath bei der Einführung eines ERP-Systems in Irland illustrieren mit einem Augenzwinkern den Sachteil, um zu demonstrieren, wie eine Aufgabe angegangen werden sollte – und wie besser nicht.

Ich wünsche Ihnen eine amüsante und nutzbringende Lektüre!

Karsten Drath, Juli 2010

Hauptakteure der Field Story

Der Sachteil dieses Buches wird begleitet von den fiktiven Erlebnissen des IT-Projektleiters Hajo Rath. Die folgenden – natürlich frei erfundenen – Personen sind die Hauptakteure dieser Field Story:

Hajo Rath, IT-Projektmanager

Deutscher, 38 Jahre alt. Hajo liebt seinen Job und will ihn gut machen. Er ist für ihn eine wichtige Sprosse auf der Karriereleiter, sehr zum Leidwesen seiner Frau, da er kaum noch Zeit für die Familie hat.

Geraume Rocher, Business-Projektmanager

Belgier, 49 Jahre alt. Geraume ist Hajos engster Vertrauter, Mentor und Berater in diesem Projekt. Zu Hajos Bestürzung verlässt Geraume kurz nach Projektbeginn die Firma, um mehr Zeit für seine Familie zu haben.

Tiberius Mons, Leadership Coach

Schweizer, 54 Jahre alt. Steht nach erfolgreicher Karriere in der Industrie Managern im Businessalltag zur Seite. Tiberius Mons bringt Hajo mit wenigen Worten dazu, scheinbar verworrene Situationen aufzulösen. Als Geraume geht, wird er zu Hajos wichtigstem Berater.

Nils Larsson, Project Controller

Deutscher, 40 Jahre alt. Nils ist Controller, Surfer und für jeden Spaß zu haben. Er hat ein Auge fürs Detail, scheinbar unerschöpfliche Energie für Nacht- und Wochenendschichten und gute Ideen.

Manjit Mullen, Project Assistant

Indisch stämmige Engländerin, 34 Jahre alt. Marvin Brown hat sie von ihren Assistenzaufgaben im Werk Cork für das Projekt frei gestellt. Manjit ist ein echter Glücksfall für das Team, sie scheint jede Art von organisatorischer Katastrophe mit einem Lächeln aus der Welt zu schaffen.

Marvin Brown, Vice President Finance

Ire, 57 Jahre alt, Cork. Er ist die treibende Kraft hinter dem Projekt. Sein Einsatz hat zur Entscheidung für Irland und gegen Schweden geführt. Der Grund für sein Engagement ist der Mut der Verzweiflung, wie sich später herausstellt. Mitglied des Lenkungsausschusses.

Mick Earl, Vice President Services

Ire, 49 Jahre alt, Limerick. Er leitet vom Standort Limerick aus die Services-Truppe mit den drei Werken in Limerick, Dublin und Galway. Services sieht er als Kerngeschäft des Konzerns, und das führt er mit viel Chuzpe, Gespür und wenig Struktur. Das Projekt will er zunächst nicht. Mitglied des Lenkungsausschusses.

Andy Boots, Prozess Manager Services

Ire, 54 Jahre alt, Limerick. Er wird zusätzlich zu seinem Chef Mick Earl, dessen rechte Hand er ist, in den Lenkungsausschuss berufen, als deutlich wird, dass die fehlende Unterstützung von Services das Projekt fast zum Scheitern bringt.

Andrew McGeorge, Manager Services

Ire, 40 Jahre alt, Limerick. Andrew wird in den Meetings immer mehr zum Stellvertreter von Mick Earl, aber ohne Lizenz für Entscheidungen. Er genießt seine Rolle als 'bad guy', stellt einfach eine Menge Anforderungen für seinen Standort Limerick und wartet ab, was passiert. Als Krönung seiner Destruktivität lässt er den Blueprint platzen.

Franco Forte, CIO

Südtiroler, 55 Jahre alt, Berlin. Während das Projekt in die Realisierungsphase geht, löst Franco seinen Vorgänger ab. Und drückt dem Projekt seinen Stempel auf. Neue Besen kehren gut.

Enzo Bleyer, Vice President IT

Deutsch-Italiener, 58 Jahre alt, Berlin. Seine wortreichen Ausführungen und der joviale Auftritt lenken von Führungsschwächen ab. Als Hajos Chef und Mitglied des Lenkungsausschusses könnte er eine maßgebliche Rolle im Projekt spielen. Vom Schreibtisch in der Berliner Konzernzentrale aus hält sich sein Einfluss auf das Projektgeschehen jedoch in Grenzen. Mitglied des Lenkungsausschusses.

Michael Hinterhuber, Director IT

Österreicher, 45 Jahre alt. Ist sehr ehrgeizig und arbeitet gerne mit Ellenbogen und Säge. Er wird von CIO Franco Forte in den Lenkungsausschuss gesetzt, übernimmt etwas überraschend für alle Beteiligten mitten in der Realisierungsphase die Projektleitung und stürzt das Projekt in eine tiefe Krise.

ERP: Eine Welt für sich

PROLOG

„Es ist unmöglich, Staub aufzuwirbeln, ohne dass einige Leute husten."
(Erwin Piscator)

DIE FIRMA. Maxxwell Automation Inc. ist ein Global Player im Bereich des Anlagenbaus und der Automatisierungstechnik. Die Firmenzentrale befindet sich in Seattle, Washington, USA. Der europäische Sitz ist in Berlin. Weltweit arbeiten mehr als 20.000 Mitarbeiter in 15 Ländern für Maxxwell. Im Jahre 2008 kauft Maxxwell die österreichische Firma Kräuter Anlagenbau mit Sitz in Graz. Kräuter hatte als einzige Firma im Konzern ein existierendes SAP-System zur Steuerung von Unternehmensabläufen. Nach der Übernahme des Unternehmens wird diese SAP-Lösung überarbeitet und unter der Parole

PO! (Processes. Optimized!)

in Deutschland eingeführt. Die Devise für alle Geschäftsbereiche lautet „SAP einführen, Effizienz steigern und dadurch Kosten reduzieren". Die Unternehmensleitung verordnet Disziplin. Die deutschen Standorte akzeptieren die Abkürzung PO! leicht pikiert und gleichzeitig amüsiert. Die Einführung verläuft nicht ohne Probleme, kann aber als erfolgreich bezeichnet werden. Nun steht als Folgeprojekt die Umsetzung von PO! entweder in Irland oder Schweden an. Die in den folgenden Kapiteln fortgeführte Geschichte handelt von der gesamten Dauer dieses Projektes.

Was ERP-Großprojekte so besonders macht

Was sind ERP-Projekte?

Der Begriff Enterprise Ressource Planning, kurz ERP, bezeichnet die unternehmerische Aufgabe, die in einem Unternehmen vorhandenen Ressourcen (wie z. B. Kapital, Betriebsmittel oder Personal) möglichst effizient für den betrieblichen Ablauf einzuplanen. Der ERP-Prozess wird in Unternehmen ab einer gewissen Größe heute durch Software-ERP-Systeme unterstützt.
ERP-Einführungsprojekte bergen eines der größten Missverständnisse der heutigen Geschäftswelt in sich, mit dem hier zunächst einmal aufgeräumt werden soll:

ERP-Implementierungen sind KEINE IT-Projekte!

Ein reines IT-Projekt, z. B. die Implementierung einer neuen konzernweiten Email-Lösung, benötigt nur minimalen Input von den Einheiten im Unternehmen, die das Geld verdienen (= das Business). Solche Projekte werden daher weitgehend vom IT-Bereich in Eigenregie durchgeführt. Die Schwierigkeit solcher IT-lastigen Projekte ist im Wesentlichen abhängig von technischen und planerischen Fragestellungen.

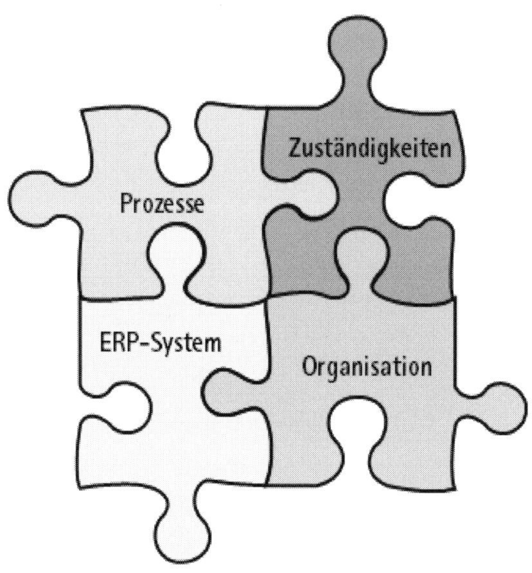

Abb. 1: Bestandteile einer ERP-Lösung

ERP-Projekte dagegen sind so genannte Business Change Projekte. Das heißt:

- Sie betreffen Geschäftsabläufe, Organisationsstrukturen und betriebliche Zuständigkeiten. Sie erfordern daher vom Projektteam umfangreiches Verständnis der existierenden Unternehmensabläufe, Organisationen und Zuständigkeiten.
- Sie haben das Potenzial, tief in diese einzugreifen.

- Die Projektmitarbeiter aus dem Business müssen dementsprechend kompetent und entscheidungsbefugt sein.

Daher sind ERP-Projekte so gut wie nie aufgrund der Technik schwierig, ihre Komplexität hat meist folgende Ursachen:

- unklare Projektaufträge,
- unzureichendes Wissen im Projekt über existierende Geschäftsabläufe,
- nicht dokumentierte Geschäftsabläufe und
- unzureichende Qualität der Daten in den Altsystemen.

Was ist ein Großprojekt im ERP-Bereich?

Von einem ERP-Großprojekt ist in diesem Buch die Rede, wenn die folgenden Kriterien erfüllt sind:

Kriterien für ein ERP-Großprojekt
Mehr als 20 Vollzeit-Mitarbeiter (Business und IT)
Laufzeit mehr als 12 Monate
Gesamtbudget mehr als 5.000 Personentage bzw. mehr als 5 Mio. Euro
Volles inhaltliches ERP-Spektrum (z. B. Finance, Logistik, Produktion, Service, Personal)
Mehrere gleichwertige Standorte
Mehr als 1.000 Endanwender
Projektteam arbeitet mehrheitlich Vollzeit für das Projekt

Es versteht sich von selbst, dass die hier genannten Eckdaten nicht akademisch zu verstehen sind, sondern nur einen groben Rahmen abstecken, um Projekte zu identifizieren, die aufgrund ihrer Größe, Dauer und Komplexität eine spezielle Methodik und Management-Philosophie erfordern, um die es in dem vorliegenden Buch geht. Die meisten der in diesem Buch vorgestellten Konzepte sind allerdings auch für kleinere Projekte – mit ein wenig Anpassung – nutzbar.

Die Risiken von ERP-Projekten

Allen Projekten, gleich in welchem Bereich sie anzusiedeln sind, ist ein gewisses Risiko gemeinsam, und zwar das Risiko, zum geplanten Meilenstein nicht das erwartete Ergebnis zu den budgetierten Kosten vorweisen zu können. Dies unterscheidet Projekte zu einem gewissen Grade von Unternehmungen der Linienorganisation, deren Ergebnisse üblicherweise nicht frei von Risiko, aber doch besser vorhersehbar sind.
Wenn Projekte scheitern, verursachen sie nicht selten einen Schaden für das Unternehmen, der schnell zweistellige Millionenbeträge erreichen kann. Dies gilt vor allem für ERP-Großprojekte, bei denen das gesamte Unternehmen in Mitleidenschaft gezogen werden kann.
Umso bitterer ist die traurige Wahrheit für alle Betroffenen, dass Jahr für Jahr viele solcher Projekte mehr oder weniger spektakulär „vor die Wand fahren". Teilweise schaffen sie es damit sogar in die Presse, wie folgender Artikel aus der Rhein-Zeitung vom 8. Dezember 1999 zeigt:

Software-Panne: Ersatzteile-Mangel

Problem bei Volkswagen/Audi-Händler unter Druck

Kassel/Wolfsburg/Walldorf – Die Panne im zentralen Ersatzteillager der Automarken VW und Audi bringt den Konzern und seine Vertragshändler unter Druck. Vor einer Woche war bekannt geworden, dass im Ersatzteillager im VW-Werk Kassel die Einführung einer neuen Software für die gesamte Steuerung bis hin zum Händler Probleme bereitet.

Die Folge: Etliche VW- und Audi-Kunden müssen länger als sonst, in Einzelfällen mehrere Wochen lang auf die Reparatur ihres Autos warten. Normalerweise garantiert VW in eiligen Fällen eine Lieferung von Ersatzteilen je nach Entfernung innerhalb von einem bis zwei Tagen.

In dem Zentrallager wird nach Angaben des größten europäischen Softwareherstellers SAP AG (Walldorf) eine stark modifizierte Version des SAP-Standard-Programms R/3 eingesetzt. SAP habe 13 Mitarbeiter nach Kassel abgestellt, um die "Probleme zu lösen, die nicht wir zu verantworten haben", sagte SAP-Sprecher Herbert Heitmann.

VW erklärte am Mittwoch zu einem Bericht des Kölner "Express", es gebe keinen neuen Sachstand. An der Behebung der Probleme werde mit Nachdruck gearbeitet. Bislang hoffen VW und Händler, dass die Lieferung von Ersatzteilen bis zum Jahresende wieder reibungslos läuft. "Für uns ist entscheidend, dass die Probleme in der Software so schnell wie möglich behoben werden", sagte der Geschäftsführer des VW/Audi-Händlerverbandes Michael Lamlé der dpa. "Wir hoffen sehr, dass es bis zum Jahresende klappt."

Neuwagen als Ersatzteil-Lager

Betroffen sind die beiden Marken VW und Audi. Andere Konzernmarken wie Seat und Skoda werden entgegen dem "Express"-Bericht nicht von Kassel aus versorgt. "Es ist auch nicht so, dass in Kassel gar nichts mehr funktioniert", sagte Lamlé. "Die Wartezeiten für Ersatzteile sind ganz unterschiedlich. Aber uns sind Fälle bekannt, in denen eine Werkstatt mehrere Wochen auf Teile warten musste." Die rund 3000 deutschen VW- und Audi-Händler stellen den wartenden Kunden vermehrt Mietwagen zur Verfügung.

Mitunter dienen auch Neuwagen zur Ersatzteilbeschaffung. "Sicherlich wird ein Händler im Einzelfall ein dringend benötigtes Ersatzteil aus einem Neuwagen, den er im Lager hat, ausbauen", sagte Lamlé. "Aber von Ausschlachten der Neufahrzeuge kann man nicht sprechen, es wäre wohl reichlich übertrieben."

Hier eine Reihe von Gründen, warum Projekte im Allgemeinen und ERP-Projekte im Besonderen nach meinen Erfahrungen scheitern oder in erhebliche Schwierigkeiten kommen:

- Wechsel im Top-Management gefolgt von einer Änderung der Projekt-Prioritäten
- Unklares oder wechselndes Projekt-Mandat
- Budgetkürzungen infolge wechselnder Prioritäten
- Mangelnde Unterstützung des Projektes durch den Geschäftsbereich; mögliche Ursachen: Projektnutzen ungenügend oder mangelndes Stakeholder-Management
- Zu starke Überzeugung, man sei „anders" und diese Andersartigkeit müsse man auch einer Standard-Software aufzwängen (siehe Beispiel VW oben auf S. 16)
- Zu starke Eigenständigkeit bzw. Machtposition eines externen Integrators ohne Anbindung an die interne IT-Strategie

- Organisatorische oder politische Hemmnisse, die eine effektive Kommunikation und konstruktive Zusammenarbeit innerhalb des Projekts erschweren
- Große organisatorische Veränderungen in den Geschäftsbereichen, die mit dem Projekt nicht ausreichend abgestimmt und integriert sind
- Rollenkonflikt zwischen Linien- und Projektaufgabe des Projektleiters
- Mangelnde Fähigkeit des Projekt-Managements, die verschiedenen Parteien „ins Boot zu holen" (Stakeholder-Management)

Übrigens: Wissen Sie, woran Business Change Projekte zumeist **nicht** scheitern (und zwar auch IT-Projekte)? An der Technik. Egal wie komplex die Aufgabenstellung auch ist, irgendwie kriegt man das System immer „zum Laufen", sei es auch mit Abstrichen. Schließlich funktioniert mittlerweile ja auch die Ersatzteilversorgung bei VW und Audi wieder.

Die Rolle des Leadership Coach im Projektumfeld

Verantwortung macht einsam – Einsamkeit aber führt zu schlechten Entscheidungen! Wenn Sie schon einmal in einer verantwortungsvollen Position und unter dem damit einhergehenden, stetig steigenden Ergebnisdruck gearbeitet haben, haben Sie wahrscheinlich am eigenen Leibe erfahren, wie wahr dieser Satz ist. Wie oben dargestellt, sind ERP-Projekte besonders komplex. Da Unternehmensabläufe und -strukturen von der Einführung betroffen sind, besteht besonderer Ergebnisdruck und das von allen Seiten.

Isolierte Führungskräfte

Mit zunehmender Verantwortung, z. B. in Projekten, steigt der Bedarf nach konstruktivem, ehrlichem Feedback hinsichtlich der eigenen Leistung und an Unterstützung bei der Reflexion der individuellen Handlungsoptionen und Ressourcen.

Gleichzeitig ist aber in den meisten heutigen Organisationen, sicherlich auch infolge der kompetitiven Grundeinstellung vieler Führungskräfte, der Zugang zu dieser Form von Unterstützung strukturell verbaut.

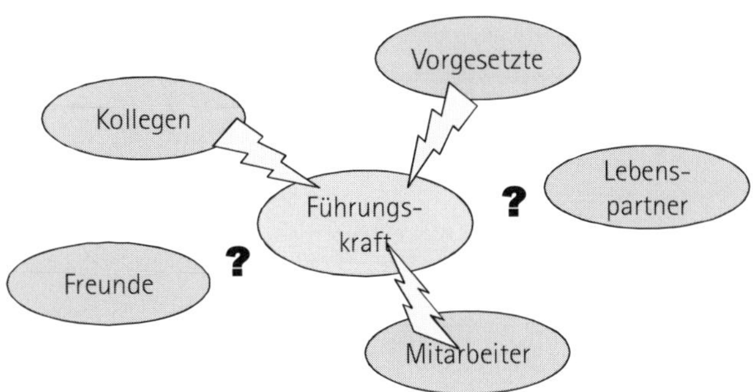

Abb. 2: Die isolierte Führungskraft

- Mit dem Vorgesetzten will man nicht über eigene Defizite sprechen, um die weitere Karriere nicht negativ zu beeinflussen.
- Kollegen werden häufig als Konkurrenten empfunden, die eine Eigenreflexion als Schwäche missverstehen und ausnützen würden.
- Mitarbeiter kommen für derartige Gespräche üblicherweise nicht in Frage.
- Freundschaften werden von vielen Führungskräften aus Zeitgründen nicht in dem Maße gepflegt, wie es nötig wäre, um eine Vertrauensbasis zu schaffen.
- Der Lebenspartner versteht die beruflichen Hintergründe häufig nicht ausreichend und ist zudem befangen.

Frustration und Isolation infolge mangelnden Feedbacks sind mögliche Folgen. Der permanente Erfolgsdruck kann bis hin zur Stagnation der Führungskraft in der persönlichen und beruflichen Entwicklung sowie, infolge verschleppter interpersoneller Konflikte, zur Verschlechterung der Leistung ganzer Projektteams führen. Auch psychische Konsequenzen, von diversen Stress-Erscheinungen bis hin zu Depressionen und Burnout-Syndrom, sind keine Seltenheit.

Ergebnisdruck steigt

Immer häufiger werden komplexere Aufgaben zudem nicht mehr durch die Linienorganisation eines Unternehmens bewältigt, sondern durch interdisziplinäre Projektteams. Dies erhöht zusätzlich die Komplexität der Aufgabe und den Ergebnisdruck auf alle Beteiligten. Oft werden Personen für die Leitung solcher Projekte nominiert, die zwar Führungserfahrung in Linienfunktionen haben, denen es aber an der erforderlichen Erfahrung in Projekten mangelt. Für solche Projektleiter kommen dann verschiedene Stressfaktoren zusammen: mangelnde einschlägige Erfahrung und hoher Ergebnisdruck.

Infolge der zunehmenden Globalisierung, die bereits bei Unternehmen mittlerer Größe zu beobachten ist, werden künftige Projektaufgaben zudem komplexer und internationaler. So müssen z. B. Entwicklungsabteilungen in Indien, Call-Center in Irland, Support-Abteilungen in Bulgarien und Projektteams in allen Teilen der Welt koordiniert werden.

Aufgrund der wachsenden Kapitalmarkt-Orientierung wird die Geschwindigkeit, mit der Projektergebnisse erreicht werden müssen, weiter zunehmen, um z. B. positive Quartalsberichte vorlegen zu können.

Nimmt man das strukturelle Unvermögen existierender Organisationen hinzu, Entscheidern unternehmensintern einen risikolosen Zugang zu konstruktivem Feedback zu ermöglichen, wird deutlich, dass das Coaching von Führungskräften im Allgemeinen und Projektleitern im Speziellen immer wichtiger wird.

Coaching als Ausweg

Wie die folgende Abbildung verdeutlichen soll, ist das Coaching von Führungskräften eine effektive Methode, den Kreislauf der Isolation und Frustration zu durchbrechen, und zwar durch das risikolose Feedback, mögliche Handlungsoptionen unter Anleitung zu reflektieren und zur Verfügung stehende Ressourcen zu erkennen und zu nutzen.

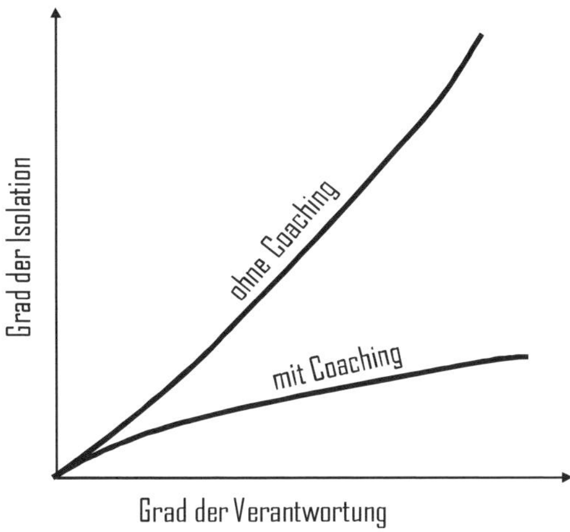

Abb. 3: Zusammenhang von Verantwortung und Isolation

Ein Coach ist für Führungskräfte und Teams ein Ansprechpartner, der

- neutral und verschwiegen ist,
- ehrliches und konstruktives Feedback gibt,
- methodisch geschult ist, das Identifizieren von Handlungsoptionen zu unterstützen,
- idealerweise vergleichbare Problemstellungen selbst schon durchlebt hat.

Gute Management-Coachs kombinieren die Methoden-Kompetenz und die Feld-Erfahrung mit gelebter eigener Projektmanagement-Praxis, um ein kompetenter und effektiver Partner für das Coaching von Projektleitern zu sein.

Die Initialisierungsphase

Von der Idee zum Projekt

Sicherlich überstehen 99 % aller potenziellen Projekte das Ideen-Stadium nicht. Wahrscheinlich ist das in den meisten Fällen auch besser so, vor allem dann, wenn die Kosten-Nutzen-Relation nicht gegeben ist.
Damit ein Projekt Wirklichkeit wird, müssen Sie sicherstellen, dass eine Reihe von Faktoren gegeben ist:

1. Sie müssen möglichst bald einen starken Sponsor für Ihre Projektidee finden. Er muss einen klaren Nutzen vom Erfolg des Projektes haben, sei es Imagegewinn oder eine bessere Kostenstruktur in seinem Bereich. Idealerweise sollte diese Person aus dem Top Management kommen oder zumindest sehr gute Kontakte dorthin haben. Je stärker die Verbindung des Projektsponsors zum Top Management ist und je mehr er hinter der Projektidee steht, desto erfolgreicher wird das Projekt sein.
2. Das Projekt muss einen klaren, erkennbaren und nachhaltigen Nutzen für einen oder mehrere Geschäftsbereiche haben. Entweder werden neue Nutzenpotenziale erschlossen, z. B. durch Kostensenkung, oder alte Probleme, so genannte „Burning Platforms", werden beseitigt. Die Verkaufsargumente müssen einfach, klar und vom Top Management nachvollziehbar sein. Schließlich konkurriert man letztendlich mit anderen ebenfalls guten Projektideen um das knappe Budget.
3. Idealerweise ist ein Projekt Teil einer zuvor entwickelten strategischen Roadmap und bezieht daraus seine Daseinsberechtigung. Da eine solche Roadmap aber selten genug existiert, sollte das Projekt zumindest nicht in Widerspruch stehen zur Gesamtstrategie der Firma (z. B. Bereich A möchte Oracle einführen, die Firmenstrategie basiert aber auf SAP).
4. Ein kleines, effektives Team ist sehr bald vonnöten, um die Projektidee weiter auszuformulieren und zu promoten und um die spätere Projektplanung voranzutreiben.
5. Hinter den Kulissen ist jede Menge kontinuierliche Lobbyarbeit von Ihnen und dem Team zu leisten, um die zuständigen Entscheider auf verschiedenen Ebenen von der Relevanz des Projekts zu überzeugen. Aufkommende Widerstände müssen baldmöglichst entweder sachte entkräf-

tet oder mittels Einsatz des Projektsponsors dauerhaft überwunden werden.

6. Außerdem benötigen Sie eine große Portion Glück. Die Projektidee muss von Ihnen zur richtigen Zeit, im richtigen Geschäftskontext mit den richtigen Unterstützern im Rücken vorgebracht werden.

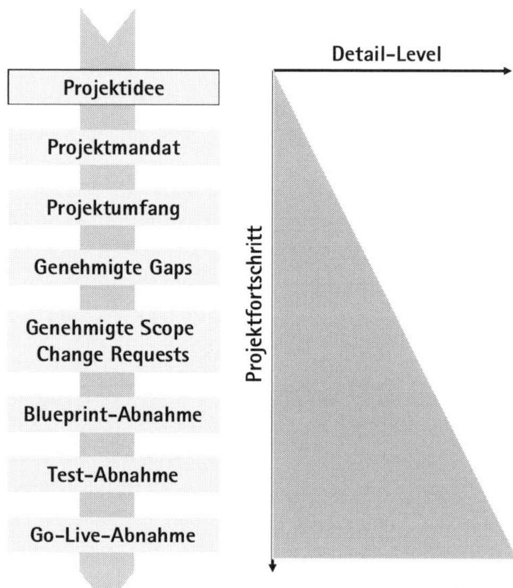

Abb. 4: Entwicklung der Business Anforderungen während des Projekts

ANFANG SEPTEMBER IN BERLIN. Die wärmenden Sonnenstrahlen versuchen vergeblich, die verspiegelte Dreifachverglasung im Sitzungssaal zu durchdringen. Der dunkle Teppich und Wandvertäfelungen aus Mahagoni dämpfen auch das leiseste Rascheln von Zuhörern, während der Redner seine Position einnimmt. Das Brummen des Beamers setzt ein. Die erste Folie: nur zwei große Buchstaben und ein Ausrufezeichen. Plötzliches Kichern setzt ein. „Das müssen die Deutschen sein", denkt Hajo. In welcher anderen Sprache verbindet man mit ‚PO!' ein Körperteil?

Die tiefe, etwas raue Stimme des Redners zieht die Aufmerksamkeit des unruhig gewordenen Publikums auf sich. Im schnodderigen Englisch amerikanischer Erfolgsmenschen tönt sie: „Ich weiß, warum Sie lachen", Fred Walsh hat für seine grauen Haare eine erstaunlich schnelle Reaktion, „PO! heißt hier nichts anderes als ‚Prozesses. Optimized!'. Und Sie wissen alle, was dahinter steckt!" Fred Walsh, Vice Chairman von Maxxwell Automation Inc., war aus Seattle nach Berlin geflogen, um die Bedeutung der anstehenden Entscheidung zu betonen.

Hajo beobachtet die Reaktionen der Anwesenden. Hier in Berlin ist die Crème de la Crème der Maxxwell-Töchter aus Österreich, Deutschland, Schweden und Irland versammelt. Das, was man als Top Management bezeichnet. Geraume Rocher, der designierte Business-Projektleiter, stupst ihn leicht an. Sein Freund und Mentor, ein ehemaliger Werksleiter, der bei der letzten Re-Organisation übrig blieb, hat Hajos Unaufmerksamkeit bemerkt und der ist ihm dankbar dafür, denn jetzt scheint er an der Reihe zu sein. Walsh hat die Bedeutung des Konzerns als Global Player ausführlich betont, jetzt kommt er auf das geplante Projekt zu sprechen.

„Wie Sie alle wissen", fährt Walsh fort, ohne auf die Präsentation zu achten, die ein Assistent parallel steuert, „hat es bei der Implementierung von PO! in Deutschland anfangs einige Schwierigkeiten gegeben. Durch einen gemeinsamen Kraftakt", fährt der Vice Chairman fort, „konnten wir das SAP-System unseres Tochterunternehmens in Graz, bei Kräuter Anlagenbau, an die deutschen Verhältnisse anpassen und die Fehler beseitigen. Und natürlich haben wir alle daraus gelernt. Jetzt läuft es in Logistik, Produktion und Finanzwesen mehr als zufriedenstellend." Fred Walsh macht eine Kunstpause, um die Spannung zu erhöhen. Jemand am Tisch hüstelt verhalten. Ein Wasserglas klirrt. „Es ist mir eine große Freude, Ihnen jetzt einen Mitarbeiter vorstellen zu können, der beim Rollout in Deutschland maßgebend mitgewirkt hat, und der sich bereit erklärt hat, das neue Projekt zu leiten. Es ist Hajo Rath. Hajo, bitte kommen Sie zu mir."

AM REDNERPULT. „Herzlich willkommen im Team, Hajo". Der Vice Chairman schüttelt dem Berliner die Hand. Obwohl Hajo weiß, dass mindestens achtzig Prozent der Anwesenden sich jetzt fragen, ob er wohl ein solches Projekt führen kann, klingt seine Stimme bestimmt. Präzise formuliert er seine Sätze. „Meine Damen und Herren, liebe Kolleginnen und Kollegen", beginnt er sein Statement bewusst förmlich. „Ich habe mir die Entscheidung wirklich nicht leicht gemacht. Wir werden das Projekt – ob in Schweden oder Irland – zu einem erfolgreichen Abschluss bringen. Und ich rechne fest mit Ihrer Unterstützung. Die werden wir brauchen, denn nur zusammen können wir ein solches Projekt schaffen. Die nächsten vier Wochen werden die Entscheidung bringen, wo wir PO! als nächstes implementieren. An der Entscheidungsfindung werden Sie alle beteiligt sein. Ich danke für das Vertrauen, das die Konzernleitung in Seattle und besonders Sie, Mr. Walsh, in mich setzen, und ich freue mich auf eine engagierte Zusammenarbeit mit Ihnen allen." Hajo schüttelt noch einmal die Hand des Vice Chairman kurz und fest. Dann geht er zu seinem Platz zurück und setzt sich. Bewusst ist er bei seinen Worten nicht auf die Zeitfrage und die damit verbundene Amortisationsdauer eingegangen, die Walsh mit zwölf Monaten vorgegeben hat. Völlig unrealistisch. So schnell kann sich kein SAP-Projekt rechnen. Was der Vorsitzende damit bezwecken wollte, ist Hajo ein Rätsel. „Schön, dass Sie alle gekommen sind. Und danke für die Aufmerksamkeit!" bedankt sich der Amerikaner bei den Anwesenden und verabschiedet etwas später jeden Einzelnen mit Handschlag.

Geraume findet Gelegenheit, Hajo zu gratulieren und klopft ihm väterlich auf die Schulter. „Du wirst es schaffen. Wann immer Du Fragen hast oder Unterstützung brauchst – ich bin für Dich da."

„Danke, Geraume!"

In diesem Moment steckt eine junge Dame im hellgrauen Kostüm den beiden Männern augenzwinkernd weiße Umschläge zu. „Wir sehen uns bald", sagt sie und verschwindet.

Beide öffnen die Kuverts.

„Eine Einladung zum Abendessen im Restaurant St. Jacques", stellt Geraume amüsiert fest. Hajo sucht den Absender. „Die Einladung kommt von Marvin Brown. Kennst Du ihn?"

"Lass uns im Taxi reden." Geraume blickt sich um, nimmt sein Jackett und geht Richtung Tür.

Das Projektmandat

Hat sich die Projektidee materialisiert und sind die zuvor genannten Punkte eingetreten, gibt es bereits einen ersten Grund zu feiern. So weit muss man nämlich erst einmal kommen.
Vor allem ein unklares Projektmandat ist ein Grund für ein ziemlich sicheres Scheitern des ganzen Unterfangens. Das Projektmandat dokumentiert den Auftrag, den das Team erfüllen soll.

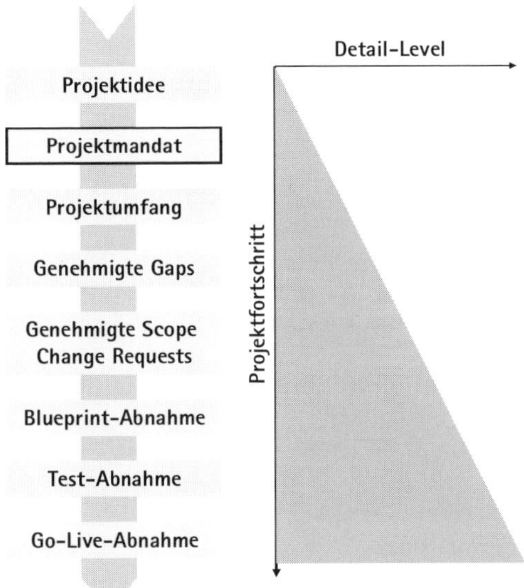

Abb. 5: Entwicklung der Business-Anforderungen während des Projekts

Ohne klares Projektmandat läuft nichts

Ein Projektmandat zu definieren ist nicht unbedingt eine attraktive Aufgabe. Dennoch ist eine solche Definition enorm wichtig, denn sie ist die erste Aussage über den Projektumfang. Es ist hierbei wichtig, exakt zu sein und möglichst genau zu umreißen, was von dem Projekt geleistet werden soll und was nicht. Dies impliziert das Austragen und Aushalten von Konflikten, da verschiedene Parteien, die ein Interesse am Projekt haben, durchaus verschiedene Interessen haben können. Scheuen Sie keine Konfrontation. Nie

wieder in der Laufzeit des Projekts wird ein Konflikt so billig zu klären sein wie jetzt, wie die folgende Abbildung zeigt.
In diesem Prozess wird Ihnen vielleicht erstmalig auffallen, dass Sie in Ihrer Rolle als Projektleiter mitunter ziemlich allein dastehen.

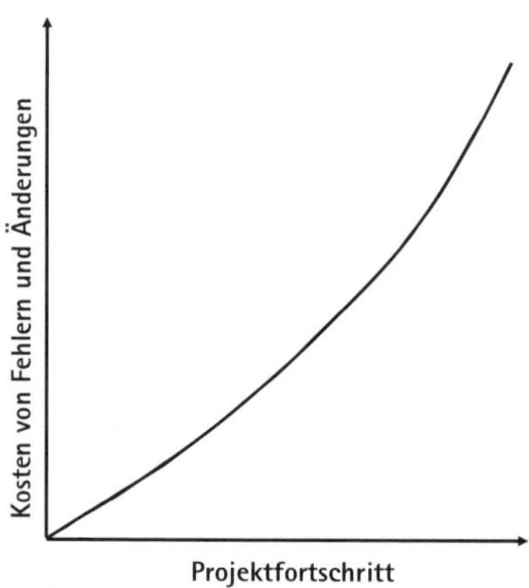

Abb. 6: Kosten von Fehlern und Änderungen

Definieren Sie wesentliche Eckpunkte

Keiner wird Ihnen sagen, wie das Projektmandat zu lauten hat. Auf Ihr hartnäckiges Nachfragen wird man vielleicht ausweichend bis abwehrend reagieren. Die Geschäftsbereiche, also ihre Kunden, haben kein Interesse daran, sich jetzt schon genau festzulegen. Ihnen ist es lieber, alles vage zu lassen und nachher zu argumentieren, dass diese speziellen Anforderungen natürlich schon immer klar gewesen seien.
Hier ist es für Sie als künftiger Projektleiter wichtig, zäh und unnachgiebig zu bleiben und das Projektmandat so möglichst präzise zu definieren. Seien Sie konstruktiv und sachlich, machen Sie Vorschläge, treiben Sie höflich aber bestimmt eventuelle Kompromiss-Verhandlungen mit unterschiedlichen Parteien voran. Lassen Sie sich nicht den Schneid abkaufen, gehen Sie keinen faulen Kompromiss ein, sondern sorgen Sie in Ihrem eigenen Interesse dafür, dass das Projektmandat in folgenden Punkten wasserdicht ist:

- Welche Leistung ist vom Projekt zu erbringen?
  Beispiel: Einführung von SAP PO!
- Wo ist die Leistung zu erbringen?
  Beispiel: In Irland in den Werken x, y, z
- Für welche Geschäftsbereiche ist die Leistung zu erbringen?
  Beispiel: Für alle Bereiche außer Bereich C, denn der wird demnächst verkauft.
- Mit welchem Ziel ist die Leistung zu erbringen?
  Beispiel: Harmonisierung der Geschäftsprozesse weltweit oder Schaffung einer lokalen Lösung
- In welchem Zeitraum ist die Leistung zu erbringen?
  Beispiel: Von Juli 2010 bis Januar 2012

Tipp: Schaffen Sie Verständnis und Konsens

Schreiben Sie die Punkte auf ein paar Folien auf – weniger ist mehr – und stellen Sie sicher, dass alle beteiligten Parteien das Projektmandat verstehen und unterstützen. Das bedeutet: Verzichten Sie auf Emails im großen Verteiler, sondern sprechen Sie mit allen Beteiligten direkt am Telefon oder besser noch persönlich.

IM TAXI. Hajo ist froh, als er die Taxitür zu ziehen kann. Endlich kann er in Ruhe mit Geraume sprechen. „Ich kenne Marvin Brown nicht persönlich. Aber auf der Einladung steht seine Funktion: Vice President Finance Maxxwell Automation Ireland Ltd."

„Ich kenne ihn", sagt Geraume, „ein Ire, der weiß, was er will, und wie er es durchsetzen kann. Ende fünfzig, verheiratet, keine Kinder. Die Hellgraue ist seine Assistentin. Fred Walsh ist übrigens auch dabei. Ich habe sie gefragt."

„Der Vice Chairman!"

„Dann weißt Du auch, worum es heute geht!" Geraume zwinkert Hajo freundschaftlich zu und macht eine weitere Andeutung. „Marvin Brown geht auf's Ganze. Sie lassen uns sogar mit einem Wagen vom Hotel abholen."

Hajo will die Zeit mit Geraume nutzen, bis sie im Hotel ankommen.

„Geraume, Walsh spinnt. Der hat doch tatsächlich gesagt, dass sich unser Projekt schon im ersten Jahr amortisieren soll. Dann ruft er mich auf die Bühne. Praktisch im selben Atemzug." Geraume lächelt amüsiert.

Hajo ist jetzt ungehalten. „Er kann doch nicht einfach mit so einem Ziel ankommen. Es ist nichts durchgerechnet, es gibt noch keinen Business Case, keine Kalkulationen, nichts!"

„Ja, er hat die Latte hoch gelegt. Jetzt wissen die Landesgesellschaften, welche Savings sie bringen müssen, um den Zuschlag für das Projekt zu bekommen," erklärt Geraume, „das bringt die Sache in Bewegung. Lass Dich nicht einschüchtern, Hajo. Das ist normal. Das wird sich im Lauf des Projekts relativieren."

„Aber Geraume, wie soll sich ein solches Ziel relativieren? Das ist doch eine Ansage, die extreme Auswirkungen auf die gesamte Kalkulation hat. Dabei kann doch nichts Vernünftiges rauskommen!"

„Ja, stimmt schon, aber wie gesagt, das ist normal. Der Vice Chairman prüft einfach, wie beide Länder mit der Vorgabe umgehen, das ist ein Ausflug auf den Psychospielplatz."

Systeme vs. Prozesse

Wie bereits erläutert, handelt es sich bei ERP-Projekten nicht um IT- sondern um Business Change Projekte. Geschäftsprozesse, Organisationen und Zuständigkeiten spielen dabei eine zentrale Rolle.
Nehmen wir an, das Mandat Ihres Projektes besagt, dass Sie eine vorhandene Lösung, z. B. die SAP-Lösung Ihrer österreichischen Kollegen in Irland, implementieren sollen – ein so genannter Rollout also. Mit diesem Mandat haben Sie implizit einige Annahmen getroffen, nämlich: Die Geschäftsprozesse, die Aufbau-Organisation und die Zuständigkeiten der Niederlassungen in Österreich und die der Niederlassungen in Irland sind gleich. Das hat natürlich erhebliche Auswirkungen auf Ihren Budgetansatz.
Es gibt jetzt zwei Möglichkeiten:

1. Entweder, Sie gehen das Risiko ein und leben mit der Annahme der gleichen Prozesse etc. Vielleicht haben Sie ja Glück und sie sind tatsächlich gleich. Schließlich gibt es doch bestimmt eine Stabsabteilung bei Ihnen, deren einzige Daseinsberechtigung die Harmonisierung von Prozessen ist. Ansonsten müssten Sie Ihre schöne ERP-Standardlösung durch Change Requests verbiegen, um sie für Irland passend zu machen. Sicherlich wird es ziemlich knirschen, wenn Sie das tun. Ob Sie hierfür ausreichend Budget haben, bleibt zu hoffen. Sicherlich ist in der Kostenbetrachtung aber nicht budgetiert, dass Sie nach Abschluss des Projekts zwei unterschiedliche Lösungen zu betreiben haben, was den Aufwand für die Systemwartung sicher erhöhen wird.

Sollten Sie sich für diese Möglichkeit entscheiden, sind Sie in guter Gesellschaft. Die meisten ERP-Rollouts gehen von „irgendwie gleichen“ Umgebungen aus und erleben nicht selten böse Überraschungen. Sicherlich lehne ich mich ein wenig weit aus dem Fenster, wenn ich behaupte, dass noch nicht einmal die Abläufe innerhalb der drei Werke in Österreich gleich sind. Vielleicht habe ich aber auch Recht.

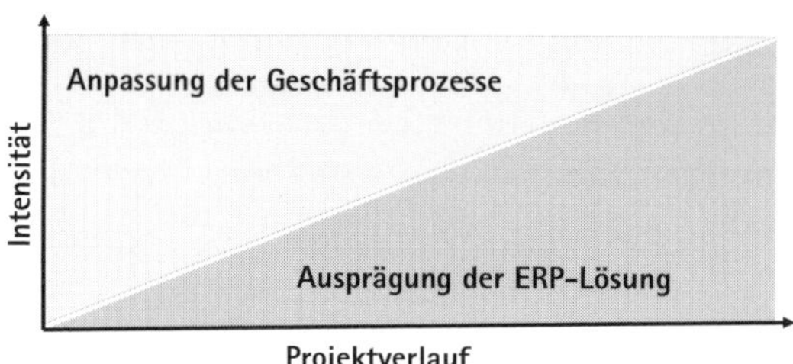

Abb. 7: Neuer Projektansatz

2. Die zweite Möglichkeit: Sie beziehen die Harmonisierung der Geschäftsprozesse direkt und aktiv in das Projektmandat mit ein. Dies ist ein fundamental anderer Ansatz als ein klassischer Rollout. Es ist zu prüfen, ob Ihre Firma reif für diesen Schritt ist. Wer hat in Ihrer Firma bisher das Mandat, Prozesse anzupassen? Die Geschäftsbereiche selbst, eine Stabsabteilung oder der IT-Bereich? Auf jeden Fall muss für diesen Ansatz die bisher zuständige Abteilung aktiv von Anfang an in das Projekt eingebunden werden. Aber dieser Ansatz hat auch noch andere Konsequenzen. Ihr Team wird Fähigkeiten und Erfahrungen brauchen, die es vielleicht jetzt noch nicht hat, da die Change Management Komponente in einem solchen Ansatz ungleich größer ist. Ihr Projektansatz wird ein anderer sein müssen, genauso wie Ihre Projektorganisation. Eventuell wird das Projekt länger dauern, vielleicht wird es auch zunächst teurer werden. Wenn das Ziel jedoch sein soll, **EINE** einheitliche Lösung basierend auf harmonisierten Geschäftsabläufen auszurollen, gibt es zu dieser Herangehensweise wenig Alternativen. Geht man von den Total Cost of Ownership (TCO) für eine ERP-Lösung aus, so wird dieser Ansatz langfristig auch der günstigere sein, da die Support-Aufwände, also die Kosten für Ihr Supportteam, um die Lösung und ihre Anwender nach dem Go-Live dauerhaft zu unterstützen, hier geringer sind. Schließlich handelt es sich ja um dieselbe Lösung in zwei Ländern oder Standorten.

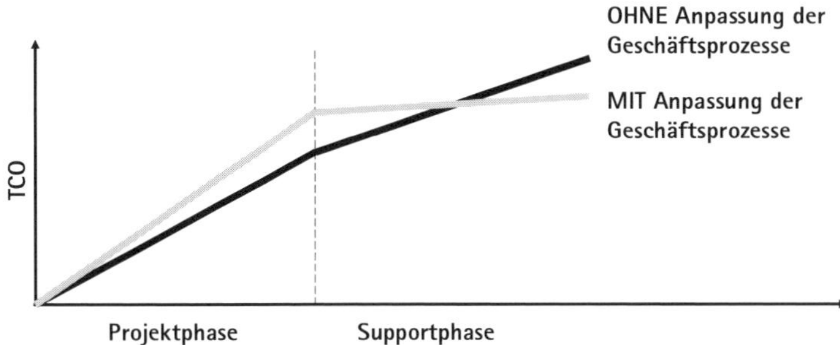

Abb. 8: Total Cost of Ownership (TCO) bei ERP-Lösung

Im Verlauf des Buches werde ich noch näher darauf eingehen, welche Auswirkungen dieser zweite Ansatz auf Ihr Projekt haben kann und wie der Ansatz funktionieren kann.

Stakeholder-Management

Was ist ein Stakeholder? Stake" kann mit „(Wett-)Einsatz, Beteiligung" übersetzt werden, „holder" mit „Eigentümer, Halter". Ein Stakeholder ist daher eine Person oder Gruppierung, die ihre berechtigten Interessen z. B. an Ihrem Projekt wahrnimmt. Stakeholder sind alle Personen oder Institutionen, die durch den Verlauf oder das Ergebnis des Projekts in irgendeiner Weise betroffen sind. Dazu gehören auch Personen, die nicht im eigentlichen Projekt mitwirken, aber das Ergebnis, z. B. ein neues System, nutzen, in Betrieb halten oder schulen.

Stakeholder und die guten Beziehungen zu diesen sind extrem wichtig für Sie und Ihr Projekt, denn sie bestimmen die Geschicke Ihrer Unternehmung mit. Vielleicht sehen Sie sich als einen eher sachorientierten und rationalen Menschen an. Dann werden Sie jetzt Ihr diplomatisches Geschick entwickeln müssen, denn Stakeholder Management ist nichts anderes als Firmendiplomatie. Auch sie lässt sich zwar strukturieren, die irrationale Komponente ist allerdings nicht von der Hand zu weisen. Das macht das Thema ja auch so spannend.

Kennenlernen schafft Akzeptanz

Machen wir einmal einen Eigenversuch. Gegen welche Länder haben Sie die stärksten Vorurteile? Schreiben Sie die Namen der Länder bitte in das Kästchen:

Nun markieren Sie bitte im nächsten Schritt die Länder, in denen Sie persönlich schon mehr als einmal gewesen sind.

Wahrscheinlich werden Sie nicht allzu viele Länder markieren können. Die Soziologie lehrt uns, dass Vorurteile zwischen verschiedenen Gruppen nur dann entstehen, wenn diese Gruppen voneinander wissen, aber keinen direkten, regelmäßigen Kontakt miteinander haben. Gibt es hingegen direkte und regelmäßige Kontakte, entsteht automatisch ein differenziertes Bild der anderen Gruppe gepaart mit einem Mindestmaß an Verständnis.

Nun, Ihr Projekt ist eine solche Gruppe im Unternehmen. Andere Abteilungen und Geschäftsbereiche im Unternehmen ebenfalls. Ihre Aufgabe als Projektleiter ist es, dass Ihr Projekt bei den Stakeholdern wohl gelitten ist. Das erreichen Sie nur durch eben diese direkten, regelmäßigen Kontakte.

Wie Sie die relevanten Stakeholder identifizieren

Damit Sie diese Kontakte pflegen können, müssen Sie die für Sie relevanten Stakeholder erst einmal identifizieren. Die erste Aufgabe für Sie ist es deshalb, Ihre Stakeholder aufzulisten.

Übung 1: Identifizieren Sie Ihre Stakeholder

Erstellen Sie ein Diagramm aller Abteilungen, Stabsstellen und Ländergesellschaften, die formal ein Interesse am Projekt haben müssten. Dann ergänzen Sie diese Übersicht durch die „grauen Eminenzen", die auf jeden Fall wichtig sind, aber aus rein formalen Gesichtspunkten nicht in Ihrer Übersicht erscheinen würden.

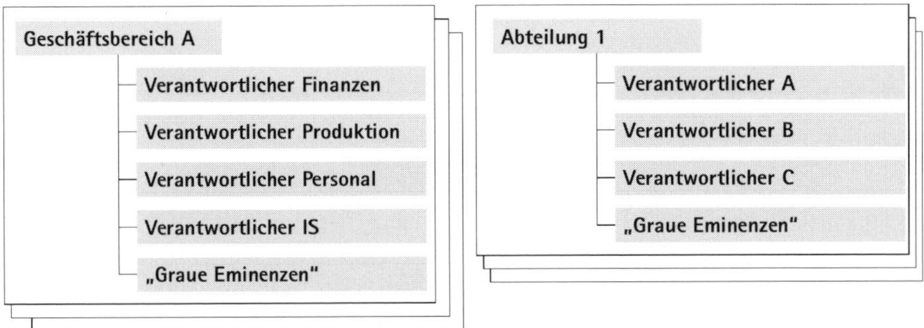

Abb. 9: Übersicht der Projekt-Stakeholder

Übung 2: Teilen Sie die Stakeholder in Klassen ein

Als nächstes klassifizieren Sie jeden Stakeholder anhand der Dimension

- Wichtigkeit für das Projekt
- Erwarteter Nutzen aus dem Projekt
- Einstellung gegenüber dem Projekt

Als Ergebnis erhalten Sie eine Übersicht, die wie folgt aussehen kann:

	Wichtigkeit für das Projekt	Erwarteter Nutzen vom Projekt	Einstellung gegenüber dem Projekt
Marvin Brown VP Finance	Hoch	Erreichen der vorgegebenen Stellenreduktion	Positiv
Mick Earl VP Business	Hoch	Keiner	Negativ
Ian Robinson Director Production Control	Hoch	Erreichen des Zielbudgets	Positiv

Wie Sie mit Stakeholdern umgehen

Diese Übersicht ist Ihr zentrales Arbeitsinstrument über die gesamte Projektlaufzeit, denn es sagt Ihnen, wer wie oft konsultiert werden muss. Frei nach dem Motto: „Deinen Freunden sei nah, Deinen Feinden sei näher" ist in der Beispielsübersicht der Kollege Earl, der von hoher Relevanz für das Projekt ist, mit besonderer Vorsicht zu genießen.
Ziel des Projektleiters sollte es also sein, ihn öfter zu sehen als die Kollegen Brown und Robinson. Außerdem sollten die Botschaften der Konsultationen andere sein. Während der Projektleiter mit Mick Earl erarbeiten müsste, welchen Nutzen sein Bereich aus dem Projekt ziehen kann, müsste man mit Robinson überlegen, welche Maßnahmen erforderlich sind, um sicherzustellen, dass das Zielbudget eingehalten wird. Wenn die Rede von „gemeinsam überlegen" ist, so ist dies durchaus wörtlich gemeint.

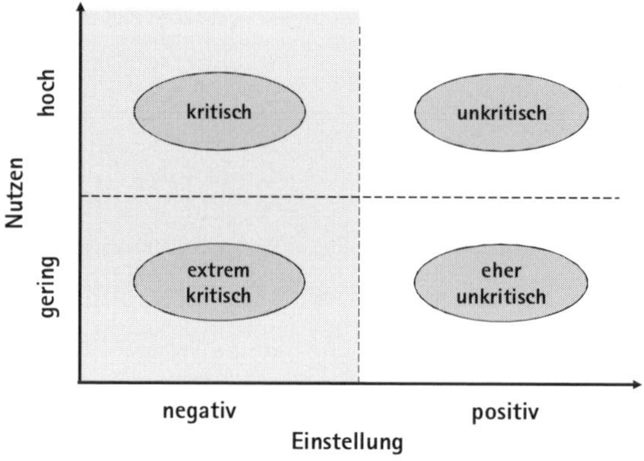

Abb. 10: Einstellung verschiedener Stakeholder

> **Tipp: Beziehen Sie die Stakeholder mit ein!**
> Lassen Sie die Stakeholder aktiv Einfluss nehmen auf Ihr Projekt. Bitten Sie um Reviews, fragen Sie nach Ratschlägen und setzen Sie diese dann auch um. Sollten einige Ratschläge z. B. aufgrund von mangelnder Detailkenntnis jenseits von Gut und Böse liegen, so sollten Sie die gute Absicht dahinter goutieren und zumindest zusichern, diese Ideen ernsthaft zu erwägen. Erwähnen Sie gegenüber anderen, dass Sie die Maßnahme xy auf Empfehlung

Ihres Stakeholders A ergriffen haben und was das für positive Konsequenzen gehabt hat. Auf diese Weise machen Sie Unbeteiligte zu Beteiligten und Beteiligte zu Unterstützern! Sie empfinden das als übertrieben und zu opportunistisch? Führen Sie sich immer vor Augen, dass Stakeholder Ihr Projekt jederzeit „einstampfen" oder Ihnen zumindest das Leben schwer machen können, wenn sie seinen Nutzen nicht verstehen und nicht hinreichend einbezogen worden sind.

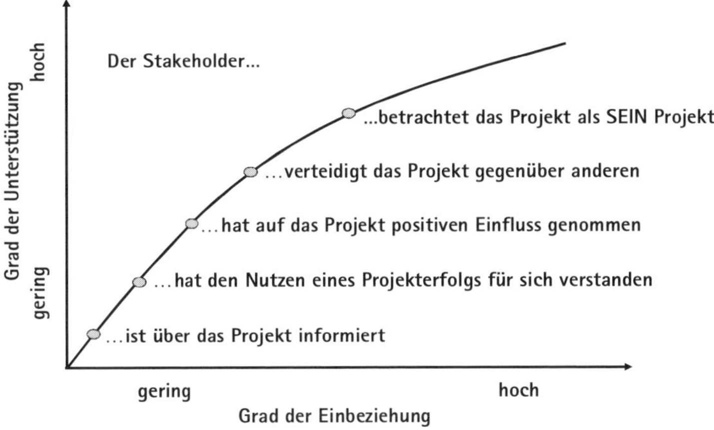

Abb. 11: Positive Stakeholder-Entwicklung

Übrigens besteht die Kunst gar nicht mal so sehr darin, ein gutes Stakeholder Management mit allen zuvor beschriebenen Tools zu Beginn des Projekts aufzuziehen. Weit schwieriger ist es, dies auch noch zu tun, wenn Stakeholder während der Projektlaufzeit wechseln und im Projekt die Wellen hoch schlagen. Dies wird im Kapitel „Krisen, Eskalationen und Umgang mit Widerständen" noch näher behandelt werden.

EIN SONNTAG ANFANG OKTOBER, ANKUNFT IN IRLAND. „Irland also!" Dreihundert Regentage pro Jahr. Der Schatten des Fliegers gleitet über das grün-braun gemusterte Patchwork der Insel. Hajo lässt die Wochen nach seiner Zusage Revue passieren. Marvin Brown hatte es geschickt eingefädelt, das Projekt zu bekommen. Das Abendessen mit dem Vice Chairman nach der offiziellen Übergabe der Projektleitung an ihn war ein kluger Schachzug des Iren gewesen. Hajo ist sicher, dass die Entscheidung an diesem Abend gefallen war, obwohl es noch fast drei Wochen bis zur offiziellen Verkündung dauerte. Das Essen im Restaurant St. Jacques am Rande des Regierungsviertels von Berlin verlief harmonisch und amüsant. Als sie bei der Auswahl feinster Käse angekommen waren und ein Marc de Champagne die Südtiroler Spitzenweiß- und Rotweine abgelöst hatte, glaubte Marvin sich offensichtlich selbst, dass SAP all seine operativen Probleme lösen würde. Voller Inbrunst betonte er die Wichtigkeit des neuen Systems für Irland und seine riesigen Potenziale. Er würde es ohne jeglichen Zweifel schaffen, die geforderten Einsparungen zu bringen. Marvin sagte ohne jegliches Zögern die von Walsh geforderten Savings zu. Wenn Marvin so hinter dem Projekt stehen würde, hätten sie einen starken Mann an ihrer Seite. Er klang überzeugend. Es war klar, dass er das Projekt unbedingt wollte. Hajo war hin- und hergerissen zwischen wohliger Aufregung und dem schrecklichen Gefühl, bald keinen sicheren Boden mehr unter seinen Füßen zu haben. Bei den Versprechungen, die Marvin gegeben hatte, war ihm Angst und Bange geworden. Wenn Hajo eine Berechtigung für dieses Projekt hatte, dann war das neben seinem Ehrgeiz und aberwitzigen Mut, ins eiskalte Wasser zu springen, seine Erfahrung mit SAP-Projekten. Und so viele Leute, wie Marvin versprochen hatte einzusparen, hat noch kein einziges ihm bekanntes Projekt geschafft. Seiner Meinung nach vergaloppierte sich Marvin gewaltig, und er würde an diesen Gaul gebunden über den Boden geschleift werden. Die entspannte Freundlichkeit und die kraftvolle Energie von Walsh hatten ihn an diesem Abend beruhigt, und der abschließende Whiskey in dem Glas, das schwer in seiner Hand lag, seine Angst betäubt. Bis zuletzt hatte er überlegt, ob er das Mandat zurückgeben sollte. In zwölf Monaten kann sich ein solches Projekt einfach nicht amortisieren ... Und seine Frau hatte eher verhalten reagiert, als er ihr vom Angebot der Konzernleitung erzählt hatte. Verhalten? Sie war schlicht und einfach sauer. „Mindestens ein halbes Jahr in Schweden oder Irland! Was bleibt da noch für die Familie?", hatte sie gesagt. Na ja, schließlich hatte sie eingewilligt, ohne wirklich überzeugt zu sein.

„Wie gut, dass ich vor Abflug noch mit dem neuen Coach gesprochen habe", denkt Hajo. „Vergiss mein Schulungsbudget", hatte er zu Enzo Bleyer, seinem Chef gesagt, „ich will einen Coach." Ein Studienkollege hatte ihm jemanden heiß empfohlen: Tiberius Mons, erfahrener Managementcoach, Schweizer, Typ Eremit. Anwesen in Brandenburg, wo die Sitzungen stattfinden sollen. Immer freitags, wenn es die Wochenplanung zulässt. Und ab und zu würde das Telefon herhalten müssen. Beim ersten Treffen, in einem Berliner Café, hatten sie sich beschnuppert und Mons hatte ihm ein paar Fragen gestellt, den Finger in die Wunden gelegt. Gerade dann, wenn Hajo ein bisschen Fellpflege erwartete, hat Mons ihn offen angelächelt und gefragt: „Und, was ist gut an diesem Problem?"

Hajo wirft einen Blick auf den Sitz zu seiner Rechten. Geraume, sein Counterpart auf Business-Seite, blättert etwas lustlos im Economist. Zusammen mit ihm hat er einen Plan gemacht für die erste Woche in Irland. Geraume als alter Hase hatte gesagt, „Hajo, Stakeholder Management ist zu diesem Zeitpunkt ganz wichtig. Wir müssen wissen, wer sind die Hidden Champions, wer zieht welche Fäden hinter den Kulissen? Wir müssen ganz schnell herausfinden, wer mit wem kann, wem man vertrauen kann, wem nicht, wer welche Interessen hat. Das geht nur, indem man mit den Leuten spricht." Und Hajo in seiner gewohnt strukturierten Art hat daraus gleich einen minutiösen Plan entwickelt, alle zu identifizieren und abzuklappern.

EIN HERRENHAUS IN IDYLLISCHER LANDSCHAFT. Ein Fahrer holt die beiden vom Flughafen Cork ab und bringt sie in ihre Unterkunft für die nächsten zwei Tage. Sie fahren an verfallenden Industriebaracken vorbei und an den Stahl-Glas-Komplexen der internationalen Konzerne, die Innovation demonstrieren. Der Wagen gleitet eine Weile durch die für diese Jahreszeit noch immer sattgrüne irische Landschaft, seltsam baumlos, bis sie in eine kleine Seitenstraße abbiegen und schließlich über eine knirschende Kiesauffahrt einen irischen Herrensitz erreichen. Lachsfarbene und weiße Kletterrosen, perfekt gestutzte Buchsbäume und die dunkle, schwere Eingangstür strahlen eine so ländliche Gelassenheit aus, dass Hajo sich beim Wunsch nach einer entspannten Urlaubswoche ertappt mit langen Spaziergängen durch das Moor und abendlichen Zigarren mit honiggoldenem Single Malt vor dem Kamin.

Eine ältere Dame mit gestärkter weißer Bluse und hoch gestecktem grauen Haar, aus dem sich ein paar Strähnen gelöst haben, öffnet die Tür und begrüßt sie sehr herzlich. Die Einrichtung hält das Versprechen von außen mit dunkel gemusterten Teppichen, die jeden Schritt dämpfen, schweren messingbeschlagenen Mahagoni-Möbeln und Lampenschirmen, die warmes indirektes Licht verbreiten. Hajo und Geraume finden in ihren Zimmern, ebenso herrschaftlich wie der Rest des Hauses, Informationen für ein Abendessen mit Marvin. Ein Restaurant, etwa eine halbe Stunde entfernt, der Fahrer würde sie um 19 Uhr abholen.

Das Abendessen verläuft freundlich. Kollegen haben sie gut auf Irland vorbereitet. „Irische Küche ist ein Mythos. Es geht um immer wieder neue Kombinationen von Fisch und Kartoffeln. Der wichtigste Beitrag dieses Landes zur kosmopolitischen Küche ist Schweineschmalz, in das alles hinein gedippt wird!" Sie sind gewarnt worden vor Schwarzem Pudding, der hauptsächlich aus Schafsblut bestehe. Und vor Presskopf, der nichts anderes sei als ein Schweinekopf, aus dem vorher Augen, Hirn und Knorpel entfernt wurden. Die Speisekarte bietet dann doch eine gute Auswahl halbwegs bekannter Nahrungsmittel. „Vom Gemüse", überlegt Hajo, „bestelle ich in Zukunft einfach eine zusätzliche Portion." Marvin plaudert locker über die anderen Standorte Dublin, Galway und Limerick und über die schönen Berliner Frauen. Als echter Dubliner klärt er sie auf über seine Landsleute. Über Culchies, die Leute vom Land, die ihren Kohl mit der Heugabel essen, und die Menschen aus Cork, die von Dublin, geschweige denn von Denver oder Delhi noch nie etwas gehört haben und einen Dialekt sprechen, der nur per Simultanübersetzung zu verstehen ist. Nach drei Guinness und zwei Whiskeys verabreden sie sich für ein Grundlagengespräch am nächsten Tag in Marvins Büro.

Der Projektansatz

Eine Übersicht über die Herangehensweisen

So, die Projektidee ist da, ein Projektsponsor hat sich auch gefunden. Das Stakeholder Management läuft bereits an. Wie aber soll das Projekt nun angegangen werden? Es ist die Zeit gekommen für den Projektansatz. Er ist eine der schwierigsten und schwerwiegendsten Entscheidungen in Ihrem Projekt, denn er ist danach so gut wie nicht mehr revidierbar.
Er fasst Herangehensweisen verschiedener Dimensionen zusammen und ist die zentrale Grundlage für die darauf folgende Planungsphase:

Herangehensweisen	Fragestellung
Template oder Rollout	Gibt es schon eine ERP-Lösung, die ausgerollt werden soll oder muss diese noch entwickelt werden? Wenn es sie bereits gibt, ist sie wirklich ausrollbar?
Harmonisierung von Geschäftsprozessen	Soll ein Business Process Reengineering durchgeführt werden, oder bleiben die existierenden Prozesse wie sie sind und Sie passen stattdessen bei Bedarf die ERP-Lösung an?
Make or Buy	Haben Sie die erforderlichen Ressourcen und Skills in Ihrem Unternehmen verfügbar oder benötigen Sie externe Unterstützung? Wenn ja, welche Form von Unterstützung wird benötigt? Bevorzugen Sie einen zentralen Integrator oder sollen fehlende Skills punktuell durch externe Unterstützung ergänzt werden („Cherry Picking")?
Anzahl Go-Lives	Abhängig von der Anzahl der Standorte, ihrer Geschäftsbeziehung untereinander, der verwendeten Alt-Systeme, dem zur Verfügung stehenden Zeitfenster und der Größe Ihres Projektteams ergeben sich verschiedene Go-Live Szenarien. Welches ist das richtige?
Zentral oder dezentral	Arbeiten Sie mit einem zentralen Team oder z. B. bei einem Flächen-Rollout mit vielen dezentralen Teams?

Herangehensweisen	Fragestellung
Offshore oder Onshore	Arbeiten alle Teile des Projekts in demselben Land oder gibt es z. B. eine ausgelagerte Entwicklungsabteilung in Südamerika, Osteuropa oder Asien? Gibt es eventuell ein Team, das auf mehrere parallele Projekte verteilt ist?
Projekt-Methodik	Welche Phasen hat Ihr ERP-Projekt? Welche Ansätze, Tools und Templates stehen zu Verfügung, um Erfahrungswerte anderer Projekte zu nutzen und Ihr Projekt sicherer und billiger zu machen?
Projektdokumentation	Wie detailliert soll Ihr Projekt die Arbeitsergebnisse dokumentieren? Welche Arten von Dokumenten sind anzufertigen, welche sind überflüssig? Hier gilt es das richtige Maß an Transparenz und Aufwand zu definieren.

Sehen wir uns die einzelnen Fragestellungen im Folgenden genauer an.

Template oder Rollout?

Die meisten Unternehmen in West-Europa und Nord-Amerika haben mittlerweile bereits ERP-Systeme implementiert. Dabei ist SAP R/3 am weitesten verbreitet.

Ein Konzern oder ein Unternehmen verändert sich ständig. Firmenteile werden ver- oder gekauft, Geschäftsbereiche werden zusammengelegt, neue werden geschaffen, Standorte werden geschlossen, neue werden aufgemacht. Die ERP-Systeme müssen auf solche Veränderungen angepasst werden.

Jeder Unternehmenstyp hat andere Bedürfnisse

Am Markt gibt es heute vornehmlich vier Typen von Unternehmen:

Unternehmenstypen	Besonderheiten
Typ 1	Das ERP-Template ist definiert, und der Rollout läuft oder ist abgeschlossen. Diese Unternehmen sind eher stabil und daher selten. Wenn Sie in einem solchen Unternehmen arbeiten, lassen Sie es mich bitte wissen.
Typ 2	Es gibt viele verschiedene ERP-Lösungen mit unterschiedlichen Verbreitungsgebieten, aber kein definiertes und allgemein anerkanntes ERP-Template. Diese Situation lässt sich häufig in Post-M&A-Umgebungen finden, d.h. in Firmen, die durch Zukauf von anderen Firmen gewachsen sind.
Typ 3	Früher gab es mal ein ERP-Template, aber nach dem Rollout ging das Leben weiter, das Management hat gewechselt, der Konzern wurde restrukturiert, die Key User sind abgewandert und jetzt ist von dem Template nicht mehr viel übrig. Sehr häufig anzutreffen in Unternehmen, die IT nur als Kostenstelle sehen.
Typ 4	Das Unternehmen arbeitet mit einem oder mehreren veralteten Systemen. Ein modernes ERP-System ist nicht vertreten. Diese Unternehmen sind heute eher selten anzutreffen.

- Unternehmenstyp 1 ist auf der „Rollout-Schiene“, die Entscheidung zum Template und dessen Rollout ist bereits gefallen.
- Die Unternehmenstypen 2 und 3 stehen vor der Entscheidung, sich für ein oder mehrere Templates zu entscheiden, oder es ganz sein zu lassen und mit lokalen Sonderlösungen weiterzuarbeiten.
- Unternehmenstyp 4 schließlich steht die ERP-Einführung früher oder später bevor. Er kann sich dann ohne Mehraufwände für ein Template entscheiden und die Geschäftsbereiche anschließend harmonisieren.

Ein Template oder gleich mehrere?

Ein ERP-Template zu definieren und zu implementieren kostet Geld, viel Geld. Außerdem muss es zur Management-Philosophie Ihrer Firma passen. Die Harmonisierung von Geschäftsprozessen muss aktiv gewollt sein.

- Wenn Ihr Konzern verschiedene Geschäftsbereiche oder Landesgesellschaften, in denen zudem auch noch **sehr unterschiedliche Produkte und Dienstleistungen** angeboten werden, als total eigenständige Profit Center führt, wird ein Template für alle schwer durchsetzbar sein und vielleicht auch wenig Sinn machen. Eventuell ist in diesem Falle aber ein Template für jeden Geschäftsbereich sinnvoll.
- Geht man aber von **vergleichbaren Produkten und Dienstleistungen** aus und setzt Ihr Unternehmen auf Synergien, dann ist die Einführung eines ERP-Templates für alle vielleicht die einzige Möglichkeit, Geschäftsprozesse standortübergreifend wirklich zu harmonisieren und die Total Cost of Ownership für Ihre ERP-Systeme nachhaltig zu senken oder zumindest zu stabilisieren.

Natürlich wird kein Chef eines Geschäftsbereichs zulassen, dass seine Prozesse wegen eines ERP-System angepasst werden. Das wäre ja noch schöner! Daher ist es mir wichtig, immer wieder zu betonen, dass ERP-Einführungen keine IT-Projekte, sondern Business Change Projekte sind. Es geht also nicht darum, ein neues System einzuführen, sondern vielmehr eine neue Lösung, die aus Systemen, Prozessen, Organisationen und Zuständigkeiten besteht.

Harmonisierung von Geschäftsprozessen?

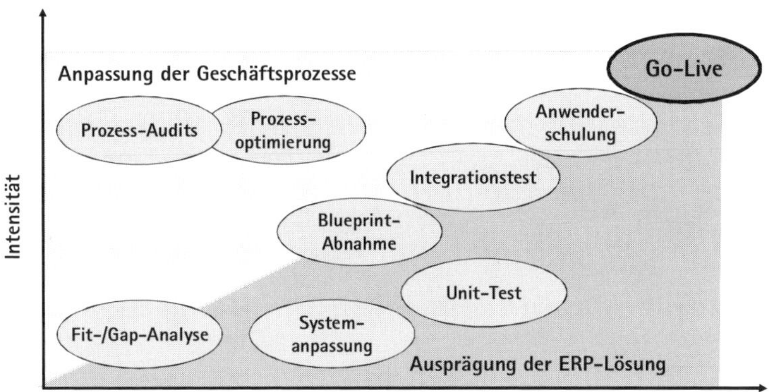

Abb. 12: Prozess- und Systemaktivitäten im Projektverlauf

Gehen wir von einem Rollout-Szenario aus, bei dem die Geschäftsprozesse harmonisiert werden sollen. Wie muss sich ein solches Projekt vom Ansatz her von einem klassischen Template-Projekt oder einem Rollout-Projekt ohne Geschäftsprozess-Harmonisierung unterscheiden? Ein solches Projekt benötigt spezielle Projektphasen, die auf die Geschäftsabläufe abheben:

Phasen	To-do
1. Prozess-Audit	In der Phase „Prozess-Audit" werden die existierenden Abläufe, Organisationen und Zuständigkeiten aufgenommen und hinsichtlich ihrer Kompatibilität mit dem Template analysiert. Des Weiteren werden die künftigen Prozesse, etwaige Organisationsänderungen sowie Verlagerungen in Zuständigkeiten definiert dokumentiert und dem Projekt-Lenkungsausschuss zur Genehmigung vorgelegt.
2. Prozess-Anpassung	In der Phase „Prozess-Anpassung" werden die neuen Prozesse, Organisationen und Zuständigkeiten für die jeweiligen Geschäftsbereiche kreiert. Die neuen Abläufe müssen dokumentiert, Arbeitsanweisungen neu formuliert und eventuell Stellenbeschreibungen angepasst werden.

Phasen	To-do
3. Test	Gemeinsam mit dem neuen System werden die neuen Prozesse etc. dann in Vorbereitung auf den Go-Live getestet und final vom Lenkungsausschuss abgenommen.
4. Deployment	Im anschließenden Deployment wird dann die neue ERP-Lösung, bestehend aus ERP-System, Organisation, Prozessen und Zuständigkeiten, in den einzelnen Standorten und Geschäftsbereichen geschult.

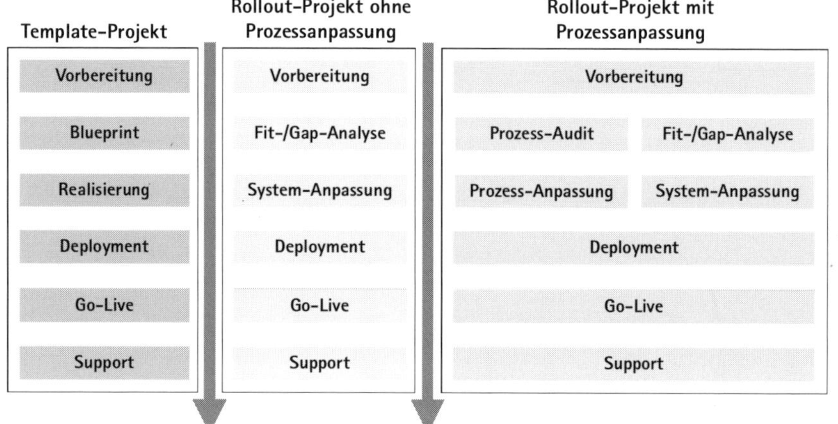

Abb. 13: Projektphasen im Vergleich

So weit der Plan. Die tatsächliche Umsetzung wird nicht so einfach sein. Ein altes System durch ein neues zu ersetzen ist eine Sache. Der oben beschriebene Ansatz ist jedoch sehr viel weit reichender. Ohne einen Projektsponsor, der voll hinter dem Projekt steht, und ein gut etabliertes Stakeholder Management, das alle Betroffenen gut einbezieht, ist dieses Maß an Veränderung fast nicht zu bewältigen. Selbst mit dieser Unterstützung werden die Geschäftsbereiche noch genug Gründe finden, warum diese Veränderungen unnötig, kontraproduktiv und risikoreich sind. Im Kapitel „Krisen, Eskalationen und Umgang mit Widerständen" werden wir darauf noch näher eingehen.

Abb. 14: Bestandteile einer ERP-Lösung

Make or Buy?

Eine weitere Frage, die beim Projektansatz beantwortet werden muss, ist, ob Sie die Umsetzung des Projektes komplett oder größtenteils mit internen Ressourcen bewältigen können oder ob Sie sich externe Unterstützung ins Boot holen müssen bzw. möchten. Dies hängt im Wesentlichen davon ab, welche Ressourcen und Fähigkeiten Sie im Unternehmen vorhalten und zu welchem Prozentsatz diese in andere Aktivitäten, wie laufende Projekte oder dem Anwender-Support, eingebunden sind.

Ich habe noch keine komplett interne Durchführung eines ERP-Großprojektes erlebt. Ein Team von der erforderlichen Größe komplett intern vorzuhalten ist teuer und in den meisten Fällen unwirtschaftlich, da selbst bei sequenziell abfolgenden Projekten nicht jede Fähigkeit zu jeder Zeit gebraucht wird.

Risiken beim Einsatz Externer

Umgekehrt ist es aber auch höchst unsinnig, ein komplett externes Projektteam zusammenzustellen. Von den höheren Kosten einmal abgesehen, denkt ein Externer eher ausschließlich in der Dimension des Projekts, d. h., er interessiert sich nicht für die dahinter liegende Unternehmensstrategie oder Projekt-Motivation, wie z. B. Prozess-Harmonisierung. Das Risiko, dass das Projekt außer Kontrolle gerät und nicht das liefert, was gebraucht wird, ist bei Externen hoch, da ein Externer vor allem das konkrete Projekt, nicht aber die Gesamtstrategie im Fokus hat. Außerdem kann der Knowhow Transfer an die Support-Mannschaft auf der Strecke bleiben, da das Wissen mit Ende des Projektes die Firma wieder verlässt.

Wann Externe Sinn machen

Der Einsatz von Externen im richtigen Maß macht jedoch generell Sinn, um eigene Defizite in den folgenden Bereichen zu kompensieren:

- Fehlende Management-Skills (Projektmanagement, Change Management)
- Fehlende Fach-Expertise (z. B. von einer speziellen Funktionalität)
- Fehlende Ressourcen (z. B. um Schulungen durchzuführen)
- Fehlende spezifische Fähigkeiten (z. B. Programmierung)

1. Schritt: Welche Skills brauche ich?

Führt man eine Analyse der benötigten und der verfügbaren Skills oder Fähigkeiten und Erfahrungen durch, so ist zu bedenken, dass bei einem Rollout-Projekt mit Prozessharmonisierung deutlich andere Fähigkeiten gebraucht werden als in einem klassischen Rollout ohne Anpassung der Abläufe.
In einem ersten Schritt sollte man in einer Übersicht definieren, welche Fähigkeiten und Rollen für das Projekt nötig sind. Die folgende Grafik enthält eine exemplarische Rollenübersicht mit den dazugehörigen Skills und Erfahrungen.

Abb. 15: Erforderliche Rollen und Skills im Projekt mit Anpassung der Prozesse

Diese Übersicht kann natürlich je nach Unternehmen, Firma und Projektleiter variieren. Nicht erwähnt, weil vorausgesetzt, sind die Eigenschaften „belastbar", „reisewillig" und „fremdsprachlich bewandert", die in der Praxis aber doch schnell große limitierende Faktoren bilden können.

2. Schritt: Welche Skills habe ich im Unternehmen?

Im nächsten Schritt sollten Sie nun für jede Rolle prüfen, ob Sie die erforderlichen Skills vollständig oder teilweise im Unternehmen verfügbar haben. Die vom Business, also den Geschäftsbereichen zu stellenden Rollen, sind jedoch nur sehr bedingt extern zu besetzen, da detaillierte Kenntnisse der Abläufe, Organisation und Zuständigkeiten erferderlich sind. Eine interne Besetzung ist hier zwingend.

Wie Sie Externe einbeziehen

Sollten Sie das Projektteam extern verstärken müssen, so gibt es verschiedene Möglichkeiten, dies zu tun. Welche Variante Sie wählen, hängt zunächst von folgenden Fragestellungen ab:

1. Welches Maß an Kontrolle möchten Sie über das Projekt behalten?
2. Wie viele externe Lieferanten bzw. Partner, möchten Sie mit „ins Boot" holen?
3. Zu welchem Anteil sollen diese am Projektrisiko beteiligt sein?

Die folgende Übersicht verdeutlicht die zur Verfügung stehenden Optionen:

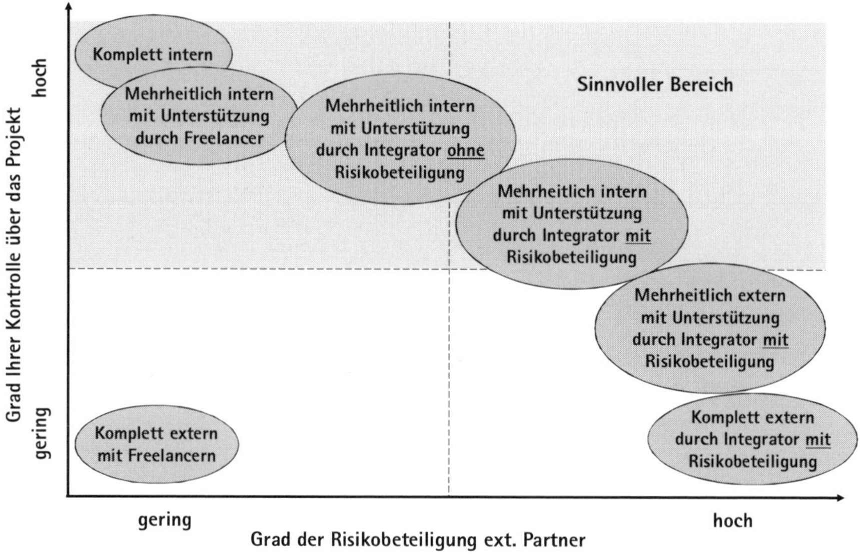

Abb. 16: Optionen der Einbeziehung externer Partner

- Mit **Freelancern** sind hier einzelne freie Berater bzw. Sub-Contractors gemeint, die auf eigene Rechnung arbeiten.
- Mit **Integratoren** sind in diesem Kontext namhafte Unternehmensberatungen wie accenture, BearingPoint, Cap Gemini, CSC, Dell Services, IBM, SAP oder T-Systems gemeint, die alle Rollen und Funktionen eines Projekts aus einer Hand anbieten.

Wie Sie aus der Grafik ersehen können, sind nicht alle Kombinationen sinnvoll. Eigene Kontrolle und Risikobeteiligung schließen sich in ihren Extremen gegenseitig aus, und zwar immer! Hier muss vorsichtig abgewogen werden, was für Ihre spezifischen Verhältnisse sinnvoll ist.

Status Quo	Mögliche Ansätze
Fehlende Management-Kompetenz	Haben Sie ein erfahrenes SAP-Team, fehlt es Ihnen aber an Projekt-Management-Kompetenz, so empfiehlt sich generell der Einsatz eines Integrators, der diese üblicherweise mitbringt.
Ausreichende Management-Kompetenz	Verfügen Sie über ausreichende Management-Skills im Unternehmen und ist Ihnen die maximale Kontrolle über das Projekt wichtig, so wird eine Verstärkung des Teams mit Freelancern vielleicht Sinn machen.
Risikoverlagerung	Möchten Sie so viel wie möglich Risiko auf einen externen Partner verlagern, so sollten Sie eine Risikobeteiligung mit einem Integrator suchen.

Es gibt hier also mit wenigen Ausnahmen keine richtige oder falsche Wahl, sondern Ihr Ansatz muss zu Ihrem Unternehmen und den Projektanforderungen passen.

Tipp: **Mit Integratoren auf der sicheren Seite**

Generell gilt, dass eine Unternehmensberatung, die als Integrator auftritt, immer einen Ruf zu verlieren hat. Selbst ohne formale Risikobeteiligung wird sie also in den meisten Fällen bestrebt sein, das Projekt zum Erfolg zu machen oder wenigstens nicht zu einem Debakel werden zu lassen.

Nicht nur der Preis zählt

Sehr wahrscheinlich werden Sie in Ihrem Unternehmen mit einigen wenigen Beratungsunternehmen zusammenarbeiten. Am Ende zählt für Sie nicht nur der Einkaufspreis für eine Leistung, sondern auch das Vertrauensverhältnis, das Sie zu dem Partner haben, und die Gewissheit, dass er den Job gut machen kann. Dies wird die Einkaufsabteilung, sofern sie in den Prozess der Lieferantenauswahl eingebunden ist, natürlich erst einmal anders sehen. Hier müssen Sie darauf drängen, dass auch andere Gründe mit in die Auswahl des Projekt-Integrators einbezogen werden als nur der Preis. Schließlich werden Sie am Projekterfolg gemessen und Sie müssen nachher mit den Dienstleistern tagtäglich zusammenarbeiten.

Wie funktioniert Risikobeteiligung?

Auch zum Thema Risikobeteiligung gibt es verschiedene Optionen, die alle gemeinsam haben, dass durch die vertraglichen Rahmenbedingungen versucht wird, zwischen Auftraggeber und Integrator eine Interessensgemeinschaft dahingehend zu bilden, dass das Projektbudget nicht überschritten und die Zeitleiste eingehalten wird. Eine solche Konstruktion macht vor allem dann Sinn, wenn

- die zu erbringende Leistung im Vorfeld klar und einfach definierbar ist (z. B. Rollout in Land xy, Schulung von 1.000 Endanwendern),
- das Ergebnis der Leistung genau umrissen werden kann und messbar ist (z. B. Produktivabnahme des Rollouts, erfolgreich durchgeführte Schulung),
- Ihre Beistellungsleistungen klar definierbar und auch realistisch sind (z. B. Durchführung der System-Konfiguration innerhalb von 5 Werktagen nach Eingang der Spezifikationen).

Eine Risikobeteiligung muss nach äußerst einfachen Regeln strukturiert werden, schließlich wollen Sie ja nicht mit einem Rechtsanwalt an Ihrer Seite leben, der bei jeder Entscheidung prüft, ob ein spezieller Punkt jetzt so im Vertrag vereinbart ist oder nicht. Im Wesentlichen gibt es die folgenden Konstruktionen zur Risikobeteiligung externer Partner:

- Festpreis
- Aufwandsgemäße Abrechnung mit Höchstgrenze
- Reduzierter Tagessatz ab Erreichen eines bestimmten Personentage-Volumens
- Bonus-Zahlung bei Erreichung eines definierten Ziels (z. B. Aufwand oder Zeit)
- Kombinationen aus den oben genannten Konstruktionen

Der Kreativität bei der Kombination sind natürlich wie immer keine Grenzen gesetzt.

Tipp: Abrechnung nach Aufwand
Je mehr unbekannte Größen es gibt (z. B. bei einem hohen Entwicklungsanteil), desto mehr eignet sich eine aufwandsgemäße Regelung auf Time & Material Basis.

Die folgende Übersicht vergleicht die verschiedenen Möglichkeiten zur Motivation des Vertragspartners, das vorgegebene Budget zu erreichen oder sogar zu unterschreiten.

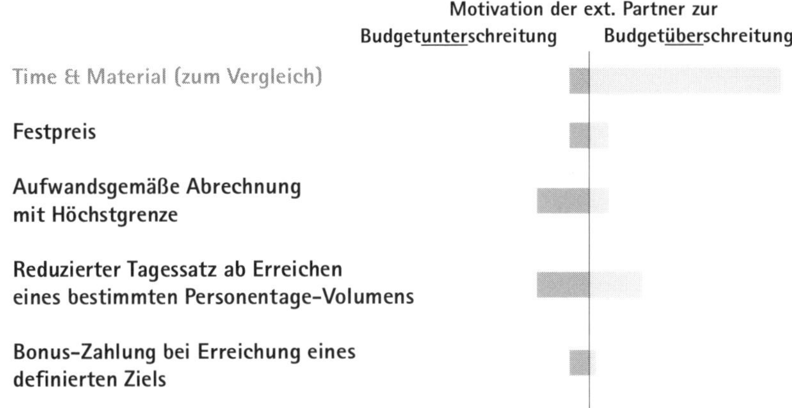

Abb. 17: Vergleich verschiedener Risikobeteiligungsoptionen

Vorsicht bei Schnäppchen

Da Unternehmensberatungen im Allgemeinen nicht zu Altruismus neigen, lassen sie sich das Risiko, dass sie übernehmen, durch einen Sicherheitszuschlag bezahlen. Dieser ist in die Kalkulation eingebaut und nicht für Sie ersichtlich.

Das ist an sich völlig legitim. Vorsichtig müssen Sie nur werden, wenn ein Anbieter bereit ist, die Projektdurchführung zu einem sehr viel günstigeren

Festpreis durchzuführen als alle anderen, ohne dass er von sichtbar anderen Rahmenbedingungen, wie z. B. niedrigeren Lohnkosten, profitieren kann. Alle Unternehmensberatungen kochen nur mit Wasser und, schlimmer noch, sie kochen in den meisten Fällen auch alle mit dem gleichen Wasser. Lassen Sie sich von farbenfrohen Folien und eloquentem Vortrag nicht ins Bockshorn jagen. Entweder hat der Anbieter die Komplexität der Aufgabe nicht erfasst, oder er ist unerfahren und hat falsch kalkuliert. Wenn Sie mit diesem Partner zusammenarbeiten, können Sie sich auf viele zähe Diskussionen einstellen, denn er wird später immer wieder versuchen, die fehlende Marge durch Change Requests hereinzuholen. Das kann auf Dauer sehr ermüdend sein und Sie von den eigentlichen Problemen Ihres Projekts ablenken. Überlegen Sie sich also gut, ob diese „preiswerte" Option wirklich so günstig für Sie ist.

Übrigens: Risikobeteiligung bedeutet nicht, dass etwas von Ihrem beruflichen Risiko als Projektleiter weggenommen wird – dieses Risiko ist unteilbar und bleibt Ihnen in jedem Falle erhalten, egal welche Option Sie wählen!

Wie viele Go-Lives?

Eine weitere Frage, die den Projektansatz betrifft und die weitere Planung fundamental beeinflusst, ist die hinsichtlich der Größe des Projekts beziehungsweise der Anzahl der geplanten Go-Lives. Nehmen wir das Projekt unseres Protagonisten Hajo. Maxxwell Inc. unterhält die folgenden größeren Niederlassungen in Irland:

- Cork
- Limerick
- Dublin
- Galway

Alle Standorte liegen eine bis maximal drei Autostunden von Cork, dem Projektstandort, entfernt. Weiterhin gibt es verschiedene Verkaufsbüros und Servicestandorte, die im ganzen Land verteilt sind.

Die folgende Übersicht enthält alle Informationen über die einzelnen Standorte, die in der Anfangsphase eines Projekts typischerweise dem Projektleiter beziehungsweise dem Vorbereitungsteam zur Verfügung stehen.

Standort	**Geschäftsbereiche**	**Anzahl Mitarbeiter**	**Bisheriges ERP-System**	**Sonstiges**
Cork (SAP-Projektstandort)	Produktion Finanzen Personal	400	Heritage	Standort steht in Konkurrenz mit Limerick. In einem Meeting haben sich die Werksleiter neulich fast geprügelt.
Limerick	Services (Zentrale) Produktion Vertrieb	150	Old School	Kleiner und äußerst effektiver Standort
Dublin	Services	250	Legacy Old School	Steht schon seit einiger Zeit zur Schließung an
Galway	Services	230	Legacy Old School	Arbeitet eng mit Limerick zusammen

Wichtige Faktoren für die Entscheidungsfindung

1. Ein Go-Live für alle Standorte? Wie viele Go-Lives sind richtig? Ein einziger Go-Live, ein so genannter Big Bang, würde bedeuten, über 1.000 Endanwender mit einem Schwung produktiv zu setzen. Dies würde eine nicht unerhebliche Herausforderung für den Support der Anwender bedeuten. Wenn es zu ernsthaften Problemen in einem Standort kommt, müsste man eventuell Projektmitarbeiter aus anderen Bereichen abziehen, was dann schnell eine Kettenreaktion zur Folge haben könnte. Andererseits könnte mit diesem Ansatz wahrscheinlich die kürzeste Projektlaufzeit realisiert werden.
2. Go-Live pro Geschäftsbereich? Eine andere Alternative wäre ein Go-Live pro Geschäftsbereich. So könnte man sinnvollerweise die Bereiche Finanzen und Personal koppeln sowie Produktion, Services und Vertrieb. Da-

mit wären wir bei zwei Go-Lives. Nr. 1 mit wahrscheinlich weniger als 100 und Nr. 2 dann mit mehr als 900 Endanwendern. Hier kommt erschwerend hinzu, dass der Bereich Finanzen in drei verschiedenen Alt-Systemen arbeitet, was eine Migration der Alt-Daten erheblich erschweren, wenn nicht gar unmöglich machen würde. Des Weiteren würde dieses Szenario die Entwicklung komplexer Schnittstellen mit sich bringen, die nur für die Zeit zwischen den Go-Lives benötigt würden.

3. Go-Live pro Alt-System? Eine weitere Alternative wäre eine Migration pro Alt-System. Damit hätten wir dann drei Go-Lives. Nr. 1 für Heritage mit 280 Endanwendern, Nr. 2 für Old School mit ca. 500 Endanwendern und Nr. 3 mit Legacy mit ca. 300 Endanwendern. Diese Verteilung erscheint relativ sinnvoll aus der Perspektive des Endanwender-Supports, allerdings muss man sich fragen, ob drei Go-Lives nicht eine zu große Belastung für das Projektteam darstellen. Geht man einmal von acht Wochen Stabilisierung nach jeder Produktivsetzung aus, was sicher nicht zu viel ist, so kommen wir bereits auf ein halbes Jahr, in dem ein Go-Live den nächsten jagt. Dabei muss natürlich auch die Urlaubsplanung der Projektmitarbeiter berücksichtigt werden. Hinzu käme, dass in der Phase des Supports der nächste Go-Live vorbereitet werden muss und der darauf folgende ebenfalls.
4. Go-Live pro Standort? Eine weitere Möglichkeit, die wir in diesem kleinen Exkurs betrachten wollen, ist die Produktivsetzung pro Standort, also vier Go-Lives. Dies würde die Belastung des Endanwender-Supports weiter reduzieren, aber die oben genannten Probleme weiter verschärfen. Weiterhin müsste noch berücksichtigt werden, dass die Standorte Limerick und Galway eng zusammen arbeiten. Es wäre zu analysieren, was eine Produktivsetzung nur eines der beiden Standorte für den anderen bedeuten würde.

Welche Faktoren noch wichtig sind

In Ihrem Projekt werden Ihnen wahrscheinlich noch ein paar Möglichkeiten mehr einfallen. Mehr Informationen über die Standorte würden Ihnen deswegen trotzdem nicht notwendigerweise vorliegen. Ein wichtiger Faktor ist sicher auch die Komplexität und Breite der einzuführenden Lösung. Bildet diese nur einen einfachen Geschäftsprozess ab oder 100 komplexe? Sind die abgebildeten Abläufe „mission critical“ oder von sekundärer Bedeutung? Gibt es vielleicht noch weitere Systeme, die abgelöst werden müssen? Wie eng arbeiten die einzelnen Werke miteinander zusammen? Gibt es Schnitt-

stellen zwischen den verschiedenen Systemen? Wie ist die Arbeitsmoral in den einzelnen Standorten? Gibt es Probleme mit der Disziplin, werden Geschäftsprozesse eingehalten oder nicht?
Wie würden Sie in so einer Situation entscheiden? Mit welchem Planungsansatz würden Sie ins Rennen gehen?

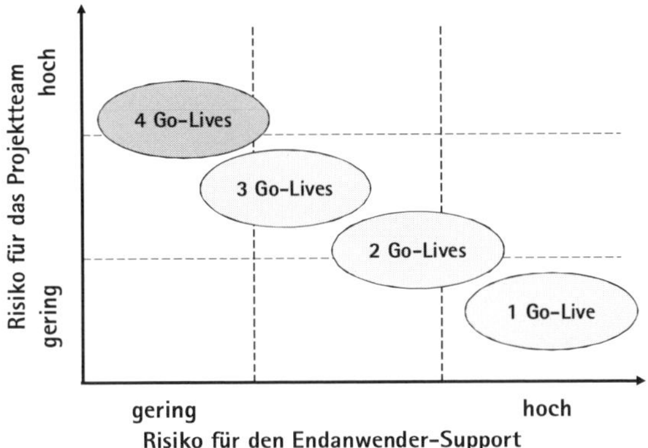

Abb. 18: Anzahl der Go-Lives und Risikobetrachtung

Ich behaupte nicht, DIE richtige Lösung zu kennen, weil es diese auch nicht gibt. Es gibt nur mehr oder weniger sinnvolle Optionen, je nachdem, welche Gesichtspunkte in Ihrem Unternehmen und Ihrem Projektumfeld mehr Gewicht haben. Wahrscheinlich würde ich jedoch weder die erste noch die vierte Option für den ersten Planungsansatz präferieren, da diese mir zu extrem und damit risikoreich wären.

Zentral oder dezentral?

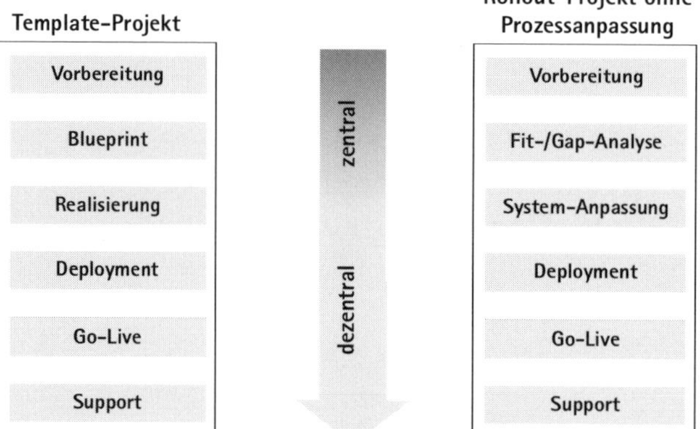

Abb. 19: Zentral/dezentral im Vergleich

Eine weitere wichtige Frage, die es möglichst früh im Projekt zu beantworten gilt, ist die nach der geographischen Organisation des Projektteams.

- Soll das gesamte Projektteam an einem einzelnen Standort stationiert sein oder an mehreren?
- Wie wird die erforderliche Nähe zu den einzelnen Geschäftsbereichen in der Fläche aufgebaut und gehalten?
- Wie wird sichergestellt, dass die einzelnen Teilteams miteinander kommunizieren, so dass eine integrierte Lösung entsteht?

Es gibt hierzu keine einfachen Antworten. Sie hängen ab vom Typ des Projekts, d.h. Template oder Rollout, der geographischen Verteilung und Größe der einzelnen Standorte, der verfügbaren Infrastruktur und der Projektphase.

Der Typ des Projekts

- Bei einem Template-Projekt ist der anteilige Entwicklungs- und Konfigurationsaufwand sehr hoch. Das bedeutet, dass es für Sie als Projektleiter von vorrangigem Interesse sein muss, eine funktionierende integrierte Gesamtlösung zu erhalten. Wie wahrscheinlich ist das, wenn Ihr Projektteam auf zig verschiedene Standorte verteilt ist?

- Bei einem reinen **Rollout-Projekt** hingegen steht die Lösung fest. Hier kommt der Fit-/Gap-Analyse eine zentrale Bedeutung zu, da diese Input gibt für etwaige lokal bedingte Systemanpassungen. Dies macht es erforderlich, recht lange zentral zu arbeiten.
- Bei einem **Rollout-Projekt mit Geschäftsprozess-Re-Design** steht ebenfalls die Lösung in großen Teilen fest. Hier müssen Standort für Standort und Bereich für Bereich die Geschäftsabläufe angepasst, Organisationen fein justiert und Zuständigkeiten überprüft werden. Dies lässt sich wiederum kaum von einer entfernten Projektzentrale aus steuern. Da im Gegenzug nur vergleichsweise wenige Änderungen am ERP-System durchgeführt werden müssen, ist hier eine frühe dezentrale Organisation vorteilhafter.

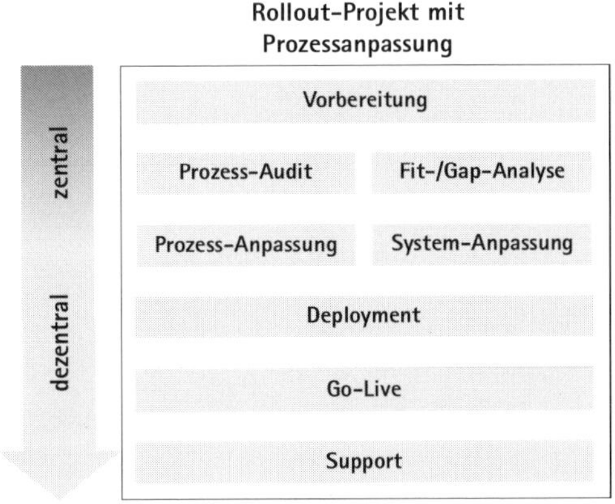

Abb. 20: Zentral/dezentral bei Rollout-Projekt

Die Organisationsform ist wichtig für Ihre Projektplanung. Warum? Eine dezentrale Organisation ist größer und aufwändiger als eine zentrale und damit erst einmal teurer.
Zur Erläuterung: Jedes Fachgebiet muss in jedem Teilprojekt mindestens einmal vertreten sein. Ein Team aus ¼-Personen funktioniert nur in Tabellenkalkulationen oder auf Verkaufsfolien. In der Realität brauchen Sie aber in jedem Team eine Frau, einen Mann, der von einem ganz bestimmten Fachgebiet Ahnung hat, und das an 4 bis 5 Tagen die Woche. Bei vier Teams

muss man also im schlimmsten Fall das Vierfache an Ressourcen vorhalten. Ähnliches gilt hinsichtlich der Detailkenntnisse der betroffenen Standorte. Ganz so schlimm wird es nicht kommen aufgrund anderer Synergie-Effekte, aber es geht zumindest in diese Richtung. Des Weiteren erfordert eine dezentrale Organisation mehr organisierte Kommunikation, d. h. mehr regelmäßige Meetings oder Telefonkonferenzen, um sicherzustellen, dass integrative Fragestellungen erkannt und von allen involvierten Parteien gemeinsam entschieden und damit verantwortet werden.

Das bedeutet nicht, dass eine dezentrale Organisation ineffektiv ist. Im Gegenteil: Durch die Harmonisierung der Geschäftsabläufe werden die Mehraufwände, auf das Gesamt-Unternehmen bezogen, mehr als wettgemacht. Dennoch muss sie in der Projektplanung, in die ja meist nur die reinen Projektaufwände eingehen, in Abhängigkeit der jeweiligen Projektphase berücksichtigt werden.

Offshore oder onshore?

Alle reden über Globalisierung – wir natürlich auch. Wer sagt, dass alle Aktivitäten am Projektstandort durchgeführt werden müssen? Warum nicht abgrenzbare Arbeitspakete schnüren und die Vorteile von Niedriglohn-Ländern nutzen? 40 bis 80% Lohnkosten-Einsparung sind schließlich ein Wort, selbst wenn man die nicht unerheblichen Effekte von damit verbundenem erhöhtem Dokumentations- und Kommunikationsaufwand abzieht.

Dies ist eine seit Jahren gängige Praxis im Bereich des Engineering oder der Software-Entwicklung. Länder in praktisch allen Kontinenten und Zeitzonen mit hoch entwickelter Infrastruktur und gut ausgebildeten und motivierten Menschen, wie z. B. Brasilien, China, die Tschechische Republik, Russland, Mauritius, Indien und Philippinen kommen dafür in Frage.

Sie sind skeptisch? Das Modell funktioniert prinzipiell sehr gut auch bei ERP-Projekten. Allerdings müssen Sie es wollen, wenn es funktionieren soll. Des Weiteren müssen drei wichtige Grundvoraussetzungen gegeben sein, damit Sie Offshoring erfolgreich in Ihrem Projekt einsetzen können. Sie brauchen

1. den für Ihr Unternehmen richtigen Partner,
2. ein gut funktionierendes Management-Modell,
3. die richtigen Arbeitspakete.

In welcher Zeitzone arbeitet Ihr Projekt? Welche zeitliche Überlappung mit dem Offshore-Land ist akzeptabel bzw. wünschenswert? Welche Sprachanforderungen stellen Sie an den Offshore-Partner? Wie können Sie die gewünschte Qualität sicherstellen?
Mit diesen Vorüberlegungen können Sie die Regionen eingrenzen, die in Frage kommen. Allerdings nur bedingt, da in entfernter gelegenen Ländern wie Indien durchaus nach der deutschen Zeit gearbeitet wird, wenn der Kunde es wünscht und natürlich auch bezahlt. Außerdem hängt es davon ab, wie viel direkte Kommunikation für den jeweiligen Aufgabentyp erforderlich ist. Möchten Sie Software-Entwicklung offshoren, so reicht Email-Kommunikation zur Klärung von Rückfragen in der Regel völlig aus. Möchten Sie hingegen einen Teil des Endanwender-Supports verlagern, dann bekommt die zeitliche Verfügbarkeit Ihres Offshore-Partners zu den Arbeitszeiten Ihrer Endanwender eine zentrale Bedeutung, ganz zu schweigen von der Sprache, die dann natürlich auch zu einer Barriere werden kann.

Von den Erfahrungen anderer profitieren

Wie ist Ihr Unternehmen international aufgestellt? Gibt es Niederlassungen in Ländern, die für Offshoring in Frage kommen? Haben Sie Erfahrungen mit Offshoring in anderen Geschäftsbereichen? Existieren bereits Partnerschaften? Wie sind die Erfahrungen mit der dortigen Kultur?
In diesem Fall ist Ihr Unternehmen in dem Metier kein Neuling und Sie können von den Erfahrungen anderer Abteilungen profitieren und auf deren Netzwerk zurückgreifen. Allerdings lassen sich nicht alle positiven Erfahrungen von einem Fachgebiet beliebig in ein anderes transportieren. Wenn Ihre Firma mit dem Offshoring von Engineering-Arbeitspaketen gute Erfahrung gemacht hat, bedeutet das noch lange nicht, dass Sie mit demselben Partner gut im Bereich Software-Entwicklung zusammen arbeiten können.

Offshoring-Regeln für Neulinge

Wenn Sie mit Offshoring erst am Anfang stehen, so bedenken Sie bitte zweierlei: Zum einen braucht eine Partnerschaft Zeit, damit Vertrauen wachsen kann. Die Bildung von Vertrauen kann durch die räumliche, zeitliche und kulturelle Trennung verlangsamt werden. Also erwarten Sie bitte nicht, dass alles gleich am ersten Tag reibungslos funktioniert.

Unterschätzen Sie außerdem nicht die Auswirkungen der kulturellen und sprachlichen Unterschiede auf die Zusammenarbeit. Es ist ganz und gar nicht dasselbe, ob Sie mit jemandem den kulturellen Kontext gemeinsam haben oder nicht.

Beispiel: Kulturelle Unterschiede

Versuchen Sie mal einen Inder dazu bringen, folgenden Satz zu sagen „Nein, das kann ich nicht". Es wird Ihnen sicher schwer fallen, da eine solche Verneinung nicht in die indische Kultur passt.

Unterschiede in Werten, Normen und so unwichtig erscheinenden Dingen wie dem Sinn für Humor können extrem hinderlich für die Vertragsverhandlung und eine gute Zusammenarbeit sein. Schwierig wird es auch dann, wenn Sie einen Partner haben, den Sie effektiv nicht verstehen können, obwohl er vorgibt, Englisch zu sprechen. Dies können Sie abmildern, in dem Sie sich einen Partner suchen, der ein echtes „Global Delivery Model" bieten kann, d.h. der nicht nur in dem Offshoring Land aktiv ist, sondern auch in Europa, und zwar nicht mit Kooperationspartnern, sondern mit ein und derselben Firma.

Checkliste: Regeln für eine Offshore-Zusammenarbeit

- Gehen Sie auf Nummer Sicher und wählen Sie sich eine große Unternehmensberatung als Kooperationspartner für Offshoring. Alle auf S. 50 genannten Firmen unterhalten Standorte in geeigneten Ländern.
- Knüpfen Sie im Vertrag den messbaren Erfolg der Offshoring-Partnerschaft an einen Bonus und setzen Sie einen Fixpreis für ein Aufgabenpaket fest.
- Lassen Sie Ihren externen Partner das Risiko der kulturellen Unterschiede tragen, indem Sie ihm hierfür die komplette Verantwortung übertragen.
- Lassen Sie die externen Mitarbeiter einfliegen, damit Sie Ihr Projekt, das Umfeld und die Kollegen kennen lernen und vor allem, damit Sie sich auch ein Bild von den Neuen machen können. Bedenken Sie dabei, dass die Visa-Prozedur in vielen Fällen 6 bis 8 Wochen dauern kann.
- Führen Sie vom ersten Tage an ein transparentes Qualitätsmanagement für die Offshoring-Partnerschaft ein, z. B. durch zeitnahe Reviews der Arbeitsergebnisse.

• Befragen Sie die Kollegen, die mit dem Offshore-Partner tagtäglich zusammenarbeiten, regelmäßig nach Problemen, z. B. in der Kommunikation oder in der Qualität der Ergebnisse, die dann sofort konstruktiv adressiert werden. Machen Sie Ihren Mitarbeitern und Ihrem Partner deutlich, dass es hier nicht um Denunziation geht, sondern um Ihr Engagement, eine qualitativ hochwertige Kollaboration erzielen zu wollen.	

Auswahlkriterien für den richtigen Partner

Im Folgenden finden Sie Auswahlkriterien, die sich in der Praxis als wichtig herausgestellt haben:

Auswahlkriterien für Offshore-Partner	
Strategie	Gehört die Offshore-Unterstützung von ERP-Projekten zur Kernkompetenz Ihres potenziellen Partners oder ist dies für ihn ein Me-too Produkt? In der Regel werden Sie im ersteren Fall einen qualitativ besseren Support erwarten.
Umfang der Zusammenarbeit	Unterstützt Ihr Partner nur den weniger komplexen Support der Endanwender oder bietet er auch Unterstützung während der heißen Projektphase an? Lassen Sie sich hierfür Referenzkunden nennen und überprüfen Sie diese.
Ressourcen Management	• Verfügt Ihr Partner über einen ausreichend großen Pool an Ressourcen, aus dem Sie schöpfen können, oder muss er die Mitarbeiter erst nach Ihren Vorgaben rekrutieren? • Können Sie das externe Team mit wenigen Wochen Vorlauf vergrößern, verkleinern oder auflösen? Länger als drei Wochen sollte dieser Prozess nicht dauern. Offshore Umgebungen sind typischerweise Arbeitnehmermärkte mit extrem hoher Personalfluktuation. Wie stellt Ihr Partner sicher, dass er das Prozesswissen zu Ihrem Projekt nicht auf diesem Wege verliert?
Mitarbeiter	• Kann Ihr Partner nachweisen, dass seine Mitarbeiter die entsprechenden Skills und Erfahrungen haben? Besteht das Team typischerweise aus Hochschulabsolventen ohne Erfahrung oder haben die Mitarbeiter schon internationale Einsätze hinter sich? Letzteres ist immer zu bevorzugen.

Auswahlkriterien für Offshore-Partner	
	• Klappt die verbale Kommunikation? Sind die Sprachkenntnisse gut genug? Sprechen Sie persönlich mit potenziellen künftigen Mitarbeitern, um sich ein Bild zu machen.
Standorte	• In welchen Standorten ist Ihr Partner präsent? Welche Zeitzonen kann er damit abdecken? • Wird in diesen Standorten auch im Mehrschichtbetrieb gearbeitet?
Management Model	• Kann Ihr Partner ein überzeugendes Konzept für eine Offshore-Partnerschaft vorweisen? • Welche SLAs (Service Level Agreements) benötigt Ihr Unternehmen hinsichtlich Reaktions- und Bearbeitungszeiten vor allem auch nachts und an Wochenenden? Welche schlägt Ihr Partner vor? Welche Eskalationsmechanismen sind vorgesehen, wenn die SLAs nicht eingehalten werden? Welche Sanktionsmodelle stehen Ihnen hierbei zur Verfügung?
Methodik	• Wie wird sichergestellt, dass der Know-how-Transfer funktioniert? Verfügt Ihr Partner über Tools für das Dokumenten Management? • Welche Werkzeuge zur Unterstützung von Systemtest und Fehlermanagement kann Ihr Partner vorweisen?
Erfahrung	• Verfügt Ihr Partner über für Ihr Unternehmen relevante Industrieerfahrung? Welche Projekte mit ähnlichem Umfang hat Ihr Partner schon erfolgreich unterstützt? Gab es daraus Folgeprojekte? • Gibt es Referenzkunden, mit denen Sie in Kontakt treten können?
Risikobeteiligung	Ist Ihr Partner bereit, sich am Projektrisiko zu beteiligen, z. B. durch Festpreis- oder Bonusregelungen? Hat er damit bereits in anderem Umfeld Erfahrungen gesammelt?

Nicht alle der oben genannten Punkte mögen für Ihr Unternehmen und Projekt im konkreten Fall von Relevanz sein.

Achtung: Referenzen sind wichtig

Seien Sie vorsichtig, wenn Ihr Partner bei den behandelten Punkten keine Referenzen hinsichtlich vergleichbarer erfolgreicher Kooperationen vorweisen kann oder will.

Management-Modelle für Offshore-Partnerschaften

Das richtige Modell für Offshore-Partnerschaften, das eine erfolgreiche Zusammenarbeit garantiert, gibt es nicht. Dafür ist eine solche Partnerschaft zu vielschichtig und komplex. Generell aber haben diejenigen Modelle eine hohe Chance auf Erfolg, die das Element des direkten persönlichen Kontakts als Qualität, das Vertrauen schafft und erhält, Ernst nehmen.

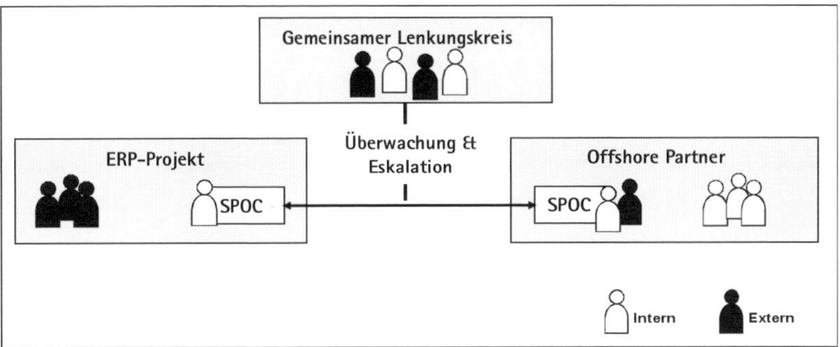

Abb. 21: Beispiel für ein sinnvolles Management-Modell für Offshore-Partnerschaften

- Nach dem Prinzip der diplomatischen Vertretungen gibt es hier vor Ort einen zentralen ständigen Ansprechpartner des Offshore-Partners, einen SPOC (Single Point of Contact). Dieser koordiniert alle Anforderungen Ihres Projekts an das Offshore Center Ihres Partners und stellt sicher, dass alle wichtigen Informationen ohne Verzug übermittelt werden. Außerdem ist er Ihr direkter Ansprechpartner, wenn mal etwas schief geht.
- Zusätzlich gibt es ein entsprechendes Pendant von Ihrer Seite. Dieser ist Ihr Mann (bzw. Frau) vor Ort, der Sie ungefiltert und zeitnah über Probleme in der Zusammenarbeit informiert. Er ersetzt Ihre Augen, Ohren und bei Bedarf auch Ihre Hand vor Ort. Zusammen mit einem Koordi-

nator des Partners stellt er sicher, dass die Arbeiten wie vereinbart durchgeführt und SLAs eingehalten werden.

- Ein gemeinschaftlich besetzter Lenkungskreis fungiert als Kontroll- und Eskalationsgremium im Fall von Problemen. Er sollte sich mindestens einmal im Monat zusammenschließen, um Hindernisse beseitigen zu können, bevor sie Ihr Projekt gefährden. Als Projektleiter müssen Sie selbstverständlich in diesem Gremium vertreten sein, genauso wie der Key Account Manager bzw. Partner Ihres Offshore Partners.

Offshore-fähige Aufgaben

Hinsichtlich der zu vergebenden Arbeitspakete ist darauf zu achten, dass die an den Offshore-Partner erteilte Aufgabe zum einen leicht abgrenzbar ist, d.h. auch in Isolation vom restlichen Projektteam sinnvoll bearbeitet werden kann. Eine sehr vernetzte Aufgabe wie die Vorbereitung und Durchführung des Integrationstests scheidet hierfür eher aus. Dafür kann die Übersetzung von System-Dokumentationen aber eine sinnvolles Paket sein, genauso wie die Erstellung einfacher Programme. Der angenehme Nebeneffekt des Offshorings von Programmierung ist, dass Sie Ihr Team auf diese Weise ohne Druck dazu bewegen können, die Spezifikationen sauber zu dokumentieren. Zum anderen werden Sie nicht Aufgaben extern vergeben wollen, die Sie zu Ihren Kernkompetenzen zählen.

Beispiel: Kein Offshoring von Kernkompetenzen

Wenn Sie eine interne Software-Entwicklungsabteilung haben, so kann die externe Vergabe von Programmierarbeit eventuell gegen die Firmenstrategie sprechen. Gleiches kann für Übersetzungsarbeit gelten.

Außer Diskussion steht, dass die inhaltliche Arbeit an Geschäftsprozessen Ihre Kernkompetenz sein muss. Dies ist keine Aufgabe, die sich für Offshoring eignet. Eventuell können Sie aber die zeitaufwändige Fertigstellung der Prozess-Fluss-Diagramme extern vergeben oder aber die Erstellung von System-Dokumentation oder Schulungsunterlagen.

Sie sollten überlegen, ob es sich nicht auch lohnt, eine Offshore Ressource am Projektstandort einzusetzen, z. B. um das Endanwender-Training zu unterstützen oder den Support. Wenn Sie gut verhandeln, kostet Sie ein solcher externer Mitarbeiter an Ihrem Projektstandort weniger, als Sie an Verrechnungssatz für einen internen Mitarbeiter bezahlen.

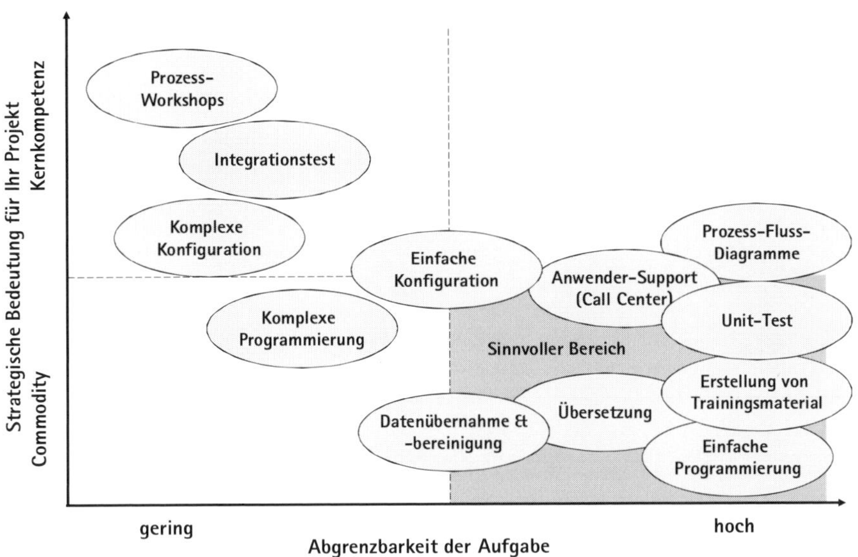

Abb. 22: Übersicht von Arbeitspaketen und ihre Eignung für Offshoring

Die richtige Projekt-Methodik

ERP-Lösungen werden seit mehr als zwei Jahrzehnten in Unternehmen aller Größen und Industrien eingeführt. Bei diesen Einführungsprojekten entstanden über Jahre Ansätze, Erfahrungswerte, Vorlagen und Werkzeuge, die alle großen Unternehmensberatungen image-fördernd zu ihren eigenen Methodiken zusammengefasst haben. Diese Implementierungsmethodiken tragen klangvolle Namen wie ASAP oder Catalyst und unterscheiden sich im Detail nur unwesentlich voneinander. Die Einführungsmethodik eignet sich daher nicht als Differenzierungsmerkmal bei der Lieferantenauswahl. Sie ist notwendig, um ein Projekt gut durchführen zu können, reicht aber für sich allein genommen nicht aus, um den Projekterfolg zu gewährleisten.
Im Wesentlichen haben alle Methodiken gemein, dass sie Projekte in Phasen unterteilen und für jede Phase Ansätze, Tools und Templates bereitstellen. Um die richtige Methodik für sich zu finden, sollten Sie zunächst sicherstel-

len, dass alle der hier genannten Projektphasen in der Vorgehensweise adäquat Berücksichtigung finden:

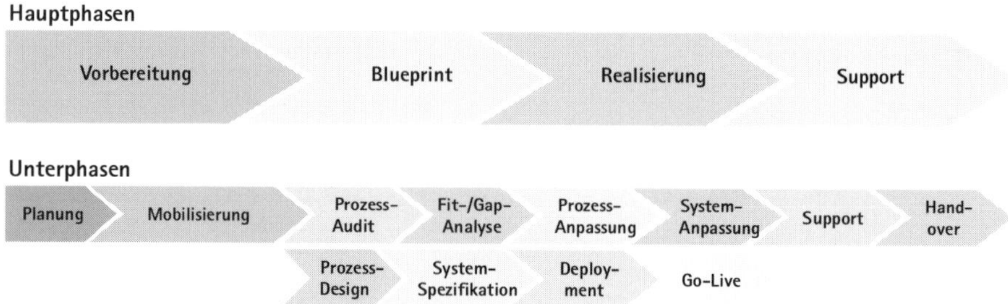

Abb. 23: Die Projektphasen

In diesen Phasen gibt es jeweils Aktivitätenschwerpunkte, die in der Einführungsmethodik ausgearbeitet sein sollten. Achten Sie dabei besonders darauf, dass die in der folgenden Graphik abgebildeten Aktivitäten bzw. Prozesse von dem Einführungsansatz Ihres externen Partners abgedeckt werden. Näheres zu den einzelnen Hauptaktivitäten finden Sie in den folgenden Kapiteln.

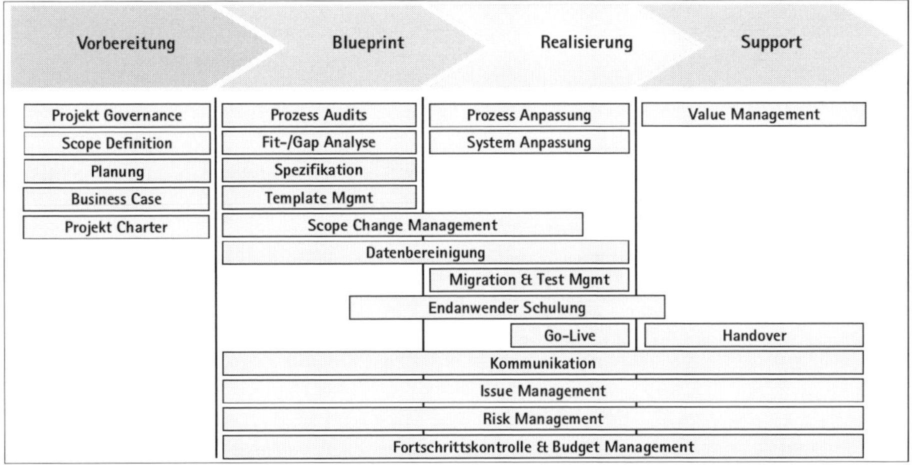

Abb. 24: Hauptprozesse und dazugehörige Aktivitäten

Wie viel Projektdokumentation muss sein?

Das Maß an Projektdokumentation hat einen erheblichen Einfluss auf die Total Cost of Ownership (TCO) Ihrer ERP-Lösung und zwar über die Projektphase hinaus. Fehlende Dokumentation kostet zunächst natürlich weniger. Aber bereits im Folgeprojekt können daraus erhebliche Mehr- oder Fehlaufwände entstehen, die diese Einsparungen mehr als kompensieren.

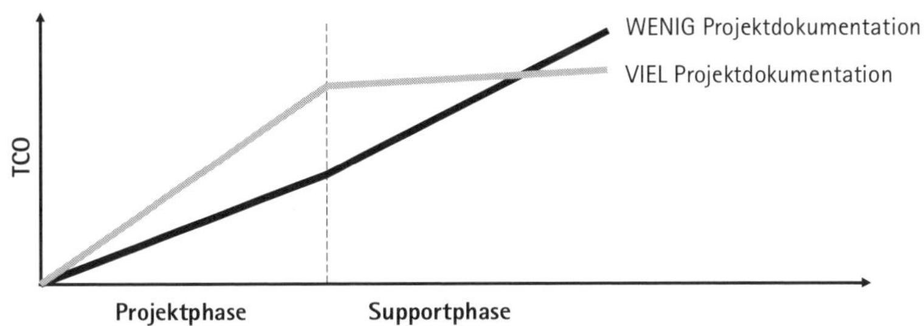

Abb. 25: Zusammenhang TCO und Dokumentationstiefe

Es ist also wichtig, den für Ihr Unternehmen sinnvollen Bereich an Dokumentationsqualität und -quantität herauszufinden. Kurzfristig bietet der Grad an Projektdokumentation zwar zunächst einen hervorragenden Hebel, um Einsparpotenziale im Projekt zu realisieren. Nach Abschluss des Projekts jedoch kann ein Mangel an Dokumentation der ERP-Lösung zu zahlreichen Arten von Blindleistungen führen, angefangen von unnötiger Recherchearbeit bei System-Änderungen bis hin zu Kostenexplosionen bei späterer externer Vergabe der Endanwender-Unterstützung, die natürlich in starkem Maße von existierender Lösungsdokumentation abhängig ist.

Abb. 26: Elemente einer ERP-Lösung

Das benötigte Maß an Projektdokumentation hängt ebenfalls ab von dem Grad an vorhandener Dokumentation der vier Elemente einer ERP-Lösung (siehe Abb. 26). Je weniger davon vorhanden ist, desto mehr ist vom Projekt zu leisten.

In der Praxis haben sich verschiedene Dokumentationstypen zur Projektdokumentation bewährt:
Als zentrales Element sei hier das Prozessdokument genannt. In diesem werden die Geschäftsprozesse Ihres Unternehmens mit Unterprozessen und genauer Beschreibung festgehalten. Diese sollten sich zur Vereinfachung der Kommunikation an ein existierendes Prozessmodell Ihres Unternehmens anlehnen, in dem die Geschäftsabläufe, die unternehmensintern Anwendung finden, benannt und beschrieben werden.

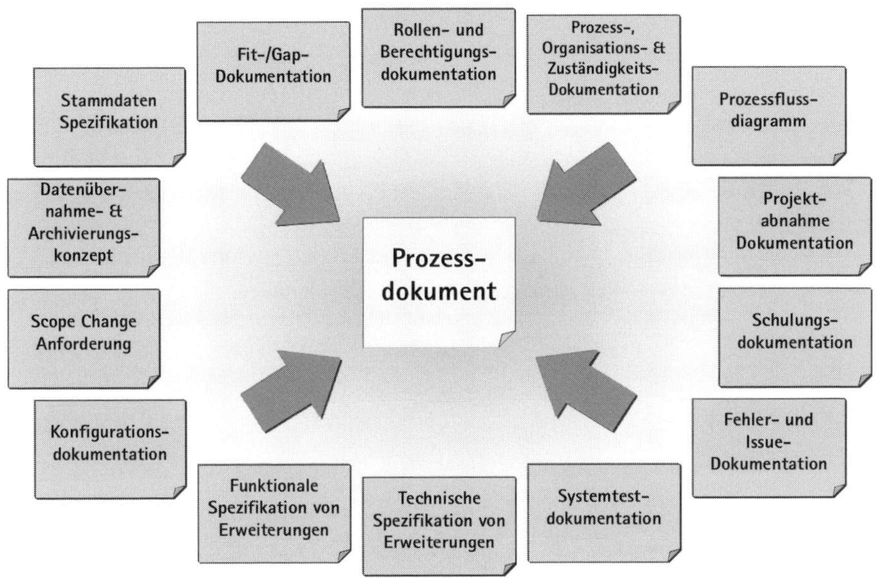

Abb. 27: Übersicht Projektdokumentation

Das Prozessdokument bildet eine Klammer um verschiedene Dokumente, die in den verschiedenen Projektphasen benötigt werden. Hier eine Übersicht:

Dokumentationstyp	Zweck
Prozessfluss-Diagramm	In diesem Dokument werden die einzelnen Soll-Geschäftsprozesse sowie die involvierten Abteilungen bzw. Rollen dokumentiert.
Prozess-, Organisations- und Zuständigkeitsdokumentation	Hier werden die Soll-Prozesse sowie die angepasste Aufbau-Organisation mit den überarbeiteten Zuständigkeiten beschrieben. Des Weiteren wird hier festgehalten, welche Maßnahmen von wem bis wann durchgeführt werden müssen, um diese zu implementieren.
Rollen- und Berechtigungsdokumentation	Die Tätigkeiten einer bestimmten Stelle in einer Abteilung werden im ERP-Kontext als Rolle bezeichnet. Eine Rolle dokumentiert alle Tätigkeiten, die ein Mitarbeiter, der diese Stelle besetzt, typischerweise ausführt. Dies steuert sowohl die Zuordnung der relevanten Endanwender-Schulungen zu einem speziellen Mitarbeiter als auch das Maß an Transaktionsberechtigungen, die ein Mitarbeiter erhält.
Fit-/Gap-Dokumentation	In der Blueprint-Phase eines ERP-Projekts wird jeweils abgeglichen, inwieweit die ERP-Lösung mit dem Ist-Zustand von Geschäftsabläufen, Organisationen sowie Zuständigkeiten übereinstimmt („Fit") bzw. wo es Abweichungen gibt („Gap"). Insbesondere die Abweichungen zeigen den Handlungsbedarf für Veränderungen, der im Rahmen des Projektes abgearbeitet werden muss.
Stammdatenspezifikation	Als Stammdaten werden eher statische Datenelemente in einem ERP-System bezeichnet, wie z. B. Materialien und Lieferanten. In diesem Dokument wird festgehalten, welche Stammdaten gepflegt werden und welche Voreinstellungen hier im System vorgenommen wurden. Dies ermöglicht eine

Dokumentationstyp	Zweck
	einfachere Überführung des Endanwender-Supports an eine Support-Mannschaft. Es kann auch Startpunkt einer übergreifenden, über das ERP-Projekt hinausgehenden Stammdaten-Harmonisierung sein.
Datenübernahme- und Archivierungskonzept	Hier wird für alle relevanten Stamm- und Bewegungsdaten festgehalten, welche automatisch, d.h. unterstützt durch Programme, und welche manuell übernommen werden. Außerdem enthält das Dokument die benötigten Details für eine Umsetzung der Datenmigration, wie z. B. Feldzuordnungen und Umschlüsselungen. Ebenfalls wird hier festgehalten, welche Daten aufgrund eher historischen Charakters bzw. mangelnder Relevanz nicht in das Ziel-ERP-System, sondern in ein Archivierungssystem in Listenformat geschrieben werden, um eine spätere Recherche zu ermöglichen.
Scope Change Anforderungen	Im Projektverlauf wird es zu Erkenntnissen kommen, die z. B. einen neuen Report oder eine andere Erweiterung erfordern, der nicht im Projektumfang dokumentiert ist. Ein solcher Veränderungsantrag ist zu stellen und zusammen mit der Umsetzungsentscheidung zu dokumentieren, wenn Aufwand, Zeitleiste oder Risiko des Projekts verändert werden.
Konfigurationsdokumentation	Hier werden alle Einstellungen und Parameter der Systemkonfiguration festgehalten mit der Begründung, warum bestimmte Werte so und nicht anders eingestellt wurden. Dies vereinfacht eine spätere Übergabe des Systems an eine Support-Mannschaft um Größenordnungen.

Dokumentationstyp	Zweck
Funktionale Spezifikation von Erweiterungen	Eine Erweiterung ist eine Form von Programmierung, die die Funktionalität des ERP-Systems erweitert. Im funktionalen Teil der Spezifikation werden die Aufgaben dokumentiert, die aufgrund der Erweiterung durchgeführt werden sollen. Des Weiteren wird konzeptionell beschrieben, wie die Abarbeitung erfolgen soll, also was genau diese Erweiterung machen soll.
Technische Spezifikation von Erweiterungen	Im technischen Teil der Spezifikation wird die programmtechnische Umsetzung von Erweiterungen beschrieben. Dies ist besonders vonnöten, wenn das technische Team nicht am Projektstandort beheimatet ist, sondern z. B. in einer Offshore-Umgebung.
Systemtestdokumentation	Um sicherzustellen, dass die ERP-Lösung mit allen Bestandteilen die Bedürfnisse der betroffenen Geschäftseinheiten abdeckt, muss die Lösung getestet werden. Um diese Tests effizient durchzuführen, muss im Vorfeld definiert werden, welche Prozesse mit welchen Daten getestet werden sollen, und was für jeden Testschritt die erwarteten Ergebnisse sind.
Fehler- und Issue-Dokumentation	Alle Fehler, die im Rahmen des Systemtests identifiziert werden, müssen nachvollziehbar dokumentiert werden, um sicherzustellen, dass sie bis zur nächsten Durchführung des Tests abgearbeitet worden sind. Das gleiche gilt für alles Formen von Issues, d.h. eher weichere Faktoren, wie z. B. fehlendes Prozess-Know-how bei den End-Usern, die im Verlauf eines Projektes auftreten können.

Dokumentationstyp	Zweck
Schulungsdokumentation	Die Schulungsdokumente enthalten Schulungspräsentationen für die jeweiligen Prozesse sowie Übungen, die benötigt werden, um die Endanwenderschulungen effektiv durchzuführen.
Projektabnahmedokumentation	In Vorbereitung auf den Produktivstart muss die gesamte ERP-Lösung nach erfolgreich abgeschlossenen Tests von allen Geschäftsbereichen abgenommen werden. Diese Abnahmedokumente müssen unterschrieben in Papierform den Wirtschaftsprüfern auf Nachfrage vorgelegt werden.

Dieses Maß an Projektdokumentation mag Ihnen umfangreich erscheinen, zu viel ist es nicht. Alle Versuche, an Projektdokumentation zu sparen, lohnen sich nach meiner Erfahrung nicht, sie verursachen im Gegenteil signifikante Mehrkosten.

Achtung: Stellen Sie die Dokumentation sicher

Häufig neigen vor allem intern besetzte Projektteams dazu, sparsam zu dokumentieren, da für sie ein späterer Know-how-Transfer als nicht relevant ja sogar als kontraproduktiv erscheint. In solchen Fällen muss die Projektleitung eingreifen, das Qualitätssicherungsteam sollte die Dokumentation überwachen.

Wenn Sie hingegen mit einem Integrator zusammenarbeiten, sollten Sie das geforderte Maß an Projektdokumentation möglichst detailliert vertraglich festhalten, um keinen Raum für Missverständnisse aufkommen zu lassen.

ERSTE GESPRÄCHE MIT MARVIN. Der Morgen ist so schön, dass Hajo noch vor dem Frühstück einfach losläuft, aus dem Haus, einen Feldweg entlang. Die Landschaft liegt da in sattem Grün. Froschgrün, Gelbgrün, Lauchgrün, Tannengrün, Grasgrün. Feuchte, dunstige Atmosphäre mischt die Farben und bricht das Licht. Seit ihrer Ankunft gibt es immer wieder leichten Regen. Eher ein Sprühen ist das, mild und angenehm auf der Haut. Rätselhaft, woher dieses Sprühen kommt. Richtige Regenwolken hat Hajo bisher nicht gesehen. Er saugt den Duft der feuchten Erde mit tiefen Atemzügen ein.

Der Fahrer holt sie um zehn Uhr im Herrenhaus ab und bringt sie zu Marvin. Das Werk hat eine schmutziggraue Fassade, die dringend einen Anstrich braucht. Dem Holzzaun fehlen einige Latten, auf dem Gelände liegen zerquetschte Getränkedosen, ein verrosteter Auspuff, und durch den aufgebrochenen Asphalt drückt sich das Unkraut. Hajo und Geraume gehen ein paar Betonstufen hinauf und öffnen die Eingangstür, die mit ihrem bronzebraun verfärbten Aluminium und den drahtgesicherten Glaseinsätzen an irgendein vergangenes Jahrzehnt erinnert. Am Empfang greift eine rundliche, rotwangige Telefonistin in Flanellfalten und Blümchenbluse zum gelblichbeigen Telefonhörer. „Marvin? Die beiden Herren sind gerade angekommen." Er ist sofort da, hat schon auf sie gewartet. „Schön, Sie wiederzusehen! Wie war das Frühstück? Kommen Sie mit!" Marvin führt sie im Werk herum. Er beginnt mit seiner Finance-Abteilung im Erdgeschoss, bestehend aus Buchhaltung und Controlling. Von hier aus dirigiert er die Finanzen der vier irischen Werke. Sieben Mitarbeiter stellt er ihnen mit knappen Worten vor. Von einem der Bürofenster blickt man in den Hof hinter dem Gebäude. Alles was Hajo sehen kann, sind Bürocontainer, insgesamt neun, alle ordentlich parallel hintereinander gestellt, verbunden mit Durchgangsschläuchen. Marvin führt sie hinaus, zeigt ihnen die leer stehenden Container. „Unsere Portakabins sind eine kleine Welt für sich. Es gibt Platz für dreißig bis vierzig Arbeitsplätze, oder mehr, also mindestens, und natürlich einen Toiletten-, und einen Küchencontainer. Alles da, äh, von der Kaffeetasse bis zum Internetanschluss." Stolz klingt seine Stimme, und er macht einen aufgeregten Eindruck.

„Präsentiert Marvin gerade unsere zukünftigen Büroräume? Hier wäre Platz für ein kleines Unternehmen ...", denkt Hajo. Sie gehen zurück in das Gebäude, in die oberste Etage. „Kommen Sie, treten Sie ein, bitte, nach Ihnen. Kaffee, Tee, Wasser?" Marvin bittet sie in sein Büro. Noch bevor sie sich setzen, sagt Marvin mit gedämpfter Stimme „Die meisten Leute hier werden gehen. Sie werden ersetzt. Durch das neue System. Insgesamt zwanzig Leuten habe ich bereits gekündigt, in Gedanken natürlich. Zwanzig von insgesamt fünfundzwanzig Mitarbeitern. Hier und in den anderen Werken. Am Ende sollen noch zwei bei mir sitzen, und einer in jedem Werk." Hajo und Geraume sind gleichzeitig beeindruckt und erschüttert von Marvins Kühnheit und Konsequenz. So etwas in der Richtung hatte er bei dem Abendessen mit Fred Walsh angedeutet. Als sie nicht reagieren, redet er weiter. „Wie das gehen soll, weiß ich noch nicht genau. Aber das Projekt soll mir dabei helfen."

„Aber wie um Himmels Willen wollen Sie so viele Leute ersetzen, Marvin?" fragt Hajo schließlich.

„Ein vernünftiges System muss das doch schaffen. Deutsche Software? Die ist so gründlich, das wird doch später hier praktisch alles von selbst laufen. Meine Kosten sind insgesamt zu hoch für den Bereich. Außerdem stimmen die Zahlen nicht, oder sie kommen zu spät. Um zu wissen wie der Vormonat war, muss ich drei Wochen warten. Und dann kann ich den Zahlen nicht trauen, weil sie nicht stimmen. Was ich brauche, sind automatisierte Prozesse über mehrere Systeme hinweg und Spezialtransaktionen für möglichst viel Effizienz. Im Übrigen sind die zwanzig Leute die Savings, die ich Fred Walsh zugesichert habe. Finance muss schlanker werden. Deshalb räume ich auf. Und Sie beide sind da, um mir zu helfen. Mit PO!"

Hajo bräuchte jetzt einen starken Kaffee. Aus der Thermoskanne kommt nur lauwarmes, braunes Wasser. Die Kondensmilch ändert zwar die Farbe der Brühe, aber wenig an deren Geschmack. Hajo und Geraume lassen sich von Marvin erklären, wer aus den anderen Werken für sie wichtig ist. „Die in Services halten sich nicht an Prozesse und haben zu hohe Kosten. Und suchen ihr Heil in geschönten Zahlen." Marvin ist sehr darauf bedacht, dass auch die Anderen Einsparungen bringen. Insbesondere Services. Er gibt ihnen wertvolle Informationen, und die wichtigen Namen. „Ian Robinson als Director Production Control ist verantwortlich für die Fertigung, hier in Cork." Ihn werden sie treffen, sobald sie die anderen Werke auf ihrer Tournee durch Irland kennengelernt haben. Die drei anderen Niederlassungen warten und reparieren Anlagen, gehören also zu Services. Mick Earl ist Vice President und für Services verantwortlich. Seine Zentrale ist in Limerick. Zuerst würden sie die beiden kleineren Werke in Dublin und Galway besuchen, und zum krönenden Abschluss Mick Earl in Limerick. Am nächsten Morgen soll es losgehen.

AM ABEND IM PUB – MONTAG. „Hajo, wenn das Projekt scheitert, ist Marvin seinen Job los", Geraume betont jedes Wort, zwischen zwei großen Schlucken Bier. „Erstens. Marvin hat sich bei unserem Abendessen gegenüber seinem Chef verpflichtet, so drastisch Planstellen zu reduzieren. Das hat mich schon hellhörig gemacht. Der Mann ist entweder verrückt oder verzweifelt. Jedenfalls hat er ein Problem. Und zwar ein riesiges." Geraume hält inne und sucht Blickkontakt mit dem Kellner. „Zweitens, wenn Marvin wirklich ein so großes Problem hat, wird er gefährlich. Bei angeschossenen Tigern muss man aufpassen, die neigen zu Kurzschlussreaktionen. Weißt Du eigentlich, was eine Irish Carbomb ist?"

„Nein. Was denn?" Hajo schaut an Geraume vorbei ins Leere.

„Zu Deinem Guinness bekommst Du ein Glas Baileys. Das versenkst Du im Bier. Musst Du gleich trinken, sonst flockt die Sahne."

Hajo verliert den letzten Rest an Körperspannung und sinkt auf der mit grünem Leder bezogenen Bank ein. „Geraume, der Mann ist unser doppelter Boden, unser Sicherheitsnetz, weil er das Projekt unbedingt will. Und du erzählst mir gerade, er steht mit einem Fuß im Grab? Wenn das so weiter geht, wird Irland ein großes Desaster. Ich sehe das Projekt gerade durch meine Finger rutschen. Dann kann ich bis zu meiner Pensionierung die Radiergummibestellungen im Innendienst machen." Er richtet sich mühsam auf. „Es muss einfach funktionieren. Nur wie soll ich Leuten wie Marvin sagen, dass sie das nicht haben können, was sie haben wollen? Der Mann ist einfach einige Nummern größer als ich. Und von der Sorte gibt es noch ein paar."

„Hajo, du hast eine Chance. Marvin braucht Dich, so wie Du ihn. Er ist unser stärkster Mann, nicht nur weil er Vice President ist. Er finanziert unseren Business Case mit seinem Einsparpotenzial und seinem Commitment. Und er bietet sich auf dem Silbertablett als Projektstandort an. Sein Deal ist: „Ich mach euch den Weg frei und ihr macht was ich sage." Wir sollten ihn für uns arbeiten lassen, so gut es geht. Und gleichzeitig die Risiken eindämmen. Marvin weiß, dass das Projekt nur deshalb in Irland ist, weil er es geholt hat. Er packt alles rein, was er braucht. Vielleicht haben wir Glück und finden noch andere Sponsoren. Im Moment ist er aber der Einzige."

„Ok, wie machen wir weiter, Geraume?" Hajo nimmt einen tiefen Schluck Guinness.

„Zunächst einmal stehen die Einsparungen an. Die müssen alle Beteiligten zusagen, sonst gibt es keinen Business Case. Lass uns die Leute in den Werken ansehen. Wir müssen herausfinden, wie wir sie ins Projekt einbeziehen können. Und damit meine ich, sie aktiv Einfluss nehmen lassen. Sie dürfen uns Ratschläge geben, die wir umsetzen."

Hajo hat sich wieder aufgerichtet und sieht ihn stirnrunzelnd an.

„Wenn sie sinnvoll sind.", fügt Geraume mit einem Augenzwinkern hinzu. „Unsere Stakeholder werden das Projekt kippen oder zumindest unsere Arbeit behindern ... wenn sie nicht verstehen, was das Ganze bringt. Oder wenn sie nicht richtig einbezogen sind. Du weißt schon, aus Betroffenen Beteiligte machen. Morgen sehen wir uns erst einmal die Werke an und machen uns einen Reim auf die Leute dort. Lass uns herausfinden, ob

Marvin die richtigen Namen rausgerückt hat. Dann sehen wir weiter." Er sieht drei Musikern zu, die in einer dunklen Ecke des Pubs ihre Instrumente auspacken. „Die Schwierigen müssen wir an der kurzen Leine halten. Bei einem Unterfangen dieser Größe gilt: Deinen Freunden sei nah, deinen Feinden sei näher!"

Marvin Brown hat alles daran gesetzt, das Projekt nach Irland zu holen, sagt sich Hajo. Und er weiß, er wird sehr tief Luft holen müssen, um Marvin zu erklären, dass er sich verstiegen hat mit seinen Forderungen an das neue System. Hajo und Geraume bezahlen acht Guinness und drei Kaffee und machen sich auf den Weg zu ihrer Unterkunft. Hajo schließt auf dem Beifahrersitz die Augen. Er versucht sich vorzustellen, was sein Coach Tiberius Mons wohl sagen würde. Der hatte ihn in Berlin mit seinen Fragen verblüfft. Wenn Hajo dachte, er hätte den Kern seines Problems rübergebracht, und wenn er auf Verständnis oder wenigstens einen mitfühlenden Blick hoffte, hatte Tiberius ihn angelächelt und gefragt: „Was kommt Ihnen an Ihrer momentanen Lage bekannt vor? Was ist daran gut?" Nach dem ersten Schreck hatte Hajo schnell verstanden, was Tiberius wollte: Ihn in die Vogelperspektive katapultieren. Ihn in die Lage versetzen, nicht nur seine eigene Betroffenheit zu sehen, sondern Muster zu erkennen und das System zu begreifen. Hajo fragt sich also jetzt „Was ist das Gute daran?" Er stellt sich Marvin vor und denkt: „Das Gute daran könnte sein, dass Marvin ganz viel Energie in das Projekt steckt ... Eines ist klar, Marvin will das Projekt. Das könnte meine Lebensversicherung sein. Ich müsste Marvins Energie so lenken, dass sie sich zum Rückenwind für das Projekt entwickelt."

An diesem Abend fällt Hajo nach einem kurzen Telefonat mit seiner Frau in einen unruhigen Schlaf, begleitet vom Herbstwind, der die Kletterrosen an seinem Fenster zum Rascheln bringt.

DIENSTAG, DUBLIN UND GALWAY. EINE RUNDREISE DURCH DIE WERKE. Am nächsten Morgen fahren Hajo und Geraume in einem geliehenen Mittelklassekombi nach Dublin. Besser gesagt, in das Industriegebiet eines Vorortes von Dublin. Nach drei Stunden Fahrtzeit erreichen sie ein überraschend kleines Werk. Der Leiter des Standorts führt sie herum. Sie bekommen jeden einzelnen Büroraum zu sehen, lernen jede Maschine kennen, die sich gerade in Wartung befindet. Unterschiedliche Maschinen, unterschiedlich weit in ihre Einzelteile zerlegt. „Ich werde das Gefühl nicht los, dass wir gerade das Standardprogramm für Besucher absolvieren." raunt Geraume Hajo zu. „Genauer gesagt, das Standardprogramm für hohen Besuch."

Alle hier sind außerordentlich bemüht, ihnen einen angenehmen Aufenthalt zu bescheren. Das Gespräch mit dem Standortleiter bringt jedoch nichts Konkretes zu Tage.

„Wer aus Dublin kann denn nun PO! unterstützen?" fragt Geraume schließlich ganz direkt.

Die Antwort des Standortleiters ist ausweichend. „Das muss noch geprüft und mit Mick Earl besprochen werden."

Nach einem freundlichen, etwas steifen Essen in dem vermutlich teuersten Lokal am Ort machen sich Hajo und Geraume auf den Weg nach Galway. Auch dieses Werk gehört zu Services, auch dort wird repariert und gewartet. Das Gebäude ist nicht viel größer als das in Dublin, und macht einen ebenso unmodernen Eindruck. Der Standortleiter führt sie herum und vermittelt seine Unzufriedenheit. „Die Prozesse laufen nicht richtig, ist alles Schrott hier." wiederholt er mindestens dreimal. Gleichzeitig spürt Hajo aber auch eine Abwehrhaltung gegenüber Veränderungen von außen. „Keine gute Mischung", ist Hajos spontane Analyse. „Die hält Leute wie ihn davon ab zu sehen, was das neue System tatsächlich möglich machen kann."

Der Standortleiter in Galway macht seine Erwartungen deutlich. „Ich gehe davon aus, dass mit SAP alle Prozess-Schwächen und die Disziplinmängel beendet sein werden. Richtig?"

„Irrtum", denkt Hajo für sich und antwortet: „Die wichtigste Voraussetzung für SAP ist Disziplin. Und alles, was an zusätzlichen Features oben drauf gepackt wird, braucht noch mehr Disziplin."

Auch in Galway kommen sie nicht weiter mit der Frage nach der Person, die das Projekt unterstützen kann. Alle Fäden laufen also bei Mick Earl in Limerick zusammen.

MITTWOCH – LIMERICK. Nach einer unbequemen Nacht in einem mittelmäßigen Hotel brauchen sie eineinhalb Stunden bis Limerick, zum Hauptakteur von Services: Mick Earl. Das Werk ist das größte der drei Service-Standorte, aber auch das heruntergekommenste. Die Fassade ist schmutzig, der grünlich nasse Putz löst sich in großen Stücken von den Mauern, die Markierungen auf dem Parkplatz sind längst verblichen. Als sie sich am Empfang melden, dauert es sehr lange, bis man versteht, wer sie sind, und dass sie einen Termin mit Mick Earl haben. Und dann dauert es noch länger, bis sie jemand abholt. Nach einer weiteren halben Stunde Wartezeit in einem Raum mit ausgemustertem Mobiliar kommt jemand, der sich ihnen als Andrew McGeorge und Assistent von Mick Earl vorstellt. „Tut mir wirklich leid, meine Herren. Mick musste noch einmal für eine halbe Stunde weg. Lassen Sie uns doch schon einmal beginnen." Schnell wird klar, dass Andrew McGeorge nicht vorbereitet ist. Er kann keine Zusagen machen, wurde ins kalte Wasser geworfen von Mick, der ihm da plötzlich so ein paar Kontinentaleuropäer überlässt. Mick taucht dann schließlich doch noch auf, ist aber sehr hektisch und angespannt, was sich deutlich in Form von roten Flecken im Gesicht und dem Spiel seiner Kiefermuskulatur zeigt. Earl, der Graf.

„Passt gar nicht zu ihm, eher schon Dublin, Arbeiterviertel" denkt Hajo. „Einer, der mit dem Vorschlaghammer seine Pläne begradigt."

Er macht nicht den Eindruck, mit ihnen an einem Strang ziehen zu wollen. Im Gegenteil. Er will das Projekt nicht, befindet sich im Krisenmanagementmodus. Mick vermittelt ihnen den Eindruck, sie könnten ihn am besten unterstützen, wenn sie schnell wieder verschwänden. Die Gastfreundschaft ist sehr verhalten, und in Limerick erhalten sie keine Einladung zum Essen. Hajo und Geraume beschließen, einen weiteren Abend in ihrem Pub zu verbringen.

Geraumes Resümee ist ebenso knapp wie entmutigend. „Überall ist es eng. Die Verantwortlichen in den Werken haben genug Probleme und das SAP-Projekt ist für die nur ein weiteres. Die sollen ihre besten Leute frei stellen, die so gerade das Tagesgeschäft bewältigen. Sie erkennen das Potenzial von so einem neuen System gar nicht."

„Wasserträger sind das. Keine Entscheider." sagt Hajo frustriert.

„Noch dazu stehen die Service-Werke in einer Art internem Wettbewerb. Wenn ein Auftrag reinkommt, gibt es drei Werke für Wartung und Reparatur. Die sind nicht gewohnt, sich gegenseitig zu helfen." Geraume prostet Hajo zu und nimmt einen großen Teller mit dampfendem Eintopf entgegen, den ihm die Bedienung reicht. Lamm, Kartoffeln, viel Soße. In Cork hatten sie den Eindruck, verstanden zu haben wie es in Irland läuft. Als sie aber die Service-Werke sehen, erkennen sie, dass dort alles ganz anders funktioniert. Dass es sich um ein ganz anderes Geschäftsmodell handelt, nämlich Anlagen zu warten. Und nicht zu fertigen.

„Die Annahme des Managements ist falsch, dass das System schon passen wird. Nur weil in Deutschland und Österreich auch Anlagen gebaut werden, und zum Teil gewartet. Typisch Headquarter." denkt Hajo.

Ein Treffen steht noch aus – mit Ian Robinson. Er ist der Verantwortliche für die Fertigung. Sie werden ihn am nächsten Tag kennenlernen. Und Freitag früh geht es zurück nach Berlin. Nach Hause.

DONNERSTAG, CORK. EIN PERFEKTES TREFFEN. Das Treffen mit Ian Robinson verläuft unerwartet gut. Verglichen mit den neutralen bis schlechten Erfahrungen, die sie auf ihrer Tournee durch die Werke gesammelt haben, sogar großartig. Ian ist straight forward. Er interessiert sich für das Projekt, will alles genau wissen, zeigt große Bereitschaft, sie zu unterstützen. Hajo und Geraume bekommen bei ihrer Führung durch die Fertigung den Eindruck, dass hier Prozessdisziplin gelebt wird. Ian ist der ideale Prozesseigner. Mit klaren und realistischen Erwartungen.

FREITAG. HAJO UND GERAUME FLIEGEN NACH BERLIN. Am nächsten Morgen nehmen Hajo und Geraume den Red-Eye-Flug nach Berlin. Hajo zieht Bilanz, während sie auf das Boarding warten. „Ok, hier ist meine Standortanalyse. Marvins Finance ist unterstützend, aber unverschämt. Micks Services: unverschämt und unkorrekt. Ians Produktion: unterstützend und korrekt. Und eigentlich arbeiten alle gegeneinander. Zwischen Services und Finance herrscht Feindschaft. Finance bekommt natürlich mit, dass die Service-Leute undiszipliniert sind und eine Verschleierungstaktik fahren. Die sind Cowboys. Die machen alles für den Kunden. Und an Abläufe halten sie sich nicht. Mick Earl ist nicht zu greifen ..."

Geraume setzt die Analyse fort. „Mick ist mit Vorsicht zu genießen, ihn müssen wir häufiger sehen. Er ist auf Wachstumskurs und kann mit Savings nicht viel anfangen. Wir sollten mit ihm erarbeiten, welchen Nutzen sein Bereich aus dem Projekt ziehen kann. Dann werden wir ihn schon ins Boot holen können." Dann geht Geraume noch einmal die wichtigsten Stakeholder durch. „Fertigung ist unsere Rettung, die sind ziemlich strukturiert. Alles easy. Marvin müssen wir regelmäßig sehen. Der ist zwar auf unserer Seite, aber er hat falsche Vorstellungen davon, was SAP kann. Er hofft, mit dem deutschen System Disziplin in die Geschäftsabläufe zu bringen. Da wo seine Zahlen herkommen, fehlt es aber an Ausbildung, an konsequent gelebten Prozessen und an der richtigen Struktur. Anstatt die Probleme an ihrer Wurzel zu packen, hofft er auf das neue System. Dass etwas automatisiert im System abläuft, ist direkt nach dem Go-Live unmöglich. Das wissen wir beide aus Erfahrung."

„Ja, und das erwartet Walsh von ihm: Dass dann die operativen Probleme bei ihm gelöst sind. Was mich wahnsinnig macht ist, dass ich das alles ohne Marvin vergessen kann, denn er ist der mit dem Draht nach ganz oben." Hajo ist mulmig bei dieser Abhängigkeit von einer einzelnen Person, die das Projekt vorantreibt. Und er wird das seltsame Gefühl nicht los, dass Geraume sich irgendwie zurückhält. Klar, er unterstützt ihn wo er kann. Aber Hajo spürt, dass er ihm das Feld überlässt und sich viel mehr als während des Rollouts in Deutschland nur beratend im Hintergrund hält. Er braucht unbedingt Unterstützung. Jetzt. Er hat sich für ein ausführliches Gespräch bei Tiberius Mons angemeldet, gleich nach Ankunft des Fliegers in Berlin wird er zu ihm fahren.

FREITAG ABEND, BRANDENBURG. GESPRÄCH MIT TIBERIUS MONS. Hajo freut sich auf das Wochenende mit der Familie. Vorher fährt er noch zu Tiberius Mons. Dessen Villa in Brandenburg ist eine perfekt renovierte, traumhaft eingewachsene Antiquität. Zusammen mit seiner Frau, einer erfolgreichen Anwältin, hat er es sich nach einem anstrengenden Beraterleben bequem gemacht. Er begrüßt Hajo mit festem Händedruck und sie gehen einige knarzende Treppenstufen hinauf in die Bibliothek, wo schon heißer Tee wartet und die Nachmittagssonne durch die Krone eines Akazienbaumes auf dunkelgrüne Ledersessel fällt.

„Herr Rath, wie schön Sie wiederzusehen! Erzählen Sie. Wie ist es Ihnen in Irland ergangen?"

„Ach, wissen Sie. Das ganze Projekt ist Wahnsinn. Oder vielmehr, die Erwartungen sind Wahnsinn. Ich will es wirklich richtig machen. Aber wie? Im Moment ist das Licht am Ende des Tunnels ein entgegenkommender Zug und irgendwann bin ich platt. Es deutet sich an, dass Services und Finance Unmögliches von mir verlangen. Hier noch eine Anbindung, da eine Schnittstelle. Eigentlich interessiert sich keiner für das Projekt. Da gibt es irgendwelche größeren Probleme in Irland. Was dahinter steckt, weiß ich noch nicht genau – und ich befürchte, das will ich auch lieber nicht wissen. Ich kann es doch nicht allen Recht machen! Aber jeder zerrt an mir." Hajo atmet schnell und seine Worte überschlagen sich fast.

„Gut, Herr Rath. Das klingt nach einem komplexen Gefüge. Sie sind ein Teil dieses Systems. Ändern können Sie die Leute nicht, nur sich selbst. Diese alte Weisheit kennen Sie sicher. Aber Sie können möglicherweise deren Motivation verstehen und dieses Wissen für sich nutzen. Das Prinzip ist eigentlich simpel: Sie sind Teil eines Systems. Wenn Sie sich verändern, ändern Sie automatisch das System. Interessant finde ich Ihren Wunsch, alles richtig machen zu wollen. Was halten Sie davon, das Personengefüge des Projekts einmal sozusagen systemisch anzuschauen?"

„Wenn Sie meinen.", Hajo ist etwas ruhiger geworden, er vertraut Tiberius Mons. Und hofft auf konkrete Hilfe.

„Dort drüben auf dem Regal stehen Holzfiguren. Wir werden sie als Stellvertreter für Ihre Stakeholder im Projekt verwenden. Wer sind denn Ihre Kandidaten? Und wer unterstützt Sie?" Hajo nimmt fünf Figuren aus dem Regal, jeweils eine für Marvin Brown, Mick Earl und Ian Robinson, sich und Geraume, und stellt alle im Halbkreis um seine eigene Figur herum auf. Die Figuren stehen vor seiner. Er schaut sie an, sie schauen ihn an. „Also, wie ich gesagt habe, ich hab das Gefühl, die wollen alle was von mir." Hajo betrachtet sein Werk nachdenklich. „Sogar Geraume macht mich unsicher, er nimmt mir nichts ab. Es ist, also würde er dafür sorgen, dass er nicht zu wichtig wird. Er macht gute Stimmung, Small Talk mit den Leuten, aber er zieht nie das Feuer auf sich."

„Und das, wo Sie doch alles richtig machen wollen, nicht wahr? Hajo, wie geht es Ihnen, wenn Sie das so sehen?"

„Eigentlich fühle ich mich auf dem Präsentierteller. Und im Rampenlicht. Es ist beides, argwöhnisch beäugt und gleichzeitig vielbeachtet."

„Aber das gefällt Ihnen auch ein bisschen, oder?"

„Ja, das Rampenlicht genieße ich. Stimmt. Wenn nicht die andere Seite wäre ... Das Problem ist auch, ich muss Leute managen und sogar führen, die viel größer sind als ich. Wie soll denn das gehen?"

„Hajo, überlegen Sie einmal: Was müsste passieren, damit alles noch etwas schlimmer wird?"

„Hm. Ehrlich gesagt, wenn Geraume gehen würde, das wäre wirklich ein Drama."

„Was würde Ihnen dann fehlen?"

„Genau genommen – ich brauche jemanden an meiner Seite, das war immer Geraume. Er hat mir bisher den Rücken gestärkt. Ich fühle mich ziemlich alleine. Von allen Seiten kommen die Bälle geflogen, und sogar meine Frau ist unzufrieden und steht nicht unbedingt hinter mir.

„Ok, Hajo. Jetzt haben wir ein klares Bild von Ihrer Situation. Lassen Sie uns nun herausfinden, was die Motivatoren der Menschen in Ihrem Umfeld sind. Das, was uns antreibt, ist entweder Schmerz vermeiden oder Lust gewinnen. Gehen wir Ihre Protagonisten der Reihe nach durch – Schmerzvermeidung oder Lustgewinn?"

„Wenn ich es mir so recht überlege ... eigentlich ist der Einzige, der von so etwas wie Lustgewinn angetrieben wird, der Mann aus der Produktion, Ian Robinson. Er will standardisierte Prozesse, Templates, eine saubere Lösung. Er nimmt das Projekt an, will nicht alles anders haben. Marvin dagegen will nur sicherstellen, dass er seinen Job behält. Das Projekt ist ihm eigentlich egal. Er hat zu hohe Kosten, und das Projekt soll ihm helfen, sie zu reduzieren. Bei den Leuten aus Services, Mick und Andrew, merke ich Widerstand. Die unterstützen das Projekt nicht. Warum weiß ich allerdings nicht so genau, aber sicherlich eher aus Schmerzvermeidung. Ich glaube, da gibt es irgendwelche Leichen im Keller. Größere Probleme."

„Das ist eine Menge Konfrontation. Was bräuchte denn Ihrer Meinung nach jeder Einzelne in unserem System, damit er sich so verändern kann, dass es Ihnen besser geht? Versetzen Sie sich in Ihre Protagonisten."

Hajo stutzt. „Also gut. Ich als Marvin." Hajo schaut an die Decke. „Ich, Marvin, bin knapp fünfzig und wenn ich meinen Job verliere, ists vorbei. Meine Kinder sind noch nicht durch die Uni durch. Ich muss, wenn ich überleben will, ganz egoistisch meine Interessen durchsetzen."

„Interessant, nicht?"

„Mick Earl: Ich habe einfach Panik. Ich stehe unter Druck und weiß nicht, wie ich ein solches Projekt schaffen soll. Tja, und Ian. Eigentlich will er das, was ich will."

„Wenn das so ist, steht er dann dort, wo er gerade als Figur steht, richtig?"

„Ja, Sie haben Recht. Den stelle ich mehr neben mich."

„Sehen Sie, das System hat sich schon ein wenig verändert ... Nun zu Mick und Marvin. Was braucht Mick von Ihnen? Und was brauchen Sie von ihm?"

„Ich brauche Kollaboration. Und Mick ... er braucht eine klare Ansage, denke ich. Der reagiert nur auf Geschrei, weil er so viel Lärm um sich hat, damit der mich hört und ich auf seine Agenda komme. Hm ... und Marvin? Der braucht vielleicht ein mutiges Nein. Ich muss ihm sagen, das ist zu viel, was du da jetzt willst. Das bringt ja auch nichts, man kann zwar fast alles automatisieren, aber unter dem Strich braucht man saubere Geschäftsabläufe. Ich habe da immerhin zwölf Jahre Erfahrung."

„Gut. Sie haben sich in die anderen hineinversetzt und gemerkt, dass Sie einen Verbündeten haben. Auch sehen Sie klar, was von Ihnen gefordert wird. Können wir noch etwas tun, damit sich Hajo in dieser Runde besser fühlt? Lassen Sie mich noch eine Figur ins Spiel bringen." Er nimmt eine weitere Holzfigur aus dem Regal, stellt sie an die Stelle von Hajos Figur und diese etwas zur Seite. „Wie wäre es, wenn wir das Projekt von Ihrer Person loslösen?"

Hajo sieht ihn überrascht an. „Sie meinen, das Projekt als eigene Figur? Dann steht das Projekt im Mittelpunkt? Dann schauen alle nicht mehr auf mich als Störenfried beziehungsweise Hoffnungsträger, sondern auf die gemeinsame Herausforderung! Tolle Idee! So ist das eigentlich ein ganz gutes System." Er macht eine Pause. „Ok. Ich weiß jetzt, was ich machen muss, dem einem klar Nein sagen, dem anderen sagen, was ich brauche."

„Gut, Hajo. Was wollen Sie denn jetzt ganz konkret tun?"

„Vor dem Kick-Off werden wir einen Lenkungsausschuss aufstellen, mit unseren wichtigen Leuten. Vielleicht sollte ich in diesem Kreis die Ampel auf Rot stellen und sagen, dass wir ein Problem haben? Dann habe ich ein paar Druckverstärker an meiner Seite."

„Was würde das mit Mick machen?"

„Das könnte bei Mick so ankommen, als wollte ich ihn bloßstellen."

„Ok. Was wäre besser?"

„Ein Gespräch unter vier Augen wäre vielleicht erst einmal einen Versuch wert. Ich werde es versuchen. Fragt sich nur, ob mich der Earl auch empfängt."

„Und Marvin?" „Auch mit ihm muss ich erst einmal das persönliche Gespräch suchen ..."

„Was möchten Sie mit dem Gespräch erreichen, Hajo? Ich meine: Was soll nach diesem Meeting anders sein?"

„Ich möchte ihn von meiner Sichtweise überzeugen!"

„Ist das realistisch?"

„Realistisch wäre vielleicht, meine Punkte rüberzubringen. Irgendwie sind sich Mick und Marvin ähnlich, beide sind rationalen Argumenten gegenüber nicht richtig zugänglich. Aber beide sind auf unterschiedliche Weise verzweifelt."

Die Vorbereitungsphase

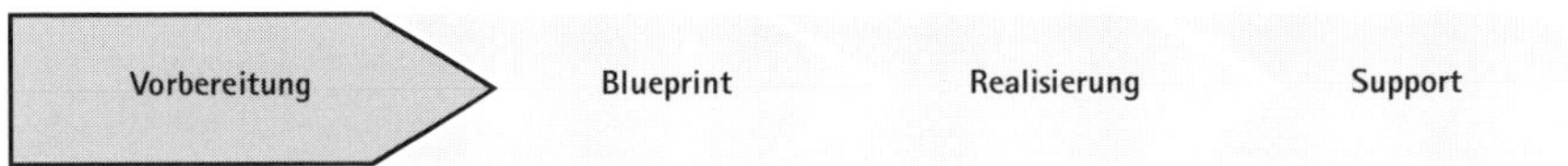

Abb. 28: Projektphasen

Übersicht

Abb. 29: Projektphase Vorbereitung

In der Vorbereitungsphase werden die entscheidenden Weichen für das Projekt gestellt. Die Governance-Strukturen zur Projektsteuerung und -überwachung werden aufgesetzt, der Projektauftrag wird geklärt und die Grobplanung wird aufgestellt. Anschließend wird das Team zusammengestellt und geschult.

Der Lenkungsausschuss

Ein Projekt ist nach DIN 69901 ein interdisziplinäres Vorhaben, bei dem innerhalb einer definierten Zeitspanne ein definiertes Ziel erreicht werden soll, und das sich dadurch auszeichnet, dass es im Wesentlichen ein einmaliges Vorhaben ist.
Ein solches Vorhaben braucht nicht nur einen Sponsor, wie bereits beschrieben, sondern auch einen Auftraggeber und eine Governance-Struktur, die regelmäßig über Fortschritte und Probleme informiert wird. Aufgrund der interdisziplinären Natur von Projekten muss dieses Kontrollgremium

ebenfalls interdisziplinär besetzt sein. So viel zur grauen Theorie, nun zur Praxis: Damit wären wir beim Lenkungsausschuss, im englischen auch Steering Committee genannt. Wer soll Mitglied sein?
Spätestens mit Beginn der Planungsphase des Projekts sollten Sie dieses hochinteressante Gremium implementieren.

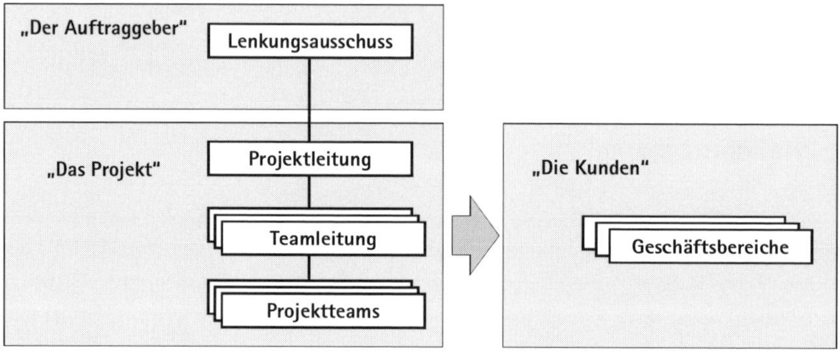

Abb. 30: Der Lenkungsausschuss im Projektumfeld

Beim Lenkungsausschuss gilt prinzipiell dasselbe wie beim Projektsponsor: Je bedeutender und strategischer das Projekt, desto hochkarätiger sollte die Besetzung dieses Ausschusses sein. Bei einer strategischen ERP-Implementierung sollten Sie nicht unter dem Level Vice President bzw. der Bereichsleitung anfangen.

Achtung: Vergessen Sie die Geldgeber nicht

Bei der Besetzung sollten Sie sicherstellen, dass nicht nur die Stakeholder mit Kundencharakter vertreten sind, sondern auch die Abteilung, die für das Budget zuständig ist, in der Regel also die IT-Abteilung oder der Finanzbereich. Tun Sie dies nicht, haben Sie in diesem Gremium keine Verbündeten, wenn es um unpopuläre Entscheidungen wie Kürzungen geht.

Je nach Unternehmenskultur und Charakter der einzelnen Mitglieder werden im Lenkungsausschuss Konflikte offen oder hinter den Kulissen ausgetragen. Seien Sie darauf vorbereitet und versuchen Sie herauszufinden, wer

mit wem kann und wer nicht. Dieses Wissen können Sie später gezielt für Ihre Zwecke einsetzen.
Außerdem ist bei der Besetzung des Ausschusses auf Folgendes zu achten:

Checkliste: Besetzung des Lenkungsausschusses	
• Die Gruppe sollte so klein wie möglich sein (5 bis 8 Personen). • Es sollten die wesentlichen betroffenen und involvierten Fach- bzw. Geschäftsbereiche vertreten sein (siehe auch Kapitel „Stakeholder-Management" auf S. 33). • Die Zusammensetzung der Gruppe sollte möglichst stabil sein. • Der Projektsponsor muss vertreten sein. Idealerweise ist er der Vorsitzende des Gremiums. • Aus taktischen Gründen kann es sinnvoll sein, dass Ihr Chef in dem Gremium vertreten ist. • Erarbeiten Sie die Besetzung des Lenkungskreises am besten zusammen mit dem Projektsponsor. Es muss „sein" Gremium sein und er sollte daher voll hinter dem Team stehen. • Manchmal macht es Sinn, Projektgegner in den Ausschuss zu berufen. Auf diese Weise geben Sie ihnen Mitverantwortung, so dass sie das Projekt nicht länger torpedieren können.	

Wie und wann man sich trifft

In der Planungsphase ist ein monatliches Zusammenkommen des Lenkungsausschusses sicherlich sinnvoll und ausreichend. Spätestens in der Realisierungsphase sollten die Treffen dann allerdings 14-tägig stattfinden. Kurz vor dem Go-Live wird die Frequenz dann auf wöchentlich ansteigen. In Krisenfällen können durchaus auch mehrmals pro Woche kurze Abstimmungen vonnöten sein.
Dabei sollten Sie körperlichen Treffen, falls möglich, stets den Vorzug geben. Je kritischer und politischer die Themen, desto schwieriger werden Telefon- oder Videokonferenzen, da Mimik und Körpersprache hier nicht oder nur schwer wahrnehmbar sind.

Themen für den Lenkungsausschuss

Welche Themen sollten im Lenkungsausschuss angesprochen werden? Sinnvolle Themen sind unter anderem:

Themen für den Lenkungsausschuss	**Erläuterungen**
Zusammenfassung der letzten Sitzung	z. B. Rückfragen zum Protokoll
Follow-up der Action Items	Action Items mit Verantwortlichen und Fälligkeit sollten mit jedem Sitzungsprotokoll verteilt werden
Projektzeitleiste	Übersicht des Gesamtprojektes, aktueller Stand Plan/Ist
Projektstatus	Fertigstellungsgrad, Budget, erreichte Meilensteine, kritischer Pfad
Issues und Entscheidungsvorschläge	Wo gibt es Unterstützungsbedarf durch den Lenkungsausschuss. Welche Form der Unterstützung wird vom Projekt angefragt?
Nächste Schritte	Welches sind die nächsten Meilensteine, auf die das Projektteam sich fokussieren wird?
Nächste Termine	Welches sind die nächsten drei Sitzungstermine?
Round Table	Abschlussrunde, um jedem Mitglied nochmals die Gelegenheit zu geben, bestimmte Punkte, die ihm wichtig sind, zu betonen

Tipp: **Sorgen Sie für eine „stabile" Agenda**

Die Sitzung eines Lenkungskreises hat verschiedene Schwerpunkte, die Sie in der Agenda berücksichtigen sollten. Die Agenda sollte von ihrer Struktur möglichst stabil sein, damit jeder der Beteiligten weiß, welches Thema wann besprochen wird.

Die Vorbereitung eines Treffens

Bedenken Sie stets, dass die Mitglieder Ihres Lenkungskreises extrem einflussreiche und viel beschäftigte Leute sind. Eine schlecht vorbereitete Sitzung, z. B. wegen operativer Hektik im Projekt, ist für sie nicht entschuldbar und ist weder gut für Sie noch für die Reputation des Projekts.

Fangen Sie rechtzeitig mit der Vorbereitung an

Auch wenn ein Lenkungskreis sehr wichtig ist, sollten Sie dennoch versuchen, seine Vorbereitung so früh und so weit wie möglich zu industrialisieren, d.h. etablieren Sie möglichst früh einen Standard bzgl. der Status-Informationen, die Sie präsentieren werden und bleiben Sie dabei. Ich habe Projekte erlebt, in denen kurz vor einem Lenkungsausschuss das ganze Projektteam panikartig an irgendwelchen Folien gearbeitet hat. Entsprechend war dann auch deren Qualität. Das ist unprofessionelle Verschwendung von Ressourcen.

Checkliste: Die Vorbereitung eines Lenkungsausschuss-Meetings	
• Definieren Sie beizeiten, wer zu welchem Thema bis wann welche Form von Arbeit zu leisten hat. • Vereinbaren Sie eine Standardagenda und ein einheitliches Format für Inhalte, dann wird auch die Qualität passen. • Lassen Sie Präsentationen für den Lenkungsausschuss vor der Sitzung von Kollegen Ihres Vertrauens durchsehen. Ein Kriterium dabei sollte jeweils die Kongruenz einer Aussage mit themenverwandten Aussagen der letzten Sitzung sein. Seien Sie sich bewusst, dass für die Teilnehmer des Lenkungskreises Ihre Präsentation neben der unvermeidlichen Gerüchteküche die einzige Informationsquelle bzgl. des Projekts ist. Sie werden sich an Ihre letzte Präsentation erinnern, sie eventuell sogar dabei haben. Wenn Sie beim letzten Mal davon gesprochen haben, dass eine bestimmte Aktivität 2,5 Monate dauert, dann sollten Sie in der nächsten Sitzung nicht von 50 Arbeitstagen reden, auch wenn das inhaltlich vielleicht dasselbe ist. Solche divergenten Aussagen verwirren unnötig, und das schafft Frustration auf beiden Seiten. • Passen Sie den Detaillevel Ihrer Präsentationen Ihrem Publikum an. Sparen Sie sich technische Details, auch wenn es toll ist, dass Sie diese verstehen. Wenn sie nicht unbedingt zum Verständnis eines Sachverhalts notwendig sind, gehören sie nicht in die Sitzung.	

• Machen Sie sich vor jeder Sitzung klar, was Sie konkret erreichen möchten. Sprechen Sie die wesentlichen Punkte vor dem Meeting mit dem Projektsponsor durch. Überlegen Sie, wie Sie sich den Ball gegenseitig zuspielen können. Vermeiden Sie auf jeden Fall, dass der Projektsponsor durch Ihren Vortrag überrascht, in die Ecke gedrängt oder in einem schlechten Licht dargestellt wird. • Laden Sie ein bis zwei fähige Kollegen zur Sitzung ein, die Sie beim Vorbereiten und Vortragen unterstützen. Widerstehen Sie der Versuchung alles selbst machen zu wollen. • Verteilen Sie Rollen innerhalb Ihres Teams. Wer trägt welches Thema vor? Es sollte immer dieselbe Person sein. Wer achtet auf die Zeit? Wer schreibt mit? Ein Protokoll ist ein mächtiges Instrument im Projekt, Sie sollten es in qualifizierte Hände legen. • Achten Sie darauf, dass es in jeder Sitzung etwas Sinnvolles zu entscheiden gibt. Bereiten Sie entsprechende Entscheidungsvorlagen vor. Listen Sie die verfügbaren Optionen auf und sprechen Sie eine begründete Empfehlung aus, die Sie bei Bedarf mit Details unterfüttern können. Tun Sie dies nicht, so wird Ihnen vielleicht als Action Item bis zum nächsten Treffen eine volle Analyse aller zur Verfügung stehenden Optionen mit Wirtschaftlichkeitsbetrachtung aufgebrummt.	

Unmittelbar vor dem Meeting

Im Eifer des Gefechts können Teilnehmer Termine schon einmal vergessen. Einige Tage vor dem Meeting sollten Sie daher eine Terminerinnerung an die Teilnehmer schicken, insbesondere, wenn diese noch offene Action Items haben. Fragen Sie freundlich nach, was man dem Lenkungskreis in dieser Sache zu berichten gedenkt.

Die Präsentation sollte den Teilnehmern ebenfalls ein bis zwei Tage vor der Sitzung zugehen, damit diese sich vorbereiten können. Vorbereitung heißt für manche vielleicht nur, die Präsentation durch das Sekretariat ausdrucken zu lassen. Er wird aber sicher einige Teilnehmer geben, die sich Ihre Aussagen vorher sehr genau ansehen.

Nutzen Sie den Lenkungskreis für Ihre Zwecke

Analysieren Sie die ersten Sitzungen zusammen mit dem Sponsor. Greifen Sie sein Feedback auf. Der Sponsor ist Ihr Verbündeter, in harten Zeiten vielleicht Ihr einziger Verbündeter. Diese Partnerschaft müssen Sie pflegen.

Verstehen Sie möglichst früh und gründlich das Machtgefüge in Ihrem Lenkungskreis. Wer sind die Leader, wer die Follower? Gibt es noch andere Leader über Ihrem Sponsor? Sitzt vielleicht Ihr Chef im Lenkungskreis und ist er nicht der Projektsponsor? Dann sollten Sie versuchen, auch ihn vor dem Meeting zu informieren, um kein Risiko einzugehen, dass er sich nicht involviert fühlt. Das ist zwar zeitaufwändig, kann aber, wenn es hart auf hart kommt, Ihre Lebensversicherung sein. Des Weiteren sollten Sie darauf achten, dass es in jeder Sitzung etwas Sinnvolles zu entscheiden gibt. Zudem sollte aus der Präsentation klar ersichtlich sein, was durch den Führungskreis entschieden werden soll. Bereiten Sie entsprechende Entscheidungsvorlagen vor. Listen Sie die verfügbaren Optionen auf und sprechen Sie eine begründete Empfehlung aus, die Sie bei Bedarf mit Details unterfüttern können. Tun Sie dies nicht, so riskieren Sie als Action Item bis zum nächsten Treffen eine volle Analyse aller zur Verfügung stehenden Optionen mit Wirtschaftlichkeitsbetrachtung durchzuführen.

Beziehen Sie die richtigen Gremien mit ein

Seien Sie sich darüber im Klaren, welche anderen Entscheidungsgremien es im Unternehmen gibt und welche Zuständigkeiten diese haben. Ich habe Fälle erlebt, in denen ein Lenkungskreis Entscheidungen getroffen hat, zu denen er formal nicht befugt war, z. B. hinsichtlich einer Budgeterhöhung. Natürlich sagt man das Ihnen als Projektleiter nicht. Wer erwähnt schon gerne, dass er für eine bestimmte Entscheidung nicht wichtig genug ist? Solch ein Fauxpas fällt im Zweifel auf Sie zurück, also stellen Sie vor der Sitzung zusammen mit dem Projektsponsor sicher, dass Sie den richtigen Entscheidungsweg gehen. Eventuell müssen die Entscheidungen auch einen mehrstufigen Prozess durchlaufen.

Wichtiges während der Sitzung

- Achten Sie auf die Zeit und vergewissern Sie sich zu Anfang der Sitzung, welche Teilnehmer evtl. früher gehen müssen.
- Beobachten Sie das Verhalten der Mitglieder. Lesen sie Emails oder sind sie bei der Sache? Passen Sie die Detailtiefe Ihrer Ausführungen entsprechend an.
- Stellen Sie wenn möglich keine offenen Fragen, etwa „Was ist die Empfehlung des Lenkungskreises zum Thema …?“ Sie riskieren damit, un-

vorbereitete Teilnehmer zu brüskieren, da Sie so den Eindruck erwecken, sich um Ihre Hausaufgaben drücken wollen. Da in Ihrem Gremium außerdem mehrheitlich Alphatiere sitzen, wird so eine Diskussion wenig Sinnvolles hervorbringen.

Das Ende der Sitzung

Durch den Round Table zum Abschluss Ihrer Sitzung geben Sie dem Gremium genug Freiraum, sich auf bestimmte Themen zu kaprizieren, sollten diese für sie sehr wichtig sein.
Zum Abschluss der Sitzung schadet es nichts, den Mitgliedern des Lenkungskreises für Ihre Zeit zu danken, die sie in Sie und Ihr Projekt investiert haben.
Im Anschluss an eine Lenkungskreissitzung sollten Sie zeitnah ein knappes Ergebnisprotokoll verfassen (lassen). Stellen Sie auch hier wieder sicher, dass der Projektsponsor mit dem Inhalt einverstanden ist, bevor Sie es verschicken.

Scoping oder: Wie Sie den Projektumfang festlegen

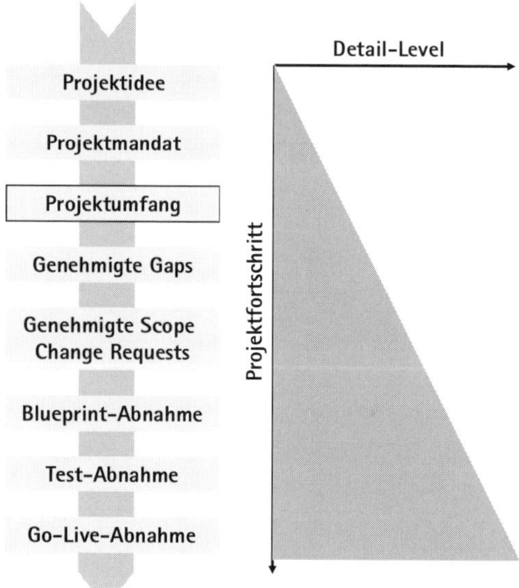

Abb. 31: Entwicklung der Business Anforderungen während des Projekts

In der Initialisierungsphase galt es, das Projektmandat zu klären und abzustimmen. Nun geht die Festlegung des Projektauftrags in die nächste Runde mit der Definition des Projektumfangs, im internationalen Umfeld auch als „Scope" bezeichnet. Genau wie beim Projektmandat ist es auch hier wichtig, möglichst lückenlos zu klären, was das Projekt zu liefern hat, nur jetzt ein bis zwei Ebenen detaillierter und unter Berücksichtigung eines bestimmten zur Verfügung stehenden Budgets. Der Projektumfang beantwortet dabei die Fragen

- „Was soll geleistet werden?" (Lastenheft) und
- „Wie soll es geleistet werden?" (Pflichtenheft).

In der Praxis werden diese Punkte zumeist gemeinsam behandelt. Dabei wird der Projektumfang im Wesentlichen anhand von zwei Komponenten definiert:

- dem Rechenmodell zur Ermittlung der Inhalte, die mit dem verfügbaren Budget abgebildet werden können,
- dem Pferdehandel mit den beteiligten Parteien hinsichtlich der Teile, die nicht im Budget sind.

Beispiel: Scoping

Zur Verfügung stehen 200 Personentage Budget. Es gibt 5 verschiedene Anforderungen aus den Geschäftsbereichen, die zusammen ein Budget von 250 Personentagen benötigen. Im Scoping werden diese Anforderungen gemeinsam priorisiert. Die Anforderungen, die im Budget abbildbar sind, werden in den Scope aufgenommen. Die restlichen werden abgelehnt oder vertagt.

Wie vieles im Projektgeschäft ist auch das Scoping keine exakte Wissenschaft. Vielmehr erfordert es Fingerspitzengefühl, eine gute Kenntnis des Business und der Geschäftsprozesse und der Möglichkeiten des ERP-Systems sowie Erfahrung im Umgang mit zeitweise schwierigen, weil heftig erregten Gesprächspartnern.

Das Scoping gehört zu den Grob- oder Vorplanungsaktivitäten, die aufgrund der häufig noch unzureichenden Erkenntnisse mit einer relativ hohen Planungsungenauigkeit von bis zu 30 % belastet sein können. In den späteren Phasen wird die Grobplanung durch die Feinplanung komplettiert.

Warum die Dokumentation des Scoping wichtig ist

An die einzelnen Diskussionen und Absprachen während des Scoping-Prozesses werden Sie sich nach 12 Monaten nicht mehr erinnern können. Spätestens dann wird aber irgendein wichtiger Stakeholder der Meinung sein, dass eine bestimmte Anforderung von ihm doch im Scope war und durch das vorhandene Budget somit abgedeckt ist. Dann werden Sie froh sein, detaillierte Projektumfangsbeschreibungen zur Hand zu haben, in denen dieses Detail lückenlos dokumentiert ist. Der Aufwand für eine umfassende Dokumentation der Scope-Ergebnisse ist also wohl investiert.

Im Falle einer ERP-Implementierung sollte das Scoping-Dokument alle wesentlichen Aufwandstreiber enthalten und damit Antworten auf die folgenden Fragen liefern:

Standorte	• Welche Standorte werden migriert? • Welche Geschäftsbereiche werden umgestellt? • Wie viel Endanwender sind pro Standort zu erwarten?
Prozesse	• Welche Geschäftsabläufe der heutigen Ist-Prozesse in den Standorten werden abgedeckt? • Werden in bestimmten Prozessen Abweichungen Soll-/Ist erwartet? • Gibt es regulatorische Rahmenbedingungen, die größere Veränderungen an den Soll-Prozessen nötig machen? • Wie viele neue Prozesse sind zu erwarten?
Alt-Daten	• Welche Altsysteme sind umzustellen? • Wie viele Datenobjekte sind manuell zu migrieren? • Wie viele Datenobjekte sind maschinell zu migrieren? • Wie hoch ist der geschätzte Aufwand zur Datenbereinigung?
System	• Welche Software-Version wird implementiert? • Wird ein neues System aufgesetzt oder ein bestehendes erweitert? • Muss Konfiguration und Programmierung übersetzt werden und wenn ja in wie viele Sprachen? • Welche Module werden implementiert? • Werden neue Organisationseinheiten benötigt? • Welche Schnittstellen zu Dritt-Systemen werden benötigt?

	• Ist abzusehen, dass weitere Programme erstellt werden müssen?
Support	• Wie lange soll der Produktiv-Support der Endanwender durch das Projekt dauern? • Mit welcher Intensität soll der Support erfolgen (z. B. Verhältnis Support-Mitarbeiter zu Endanwendern)?

Das richtige Rechenmodell: Scoping-Ansätze

Hinsichtlich des Rechenmodells gibt es zwei Ansätze, abhängig davon, ob Sie schon ein vergleichbares Projekt in Ihrem Unternehmen durchgeführt haben oder nicht:

- den relativen und
- den absoluten Scoping-Ansatz.

Relativer Scoping-Ansatz

Beim relativen Ansatz wird davon ausgegangen, dass ein vergleichbares Referenz-Projekt mit bekannten Aufwänden bereits durchgeführt worden ist und dass die Aufwandstreiber dieses Referenzprojekts mit Ist-Zahlen bekannt sind. Der Vorteil dieses Ansatzes ist also, dass er nicht auf einer reinen Schätzung beruht, sondern auf Ist-Zahlen vorheriger Projekte und dazugehörigen Extrapolationen fußt. Die Güte des Rechenergebnisses hängt dabei stark von der Vergleichbarkeit der Projekte ab. Je ähnlicher das zu planende Projekt dem Referenzprojekt ist, desto verlässlicher sind die Ergebnisse.

Der relative Scoping-Ansatz ist prinzipiell simpel, wenn es um einen reinen Rollout geht, da hier im Wesentlichen klar ist, was inhaltlich implementiert werden soll.

Relativer Ansatz im ersten Überblick	
1. Schritt	Im ersten Schritt des Ansatzes werden Mehraufwände zum Referenzprojekt identifiziert, d.h., welche zusätzlichen Aufgaben im Vergleich zur Referenz zu bewältigen sind (z.B. mehr Standorte, mehr Prozesse, neue Sprachen etc.).
2. Schritt	Davon werden dann im zweiten Schritt die Minderaufwände in Abzug gebracht, also z. B. Funktionalitäten oder Prozesse, die nicht zu implementieren sind.

3. Schritt	Hinzurechnung eines Puffers: Der Puffer, den Sie sich als Projektleiter für Change Requests und Imponderabilien vorbehalten, sollte höher sein, wenn Sie mit einer hohen Unsicherheit konfrontiert sind: von 5 % bei einem reinem Rollout bis zu 20 % bei einem Template-Projekt. Dies versteht sich zusätzlich zur Project Contingency (Sicherheitsrücklage des Projekts), die üblicherweise 10 % beträgt und nicht vom Projekt-Manager verwaltet wird.
Ergebnis	Das Ergebnis dieser Rechnung sollte kleiner oder gleich dem verwendbaren Budget sein.

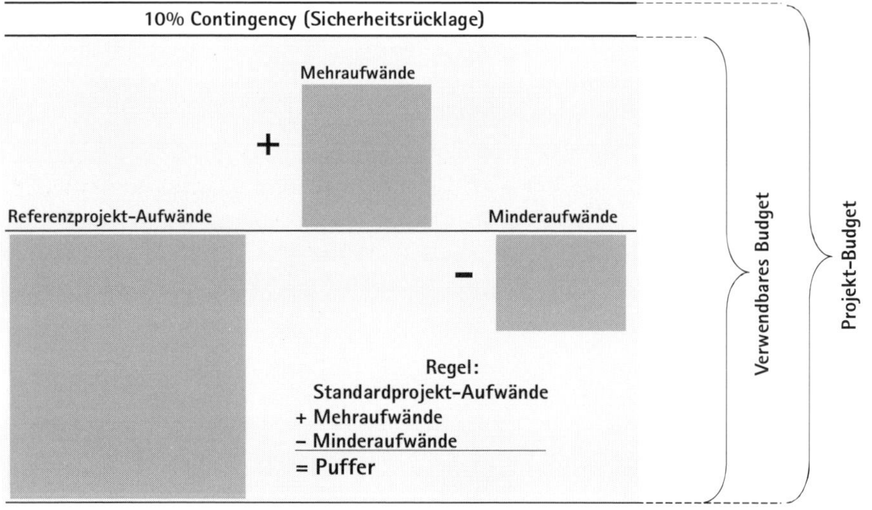

Abb. 32: Relatives Scoping-Modell (Prinzip)

Relatives Scoping-Modell: Der Rechenprozess im Detail

1. Budget-Rahmen: Der Prozess beginnt mit einem Budget-Rahmen für Ihr Projekt. Dieser ist Ihnen entweder vorgegeben oder ist eine grobe Abschätzung in Anlehnung an ein bereits durchgeführtes vergleichbares

Projekt. In vielen Fällen umfasst dieses Budget nur die Kosten für die Mitarbeiter der IT-Abteilung sowie alle externen Kosten wie Beraterhonorare oder Kosten für Telekommunikation und Infrastruktur. Die Gehaltskosten für die Projektmitarbeiter aus den Geschäftsbereichen werden meist interessanterweise dort nicht oder zumindest nicht zusammen erfasst. Die Gesamtkosten eines Projekts sind also häufig höher als der Budgetrahmen.

Beispiel: Budget-Rahmen von 10 Mio. EUR

2. Abzug der Sicherheitsrücklage: Von dem vorgegebenen Budget ist die Contingency (Sicherheitsrücklage) abzuziehen. Üblicherweise beträgt sie ungefähr 10 bis 15 %. Sie steht dem Projekt **nicht** zur freien Verfügung, sondern muss beim Lenkungsausschuss oder einer anderen verantwortlichen Stelle extra beantragt werden. Ihr Ziel sollte es daher sein, die Contingency nicht anzutasten. Als Ergebnis erhalten Sie das „verwendbare Budget".

   Beispiel: 10 Mio. EUR – 150.000 EUR = 9,85 Mio. EUR

3. Abzug der Aufwendungen: Davon gehen nun alle Aufwendungen in Form von Kosten und Personentagen ab. Fangen wir mit den geldlichen Positionen an, wie z. B. Infrastruktur, d. h. Kosten für Büroräume, Möbel, Strom, Telekommunikation, PCs etc. Bei einem Projekt mit etwa 100 Mitarbeitern und 18 Monaten Laufzeit kommt da schnell eine halbe Million Euro zusammen.

   Beispiel: 9,85 Mio. EUR – 500.000 EUR = 9,35 Mio. EUR

4. Ermittlung der Personentage: Der verbleibende Betrag kann für die zu erbringende Arbeitsleistung verwendet werden. Um Arbeitsleistung vorstellbar zu machen, drückt man diese in Personentagen aus. In der folgenden Berechnung wird zunächst der Mischtagessatz ermittelt.

	Interne Mitarbeiter	Externe Mitarbeiter
Anzahl/Anteil	60 / 60%	40/40%
Durchschnittlicher Tagessatz	450 EUR	1.000 EUR
Spesen pro Tag	150 EUR	200 EUR
Kosten pro Tag	600 EUR	1.200 EUR
Mischtagessatz inkl. Spesen	840 EUR	

Daraus lassen sich dann die insgesamt zur Verfügung stehenden Personentage ermitteln:

Beispiel: 9,35 Mio. EUR / 840 EUR/Tag = 11.130 PT

5. Davon wird noch der unproduktive Management Overhead in Höhe von 12 bis 15% abgezogen. Dieser setzt sich zusammen aus Projekt- und Teamleitung sowie den indirekten Aktivitäten der ansonsten direkten Projektmitarbeiter wie z. B. Meetings. Legen wir hier 12% zugrunde, so bleiben noch 9.784 oder knapp 10.000 produktive Personentage.

   Beispiel: 11.130 PT – 1.336 PT = 9.784 PT

   Es stehen uns also rund 10.000 Personentage für die Umsetzung des Projekts zur Verfügung.

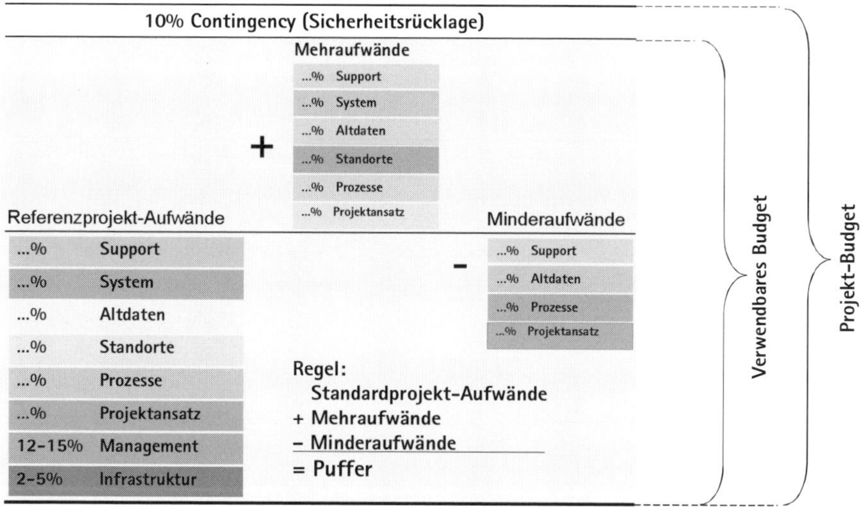

Abb. 33: Relatives Scoping-Modell (Detail)

6. Analyse der Aufwandstreiber: Nun werden die einzelnen Gruppen von Aufwandstreibern analysiert. Fangen wir mit dem Projektansatz an. Der Projektansatz umfasst die folgenden Dimensionen (siehe hierzu auch das Kapitel „Der Projektansatz“ ab S. 41):

- Template oder Rollout
- Geschäftsprozesse
- Make or Buy
- Zentral – Dezentral
- Offshore – Onshore
- Anzahl Go-Lives
- Projektmethodik

Hier ist also zu klären, welcher Teil des gewählten Projektansatzes im Referenzprojekt genauso angewandt wurde, welcher Teil des neuen Ansatzes Mehraufwände verursachen wird und welcher evtl. zu Minderaufwänden führen wird.

Beispiel: Ermittlung von Mehr- und Minderaufwänden

Wurde z. B. im Referenzprojekt nicht auf Prozessharmonisierung Wert gelegt, während dies jetzt aber der Fall sein soll, so muss dafür entsprechender Mehraufwand für Prozess-Audits, Workshops, Dokumentation etc. einkalkuliert werden.
War das Referenzprojekt dezentral organisiert, planen Sie jetzt aber ein zentral organisiertes Projekt, so können Sie entsprechende Minderaufwände geltend machen.

Die einzelnen Mehr- oder Minderaufwände können Sie aus der Ihnen vorliegenden Ist-Kosten-Erfassung des Referenzprojekts ableiten. So wird nun sukzessive für jede weitere Gruppe von Aufwandstreibern derselbe Vergleich durchgeführt.

Absoluter Scoping-Ansatz

Der absolute Scoping-Absatz eignet sich dann, und nur dann, wenn Sie bisher kein vergleichbares Projekt in der Firma durchgeführt haben.
Weil Ihnen dann keine Ist-Aufwände bekannt sind, bleibt Ihnen nichts anderes übrig, als das gesamte Projekt „bottom-up“ zu schätzen. Da dies natürlich eine sehr viel höhere Unsicherheit mit sich bringt, sollte der von Ihnen verwaltete Puffer hier mit 20 % angesetzt werden.

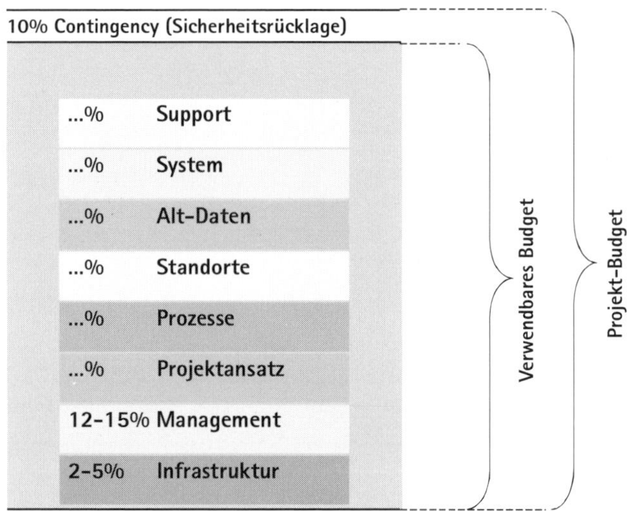

Abb. 34: Scoping – Absoluter Ansatz

Moderationsregeln für Scoping-Prozesse

Wie Sie sehen, ist der relative Scoping-Ansatz simpel, der dazugehörige Moderationsprozess ist es dagegen ganz und gar nicht. Interessanterweise sind die Diskussionen um das Budget immer schwierig – egal, wie viel Budget zu vergeben ist

Wenn es um die Bereiche Prozesse, Standorte, Altdaten und Systeme geht, wird es erfahrungsgemäß schwierig. Hier müssen sich die Geschäftsbereiche bekennen, was sie vom Projekt benötigen und weshalb diese Anforderungen im Zweifel wichtiger sind als andere.

Hier einige Empfehlungen zur Durchführung und Moderation des Scoping-Prozesses:

- Seien Sie sich zunächst des Interessenkonflikts zwischen Ihnen als Projektleiter und den Geschäftsbereichen als Kunden bewusst. „Der Kunde ist König" ist hier nicht der richtige Ansatz, denn ein Monarch ist umgeben von seinen Lakaien und kriegt immer, was er verlangt. Dies kann hier nicht so sein, denn Sie werden daran gemessen, dass Sie das zur Verfügung stehende Budget des Projekts am Schluss einhalten oder sogar unterschreiten. Das erreichen Sie nicht, indem Sie immer „Ja“ zu den Wünschen des Business sagen.

- Vorbereitung ist alles in diesem Prozess. Ihr Rechenmodell muss hieb- und stichfest sein hinsichtlich des zu vergebenden Budgets. Alle Aufwandstreiber der Geschäftsbereiche sollten ebenfalls im Vorfeld bekannt und validiert sein.
- Wenn möglich, sollten Sie einen externen Moderator für diesen Prozess gewinnen, der allerdings die Materie und den Ansatz genau kennen sollte. Dadurch verhindern Sie, dass Sie sich als Projektleiter zu früh zu sehr exponieren.
- Vergessen Sie nicht: Sie haben das Budget nicht festgelegt, sondern sitzen vielmehr in einem Boot mit den Geschäftsbereichen, um eine gemeinsame Position innerhalb des fremdbestimmten Budgetrahmens zu erzielen. Stellen Sie dies gleich zu Anfang und immer wieder klar und lassen Sie sich nicht den „Schwarzen Peter“ zuschieben.
- Lassen Sie sich nicht in die Karten schauen. Ihr Rechenmodell haben Sie intern aufgebaut und zigmal auf Herz und Nieren geprüft. Außerdem ist es so komplex, dass es außer Ihnen ohnehin niemand mehr durchschaut. Sie können immer wieder darauf abheben, dass die Grundlagen für die Scope-Kalkulation „harte“ Ist-Zahlen eines absolut vergleichbaren Referenzprojekts sind. Von Ihrem Puffer erwähnen Sie natürlich nichts.
- Wenn Sie eine unauflösbare Patt-Situation erreichen, in der zwei Geschäftsbereiche die jeweils eigenen Anforderungen durchdrücken wollen, so parken Sie diesen Konflikt, bevor Ihr Workshop gesprengt wird. Versuchen Sie im bilateralen Gespräch eine „kleinere“ Lösung für beide Parteien zu erarbeiten und präsentieren Sie diese im Folge-Workshop.
- Vergessen Sie in der Scope-Diskussion niemals die Bedeutung des Business Case (siehe Kapitel „Der Business Case: Lohnt sich Ihr Projekt?“ ab S. 112). Erfassen Sie daher für jede größere Anforderung eines Fachbereichs das daraus resultierende Einsparungspotenzial. Wenn ein Bereich eine bestimmte Anforderung durch das Projekt realisiert sehen möchte, so kann ein höheres Einsparungspotenzial ein sehr starkes Argument dafür sein.
- Den endgültigen Projektumfang entscheiden nicht Sie, sondern der Lenkungsausschuss des Projekts. Das ist ein Vorteil, den Sie geschickt nutzen sollten. In diesem Gremium sitzen eine Menge hochkarätiger Executives,

vor denen sich niemand blamieren möchte. Erwähnen Sie dies beiläufig, wenn sich zwei Parteien mal wieder in die Haare bekommen, welche Anforderung denn nun wichtiger ist.

- Am Schluss der zwei oder drei Scoping-Workshops sollten Sie eine gemeinsame Präsentation erarbeitet haben, die den vorgeschlagenen Scope enthält. Der Scope sollte sich aufwandsseitig in dem von Ihnen zuvor ermittelten Rahmen bewegen. Alles andere wäre ein fauler Kompromiss, den Sie nachher auszubaden haben werden. Diese Präsentation sollte auch die noch offenen Konflikte deutlich sichtbar machen.
- Präsentieren Sie die Präsentation dem Lenkungsausschuss. Seien Sie darauf vorbereitet, auf Nachfrage in der Lage zu sein, Empfehlungen für die noch verbliebenen Konfliktfälle auszusprechen. Damit haben Sie die Scope-Definition nach Ihren Rahmenbedingungen gesteuert, ohne in der Rolle des unpopulären Neinsagers aufgetreten zu sein.
- Kommunizieren Sie die Entscheidung des Lenkungsausschusses zeitnah an alle Beteiligten des Scoping-Prozesses.

Zeitleisten- und Personalbedarfsplanung

Nach erfolgreicher Definition des Projektumfangs, bei der Sie hoffentlich nicht zu viel von Ihrem Puffer aufgegeben haben, kommt jetzt der nächste Planungsschritt: die Zeitleisten- und Personalbedarfsplanung.

> „Neun Mitarbeiter benötigen zur Verrichtung einer Arbeit einen Monat. Wie lange benötigen neunzig Mitarbeiter?"

Diese kleine Rechenaufgabe aus der Grundschule verdeutlicht, warum beide Planungen eng miteinander verbunden sind: die zur Verfügung stehende Zeitleiste treibt den Personalbedarf und umgekehrt.

Bevor wir in die Planung einsteigen, müssen wir uns daher fragen, was für Ihr Projekt die kritischen und projektbestimmenden Determinanten sind. Gibt es ein einmaliges Zeitfenster, ein „window of opportunity“, dass eine gewisse Zeitleiste impliziert? Kann ein Projekt erst zu einem gewissen Zeitpunkt starten? Muss es bis zu einem gewissen Meilenstein abgeschlossen sein? Oder ist die kritische Größe vielmehr die Anzahl von Mitarbeitern, die über das relevante Know-how und die benötigte Erfahrung verfügen? Oder ist lediglich das Jahresbudget festgelegt und bestimmt dies die Höhe der Projektausgaben?

In der Praxis wird nicht nur zwischen Vorwärts- und Rückwärtsplanung unterschieden. Vielmehr ist auch die benötigte Teamgröße eine weitere Variable, wie der nächste Absatz verdeutlicht. Die Beantwortung dieser Fragen bestimmt die Herangehensweise.

Wie sich Personal- und Zeitleistenplanung ergänzen

Nehmen wir für unsere Zwecke folgendes Szenario an: Der Projektsponsor will das Projekt am liebsten gestern realisiert sehen. Für ihn ist alles, was über 12 Monate hinausgeht, viel zu lange und daher indiskutabel. Aus der Auslastungsplanung der Produktionsstätten, in die Sie Einblick haben, wissen Sie jedoch, dass das eigentliche „window of opportunity" 20 Monate beträgt. In dieser Zeit ist das Gros der Standorte unterausgelastet, was sich positiv auf die Verfügbarkeiten von Business Ressourcen auswirken würde, d.h., die Mitarbeiter können leichter für das Projekt freigestellt werden. Außerdem würde weniger Tätigkeit im System auch die Anwenderunterstützung erleichtern und die Lernkurve bei den Usern begünstigen. Eine Implementierung in diesem Zeitfenster würde also das Risiko für die betroffenen Geschäftsbereiche signifikant reduzieren.

- **12 Monate Projektlaufzeit:** Geht man von 8.500 produktiven Personentagen aus, kommen wir bei 12 Monaten Projektlaufzeit und 230 Arbeitstagen pro Jahr auf eine rechnerische Teamgröße von 37 FTE (Full Time Equivalents) zuzüglich 6 FTE (15 %) für Projektleitung, Teamleitung, Controlling und Admin. Insgesamt wäre das Team also 43 FTE groß, geht man von einer konstanten Teamgröße aus, was kaum vorteilhaft wäre. Doch dazu später mehr. Ihr internes Team, das die Geschäftsprozesse und ihre Abbildung im ERP-System en detail kennt, beträgt jedoch nur 15 FTE, d.h., Sie müssten das Projekt mit einem internen Anteil von < 40 % fahren. Dies birgt durchaus gewisse Risiken, denn prinzipiell kann jede externe Verstärkung des Teams auch immer eine Fehlbesetzung sein. Außerdem steigt die Gefahr, das Rad neu zu erfinden mit jedem Externen an, der Ihre spezifische ERP-Lösung noch nicht kennt.
- **18 Monate Projektlaufzeit:** Rechnen wir denselben Ansatz mit einer Projektdauer von 18 Monaten durch, so erhalten wir eine Mannschaftsstärke von 24 + 4 = 28 FTE, d.h., der interne Anteil läge bei annähernd

55%, was sehr viel besser erscheint. Er liegt nun näher an der Annahme von 60 % internen Projektmitarbeitern, von der wir während des Scoping ausgegangen sind.

Eine längere Laufzeit des Projekts ist übrigens auch aus Budgetgründen attraktiv. Erstens ist die Budgetbelastung pro Jahr geringer und zum zweiten kann man es bei geschickter Terminierung in den zwei Jahren nach der Genehmigung als Überhangsprojekt klassifizieren. Also als ein Projekt, was in den Folgejahren bereits genehmigt ist. Dies kann in vielen Firmen den teilweise aberwitzigen Budget-Prozess deutlich vereinfachen.

Wie Sie die Teamgröße für die Projektphasen bestimmen

Im nächsten Schritt gilt es nun, die Teamgröße über die Projektphasen hinweg zu bestimmen. Hier wird also festgelegt, zu welchem Zeitpunkt wie viele Personen auf dem Projekt mitarbeiten. Um dies tun zu können, ist es wichtig, die Natur des Projektes zu verstehen: Hat Ihr Projekt eine Punktwirkung, d.h. fokussiert es sich auf einen oder wenige Standorte oder Geschäftsbereiche, oder hat es eine Flächenwirkung, d.h. sind viele verschiedene Werke davon gleichzeitig betroffen? Die folgende Graphik soll qualitativ verdeutlichen, wie sich diese Unterscheidung in der Entwicklung der Teamgröße bemerkbar macht.

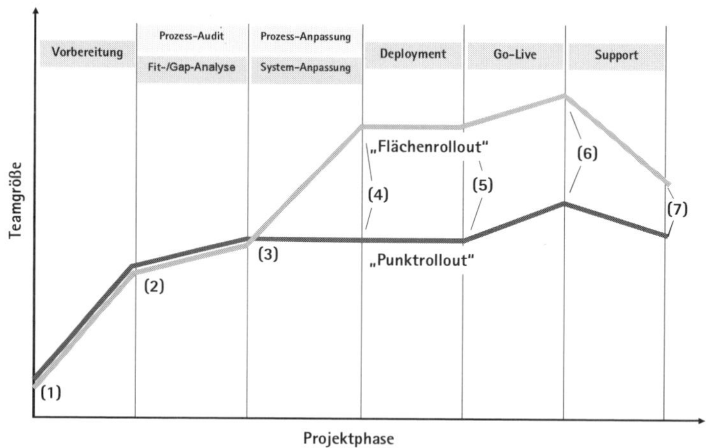

Abb. 35: Entwicklung der Teamgröße in Abhängigkeit vom Projekttyp

In beiden Fällen beginnt ein sehr kleines Team mit der Vorbereitung des Projektes (1), um z. B. die Projektinfrastruktur aufzusetzen und die Key User zu trainieren. In der folgenden Analysephase (2) kommen in beiden Szenarien die Prozess- und Systemexperten zum Team, um die Workshops mit den Geschäftsbereichen durchzuführen. Nachdem die Spezifikationen für etwaige Systemanpassungen gesammelt worden sind, stoßen schließlich die Programmierer zum Projekt (3). Jetzt kommt es zum wesentlichen Unterschied zwischen beiden Szenarien: Handelt es sich um einen Flächen-Rollout, so müssen Sie Ihr Team in der Deployment-Phase (4) nochmals signifikant verstärken, um die erforderliche physische Präsenz bei den einzelnen Standorten zu gewährleisten (siehe auch Kapitel „Zentral oder dezentral? ab S. 58). Unter Umständen kann es beim Flächen-Rollout auch Sinn machen, zu diesem Zeitpunkt eine zweite Welle von Key Usern aus den Geschäftsbereichen zu identifizieren. Dieser Schritt ist jedoch riskant und muss gut vorbereitet sein. Sie müssen sich geeignete Maßnahmen überlegen, wie die „Neuen" in möglichst kurzer Zeit das benötigte Wissen vermittelt bekommen können, um Ihr Projekt effizient zu unterstützen. Spezielle Schulungen, Mentoring-Patenschaften oder Teilnahme an Tests sind nur einige der möglichen Varianten.

In Vorbereitung auf den Go-Live (5) bleibt das Team nun in beiden Szenarien größtenteils stabil. Je nach Organisation besteht die Möglichkeit, dass zum Produktivstart erfahrene Support-Mitarbeiter zum Team stoßen, um Anlaufunterstützung zu leisten (6). Diese dauert üblicherweise 8 bis 12 Wochen. Schon während dieser Zeit können aber bereits Teile der Mannschaft abgebaut werden (7).

Kommen wir auf unseren Beispielsfall zurück, so ergibt sich bei 18 Monaten Laufzeit und der Annahme „Flächen-Rollout" ungefähr, d.h. unter Annahme gleich langer Projektphasen folgendes Bild:

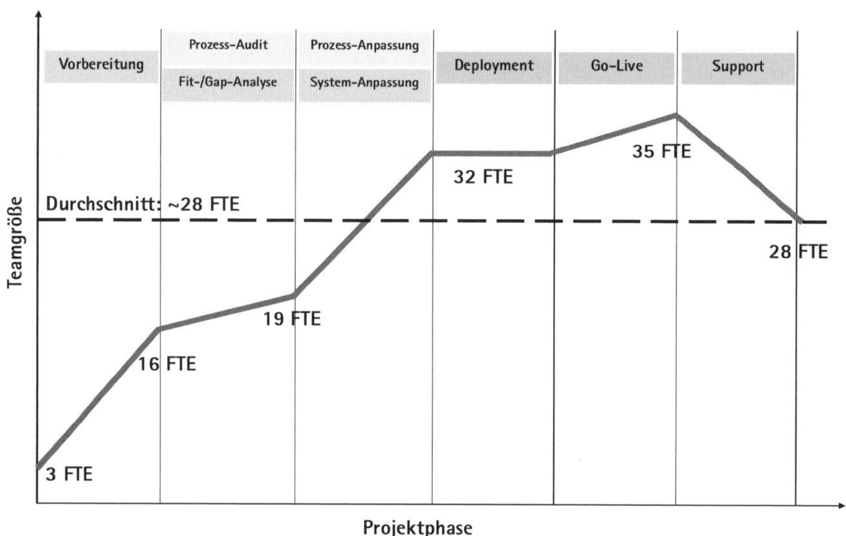

Abb. 36: Entwicklung der Teamgröße in einem Flächen-Rollout

Wie viele Mitarbeiter für welchen Bereich?

Nachdem Sie nun grob die Teamverteilung über die Zeit kennen, stellt sich die Frage, in welchem Themenbereich bzw. mit welchem Skill Sie wie viele Mitarbeiter vorhalten müssen. Hier empfiehlt sich eine Pro-Rata-Verteilung analog der abgebildeten Geschäftsprozesse. Haben Sie während des Scopings festgelegt, dass Sie 20 Geschäftsprozesse abbilden sollen, so hat im Wesentlichen jeder Ihrer Mitarbeiter die Verantwortung für einen Prozess, und Sie haben noch ein paar „Springer" frei für größere oder besonders integrative Themen.

Der zuvor beschriebene Planungsansatz hebt hauptsächlich auf IT- und Prozess-Spezialisten ab. Um aber die Anzahl der benötigten Mitarbeiter aus den einzelnen Geschäftsbereichen und Standorten zu ermitteln, ist eine detaillierte Kenntnis der Größe und Komplexität der einzelnen Bereiche vonnöten. Generell sollte es das Ziel sein, pro Prozess, der in einem bestimmten Bereich ausgeführt wird, und Standort einen Projektmitarbeiter aus dem Business für das Projekt zu rekrutieren.

Beispiel: Personalbedarf für Dublin und Limerick

Gibt es also die Bereiche Services und Logistik in den Standorten Dublin und Limerick, ergibt sich daraus ein Personalbedarf von 4 FTE.

Tipp: Vertrauen Sie Ihrem Bauchgefühl

Sehen Sie dieses Berechnungsmodell als Ansatz und vergessen Sie nicht Ihre Menschenkenntnis und Ihr Bauchgefühl. Bei manchen Mitarbeitern werden Sie davor zurückscheuen, diese alleine auf ein bestimmtes Thema zu setzen. Bei anderen werden Sie völlig entspannt sein, wenn diese drei Themenkomplexe parallel bearbeiten.

Die Meilensteinplanung

Halten wir uns noch einmal den bisherigen Grobplanungsprozess vor Augen. Nachdem wir ausgehend von einem grob geschätzten Projektumfang und einem anzunehmenden Budget und unter Berücksichtigung eines bestimmten Zeitfensters sowie einer kritischen Teamgröße die verfügbaren produktiven Personentage festgelegt haben, galt es im nächsten Schritt den inhaltlichen Projektumfang im Detail festzulegen. Dies haben wir mit Bezug zu einem Referenzprojekt gemacht, so dass wir von belastbaren Zahlen ausgehen können. Danach haben wir den Personalbedarf in den verschiedenen Phasen des Projekts geplant. Die hier gewählte Reihenfolge, in der die einzelnen Planungsschritte angegangen werden, ist im Übrigen nicht zwingend aber in den meisten Fällen sinnvoll.

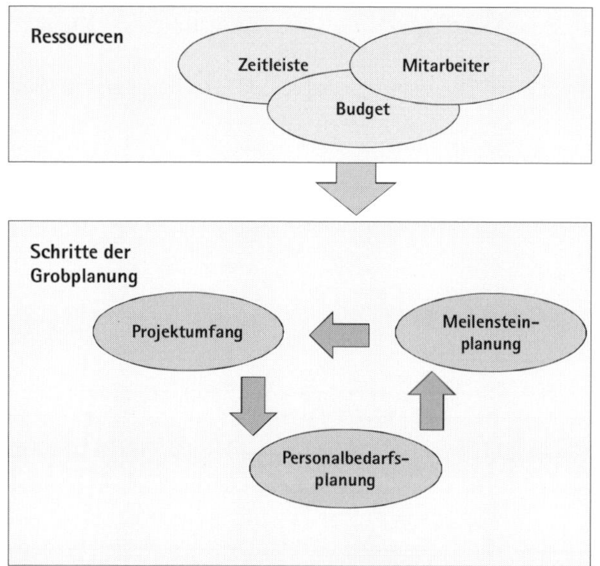

Abb. 37: Die Schritte der Grobplanung

In der nun folgenden Meilensteinplanung beschäftigen wir uns mit der zeitlichen Machbarkeit des geplanten Unterfangens.

PSP oder kritischer Pfad: Was ist sinnvoller?

An dieser Stelle gibt es häufig heftigen Streit über die Genauigkeit der Planung.

- Einige Kollegen steigen an dieser Stelle mit einem voll ausgeprägten Projektstrukturplan (PSP) ein, in dem sie alle Aktivitäten mit einer Auflösung von 8 Stunden oder kleiner in logische und zeitliche Abhängigkeit bringen. Bei 8.500 zu leistenden Personentagen kommen da schnell einige zehntausend Aktivitäten zusammen. Dieser Plan vermittelt in jedem Falle ein „gutes Gefühl" und erweckt den Eindruck der totalen Kontrolle des komplexen Unterfangens.
- Andere dagegen beschränken sich hier auf eine wirkliche Grobplanung entlang des kritischen Pfads. Bei der Methode des kritischen Pfades werden in einem Netzplan die Aktivitäten identifiziert, deren Verzug zu ei-

nem Gesamtverzug des Projekts führen würde. Diese Methode ist also wesentlich gröber und setzt ein wenig mehr Erfahrung voraus, da man wissen muss, was alles zum kritischen Pfad werden kann. Sie reduziert aber den Planungsaufwand ganz erheblich ohne die Gefahr eines Kontrollverlusts.

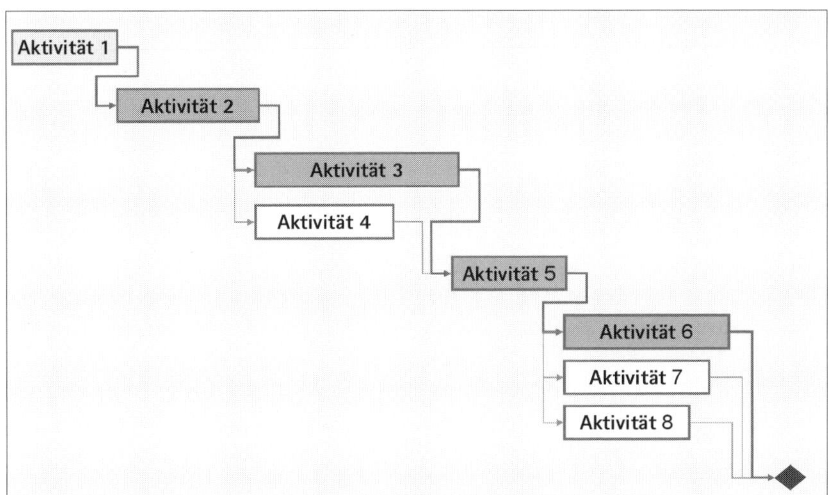

Abb. 38: Die Methode des kritischen Pfades

Tipp: Vermeiden Sie unnötig detaillierte Planung

„Planung ersetzt Zufall durch Fehler" lautet ein sicherlich leicht ketzerischer Spruch. Ganz unwahr ist er deswegen aber nicht. Projekte sind immer mit einem Durchführungsrisiko behaftet. Eine detaillierte Planung in dieser frühen Phase reduziert jedoch nicht das Projektrisiko, sondern sie erhöht die Wahrscheinlichkeit, dass Ihre Planung schlicht falsch ist, weil Ihnen wichtige Informationen als Grundlage gefehlt haben. Des Weiteren führt eine frühe detaillierte Planung nach meiner Erfahrung dazu, dass die Dauern der einzelnen Aktivitäten tendenziell zu hoch eingeschätzt werden, da man auch bei kleinsten Aktivitäten mindestens einen Tag als Dauer vergibt. In der Summe bläht dieser Effekt die Planung unnötig auf.

Mit welchem Detaillevel Sie auch an die Sache herangehen mögen, im Prinzip identifizieren Sie bei der Meilensteinplanung stets klar definierbare Aufgabenpakete, denen Sie eine Dauer zuweisen. Für jeden Vorgang gilt es dann zu identifizieren, von welchem zeitlich vorher liegenden Vorgang dieser jeweils abhängt und welcher Vorgang folgen muss. Für jede Verbindung zwischen zwei Vorgängen definieren Sie außerdem eine bestimmte Art der zeitlichen Verknüpfung, z. B. end-to-start oder end-to-end.
Die Technik dieser Netzpläne und auch die Ermittlung des kritischen Pfads selbst ist relativ trivial und wird heute von vielen Projekt-Management-Tools wie MS Projekt oder Primavera P3e unterstützt.

Der Business Case: Lohnt sich Ihr Projekt?

Nach Abschluss der Grobplanung kommen wir mit dem Business Case oder der Wirtschaftlichkeitsbetrachtung zur größten Hürde vor der Genehmigung des Projekts. Bei einem ERP-Projekt handelt es sich um ein Vorhaben, dessen Investitionsvolumen sich schnell im zweistelligen Millionen-Euro-Bereich bewegen kann. Umso wichtiger ist es da, dass dieses Projekt für das Unternehmen einen fühl- und nachweisbaren Mehrwert bringt, schließlich ist Ihr Projekt ja nicht das einzige, das an die begehrten Honigtöpfe will.
In der betrieblichen Praxis werden Investitionsprojekte generell in drei Klassen differenziert:

1. Projekte zur Verbesserung der Kostenstruktur
2. Projekte zur Erhöhung von Marktanteil, Umsatz oder Marge
3. Projekte aus regulatorischen oder sicherheitstechnischen Gründen

Im ERP-Umfeld bewegen wir uns typischerweise in Kategorie 1, solange es sich nicht um ein notwendig gewordenes technisches Upgrade handelt. Das wäre dann eher in die Kategorie 3 einzuordnen.

Wann lohnt sich eine Investition?

Abhängig von dem Unternehmen, in dem Sie tätig sind, und dessen wirtschaftlicher Situation werden Wirtschaftlichkeitsbetrachtungen mehr oder weniger ernst genommen. Auch werden unterschiedliche Definitionen angesetzt, wann ein Projekt sich lohnt. Hier eine kleine Auswahl solcher Thesen:

1. Die Summe aller Einsparungen ist größer als die Summe aller Kosten.

2. Der Netto-Barwert (NPV) aller Einsparungen ist größer als die Summe aller Kosten.
3. Erreichung eines positiven Return on Investment bzw. des Break-Even-Punktes innerhalb von x Jahren

Der Netto-Barwert

Zur Erläuterung: Das erste unterscheidet sich vom zweiten Beispiel durch den Begriff des „Netto-Barwerts". Der Netto-Barwert (im Englischen auch „net present value") ist ein Begriff aus der Finanzmathematik. Er entspricht dem Wert, den eine zukünftig anfallende Zahlung in der Gegenwart besitzt. Die zugrunde liegende Denkweise dieses „time value of money" ist, dass eine Einsparung von z. B. 1 Mio. EUR, die in 5 Jahren eintritt, weniger attraktiv ist als eine Einsparung von 1 Mio. EUR im nächsten Jahr – gleiches Investitionskapital vorausgesetzt. Der Grund dafür liegt schlussendlich im Zins und Zinseszins begründet, die uns eine Summe Geld einbringen würde, die wir heute in Wertpapiere anlegen anstatt sie in das Projekt zu investieren.

Abhängig von der Finanzierungsstruktur Ihres Unternehmens und dem Risikoprofil der jeweiligen Industrie wird von unterschiedlichen internen Verzinsungssätzen (auch Abzinsungsfaktor oder Zinsfuß) ausgegangen. Die Werte bewegen sich üblicherweise in einem Bereich von 5 bis 20 %. Je höher der Verzinsungssatz, desto attraktiver muss Ihr Projekt sein, um einen positiven Netto-Barwert zu erreichen, d.h., es muss entsprechend mehr Rendite abwerfen.

Die folgende Graphik verdeutlicht den Abzinsungseffekt, den eine wiederkehrende Einzahlung (und nichts anderes ist eine Einsparung) von 1 Mio. EUR (in der Graphik in M€ ausgedrückt) in ein, zwei, drei oder sechs Jahren erfährt:

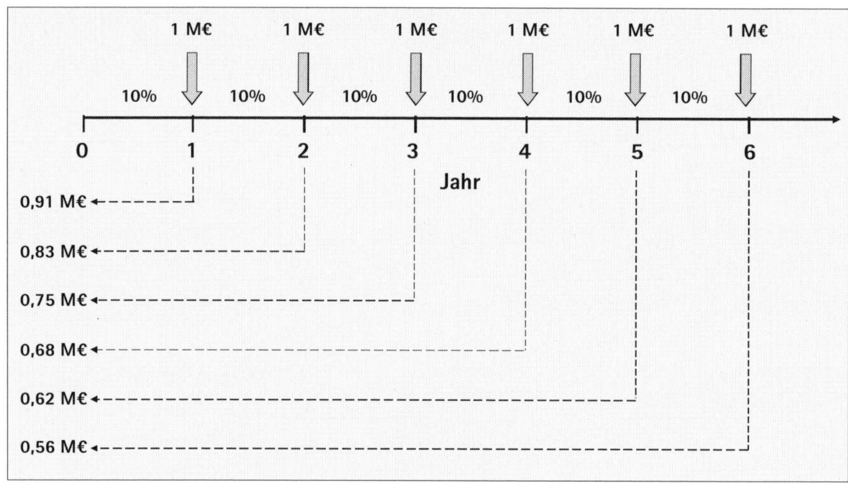

Abb. 39: Das Konzept des Netto-Barwerts

Weiterhin wird je nach Art der Investition ein anderer Betrachtungszeitraum für die Zahlungsströme, also Ausgaben oder Einnahmen durch Einsparungen, gewählt. Üblicherweise liegt dieser zwischen fünf und neun Jahren. Je länger der Betrachtungszeitraum ist, desto größer ist die Wahrscheinlichkeit, dass sich die Investition in dieser Zeit amortisiert.

Tipp: **Holen Sie sich Unterstützung**

Für all diese Parameter gibt es geschriebene oder ungeschriebene Regeln in Ihrem Unternehmen. Machen Sie sich schlau! Üblicherweise kann Ihnen der Finanzbereich hierzu Auskunft erteilen und Sie auch bei der Berechnung unterstützen.

Return on Investment

Im dritten angeführten Beispiel ist von ROI (Return on Investment) innerhalb von X Jahren die Rede. Dies bedeutet, dass innerhalb dieses Zeitraums X die kumulierten abgezinsten Kosteneinsparungen mindestens gleich den

Investitionskosten sein müssen. Der Zeitpunkt, an dem die kumulierten Einsparungen gleich den Investitionsausgaben sind, wird auch als Break-Even-Point bezeichnet.
Gehen wir für die weitere Berechnung davon aus, dass in Ihrem Unternehmen die Regel gilt, dass ein ERP-Projekt sich innerhalb von 5 Jahren „gerechnet“ haben muss, um Chancen auf Genehmigung zu haben. Von der Geschäftsleitung vorgegebene Werte, die unter der 5-Jahres-Grenze liegen, sind unrealistisch und bleiben meist die Nachweisführung schuldig.

Beispiel: ROI in der Praxis

Bei einem Investitionsvolumen von 10 Mio. EUR, das im Januar des ersten Jahres getätigt wird, und einem Abzinsungsfaktor von 10 % müssen Sie ergo jährliche Einsparungen von mindestens 2,64 Mio. EUR nachweisen können, um die Vorgaben Ihres Konzerns zu erfüllen. Das ist schon eine ziemliche Menge „Holz".

Welche Einsparungspotenziale bringt Ihr Projekt?

Nachhaltig messbare Einsparungen, die infolge einer ERP-Einführung in Betracht kommen, sind z. B.:

- Personalkostenabbau
- Reduktion der Bestandsführungskosten
- Reduktion der Materialeinstandskosten
- Reduktion von Durchlaufzeiten in der Produktion

Einsparung von Personalkosten

Im Bereich der Personalkosten können Sie in West-Europa von jährlichen Durchschnittskosten eines angestellten Sachbearbeiters in Höhe von 80.000 bis 140.000 EUR ausgehen. Üblicherweise kann man erfolgte Personaleinsparungen in jedem Jahr des Betrachtungszeitraums geltend machen. Eine Planstelle mit Gesamtkosten von 100.000 EUR pro Jahr spart also 500.000 EUR ein. Hierzu gibt es in jedem Unternehmen Richtlinien, die Sie im Finanzbereich erfragen können.

Beispiel: Einsparung durch Personalabbau

Um die geforderten 2,64 Mio. EUR allein über das Personal zu erwirtschaften, müssten Sie bei angenommenen Personaljahreskosten von 100.000 EUR also 26,4/5 = 5,3 Mitarbeiter nachweisbar und dauerhaft abbauen, und das gleich zu Beginn des Betrachtungszeitraums.

Einsparung von Bestandsführungskosten

Im Bereich Bestandsführungskosten schlagen sich alle Einsparungen nieder, die dazu führen, dass weniger Lagerbestände benötigt werden, etwa weil Produktionsprozesse jetzt schneller, sicherer und effizienter funktionieren. Dabei können Sie übrigens nicht von dem Wert an Material ausgehen, der zu einem Zeitpunkt nun weniger an Lager ist. Sie verbrauchen ja nicht weniger Material an sich. Sie kommen jetzt mit niedrigeren Beständen klar, binden also weniger Kapital. Daher können Sie sich für jeden Euro an reduziertem Bestand die eingesparten Lagerzinsen anrechnen. Mittels des Lagerzinses werden die Kosten der Warenbereitstellung (Hallenmiete, Personal, Stapler etc.) an die produzierenden Einheiten verrechnet. Abhängig von der Branche rangiert dieser üblicherweise in Größenordnungen von 5 bis 12%. Bei einem Lagerzins von 10 % müssten Sie also dauerhaft 26,4 Mio. EUR an Bestandswert reduzieren, um die geforderten 2,64 Mio. EUR zu erwirtschaften.

Einsparung von Materialeinstandskosten

Im produzierenden Sektor liegt der Anteil der Materialeinstandskosten an den Gesamtkosten eines Produktes bei 50 bis 60 %. Trägt Ihr Projekt dazu bei, dass diese Kosten reduziert werden können, etwa durch Bündelung von Bestellbedarfen bei einem Lieferanten oder durch allgemein erhöhte Prozesstransparenz und dadurch verbesserte Preiskonditionen, so sind diese Einsparungen voll dem Projekt anzurechnen. In diesem Zusammenhang sind die 2,64 Mio. EUR an Einsparungen dann gar nicht mehr so viel Geld. Diese Einsparpotenziale sind aus genau diesem Grund aber in den meisten Unternehmen schon aufgespürt und realisiert worden.

> **Achtung: Das Gerangel um den Kuchen**
>
> Die Berechnung eines Business Case ist eine Sache. Die Einsparungen durch die Geschäftsbereiche auch verbindlich zugesichert zu bekommen, ist eine ganz andere. Insbesondere wenn verschiedene Standorte oder Bereiche an einem Projekt beteiligt sind, kann die Identifikation von belastbaren Einsparpotenzialen und wer davon wie viel zu liefern hat sehr schwierig und langwierig sein.

Ist Ihr Business Case wasserdicht?

Interessant wird es, wenn Sie den Business Case nicht nur einmalig zu Beginn des Projekts verkaufen müssen, sondern wenn die betroffenen Parteien nach Projektabschluss an dem Eintreten der avisierten Einsparungen gemessen werden. Leider passiert dies viel zu selten, weswegen viele Unternehmen konsequent nichts aus den euphorischen Versprechungen der ersten Wirtschaftlichkeitsberechnung lernen. Bedenken Sie aber zur Sicherheit immer, dass die Einsparpotenziale auch nach Abschluss des Projektes überprüfbar sein sollten. Immer mehr Firmen gehen dazu über, die Einsparungen eines Business Case tatsächlich nachzuhalten. Das internationale Schlagwort hierfür ist Value Management.

Der Projektantrag: Basis der Projektgenehmigung

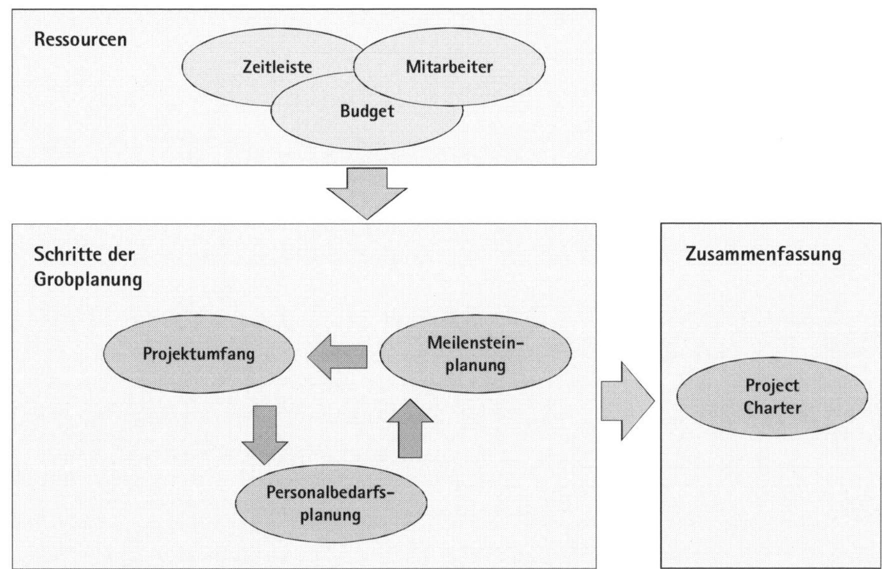

Abb. 40: Project Charter

Die Project Charter, im Deutschen Projektantrag genannt, fasst die Grobplanung Ihres Projekts in einem einzigen Dokument zusammen. Dieses Dokument ist die zentrale Entscheidungsgrundlage für die Projektgenehmigung.

Wesentliche Elemente der Project Charter

- Management Summary
- Projektumfang
- Zeitleiste
- Personalplanung
- Budgetplanung
- Risiken

Warum Sie den Projektantrag ab und zu anpassen sollten

In vielen Unternehmen wird das Budget für ein neues Projekt nicht komplett, sondern in Tranchen freigegeben. Diese Tranchen richten sich nach den verschiedenen Phasen, die ein Projekt durchläuft, also Vorbereitung, Blueprint, Realisierung etc., und zeichnen sich durch abnehmende Budgettoleranz aus.

Je weiter das Projekt gediehen ist, desto geringer die Budgettoleranz. Gesteht man Ihnen in einer frühen Planungsphase vielleicht noch eine Karenz von +/- 20 % Ungenauigkeit hinsichtlich des Gesamtbudgets zu, so wird diese zum Zeitpunkt der Realisierung vom Management üblicherweise auf ca. +/- 5 % reduziert.

Der Grund hierfür ist, dass mit zunehmendem Projektforschritt die Detailkenntnis des Projektumfeldes steigt, die Planungsgenauigkeit damit zunimmt und das Projektrisiko entsprechend weniger wird. Es kann also passieren, dass Sie den Projektantrag im Laufe des Projektes mehrfach aktualisieren müssen, um die wachsende Planungsgenauigkeit zu dokumentieren.

Tipp: **Lassen Sie Ihr Netzwerk arbeiten**

Auch wenn der Projektantrag ein zentrales und bedeutendes Dokument für die Projektgenehmigung ist, sollten Sie es nicht bei den schönen Folien belassen. Diese sind zwar absolut notwendig, aber für eine Projektgenehmigung alleine nicht ausreichend. Jetzt beginnt die wichtige Phase der Arbeit hinter den Kulissen. Wer bzw. welches Gremium trifft in Ihrem Unternehmen Entscheidungen über Projektbudgets? Wie kann man diese am besten erreichen? Mobilisieren Sie den Projektsponsor und alle relevanten Stakeholder. Konzentrieren Sie sich dabei auf diejenigen, die im Business Case Einsparungen infolge der Projektdurchführung zugesichert haben.

Die Budgetierung

Die Planung für Ihr Projekt steht, der Projektantrag wurde genehmigt. Glückwunsch! Jetzt muss Ihr Projekt „nur noch" im Budget Berücksichtigung finden. In vielen Konzernen ist der Budgetprozess neben dem Jahresabschluss der frustrierendste Part der Tätigkeit als Führungskraft. Tausende von hoch bezahlten Stunden werden hier zwischen September und Januar eines jeden Jahres in zig Budgetrunden verschwendet und das mit teilweise zweifelhaften Ergebnissen.
Kleinere Projekte haben dabei den Vorteil, dass sie meist im Budget nicht als Einzelposition auftauchen, sondern zusammengefasst behandelt werden. Im ERP-Bereich haben die Projekte allerdings in der Regel eine Größe, die dies ausschließt.

Achtung: Ohne Budget kein Projekt

Ihr Projekt wäre nicht das erste, das im Zuge der Budgeterstellung gekippt oder doch zumindest drastisch beschnitten würde. Seien Sie darauf gefasst und bereiten Sie auch Ihre Stakeholder darauf vor.

Wie Sie Ihr Projekt billiger machen

Eine Eigenart des Budgetprozesses ist es, dass dieser nur Jahresscheiben betrachtet. Diese Eigenart können Sie eventuell zu Ihren Zwecken ausnutzen, indem Sie Ihr Projekt „billiger" machen.

Beispiel: Was Ihnen Roleover-Projekte bringen

Sagen wir Ihr Projekt läuft über 18 Monate. Variante 1 in der folgenden Grafik zeigt einen eher ungünstigen Projektzeitraum. Der Projektstart liegt noch in der Budgetphase. Es besteht damit ein hohes Risiko, dass der Projektbeginn sich ver-

zögert. Außerdem könnte man geneigt sein, die Budgetbelastung, die Ihr Projekt 2008 verursacht, durch Verschiebung ins Jahr 2009 zu reduzieren.
Variante 2 dagegen kalkuliert diese „Budgetreduktion" gleich von Anfang an mit ein, indem Sie nur einen Teil des Budgets im ersten Budgetjahr brauchen. Außerdem hat Ihr Projekt auf diese Weise in den zwei Folgejahren einen „Roleover Status", da es ein Überhang aus dem Vorjahr ist. Roleover-Projekte sind in der Budgetdiskussion häufig gesetzt und haben ein geringeres Risiko gekippt zu werden, schließlich laufen sie ja bereits.

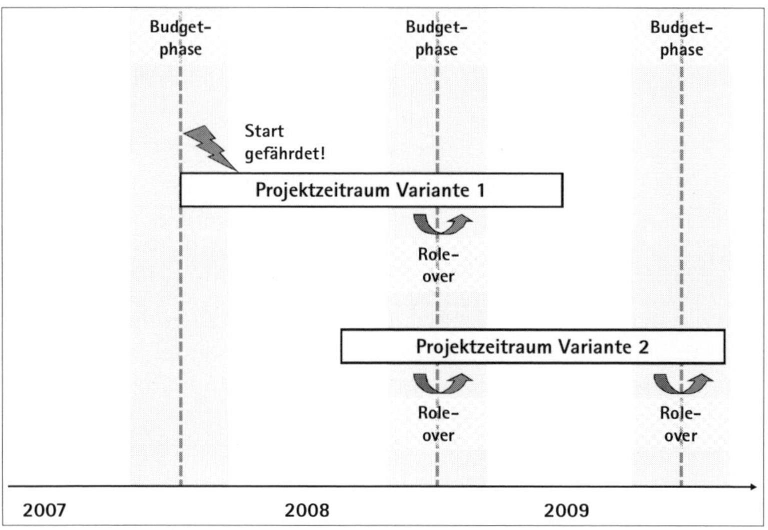

Abb. 41: Gestaltungsmöglichkeiten beim Projektzeitraum

Im Budgetierungsprozess wird außerdem festgelegt, welcher Anteil der Projektkosten ungefähr kapitalisierbar sein wird, d.h. in der Unternehmensbilanz als Anlagevermögen auftaucht. Hierzu gibt es klare Richtlinien, welche Kosten in welcher Projektphase zu wie viel Prozent kapitalisierbar sind. Diese Vorgaben sind in nationalen und internationalen Rechnungslegungsstandards wie HGB bzw. IFRS geregelt. Hierbei sollten Sie darauf achten, dass die Länge der einzelnen Projektphasen im Verhältnis zueinander der wesentliche Kapitalisierungstreiber ist.

Beispiel: Kapitalisierbare Kosten

Je länger z. B. die Blueprint-Phase dauert, desto weniger kann vom Projektbudget als Kapitalisierung geltend gemacht werden.

Die Länge der einzelnen Projektphasen sollten jedoch letztendlich Sie als Projektleiter nach sorgfältiger Planung vorgeben. Keineswegs sollten budgettechnische Gestaltungswünsche des Finanzbereichs die Länge Ihrer Projektphasen bestimmen.

Gibt es ein Budget für Ihr Projekt in den Geschäftsbereichen?

Im Falle von ERP-Projekten sind Sie in großem Umfang von der Mitarbeit der einzelnen Geschäftsbereiche abhängig. Die Projektressourcen, die von diesen Einheiten beizustellen sind, müssen dort auch entsprechend budgetiert sein, da ihr Wegfall gegebenenfalls durch Zeitarbeitskräfte oder mittels Überstunden der Kollegen kompensiert werden muss. Unglücklicherweise werden diese Posten aber gerne als erstes „eingespart“, wenn der Rotstift kommt. Unterstützen Sie die Geschäftsbereiche bei der Kalkulation ihrer Personalkosten und stellen Sie auf diese Weise sicher, dass die Positionen auch wirklich eingestellt werden. Nutzen Sie den Projektsponsor um Druck auf die Bereiche auszuüben, die Positionen auch wirklich im Budget zu belassen.

ENDE OKTOBER, CORK. EINZELGESPRÄCHE UND ERSTE RECHENMODELLE. Back in Irland. Ein weiterer Montagmorgen, der sehr früh begonnen hat. Den einen Teil des Wochenendes mit der Familie hat Hajo gehasst, den anderen Teil genossen. Die beiden Mädchen sind sein ganzer Stolz. Aber Inges Anschuldigungen nerven. Sie wirft Hajo vor, zu viel an seine Karriere und zu wenig an die Familie zu denken. Geraume macht einen müden Eindruck, und sie haben eine anstrengende Woche vor sich. Nils, ihr Mann für die Zahlen, ist bereits am Abend vorher angereist. Marvin hat ihnen einen der Bürocontainer im Hinterhof zur Verfügung gestellt. Einzelgespräche mit Mick Earl, Marvin Brown, Ian Robinson und Brad Ham stehen an. Brad Ham ist einer von Marvins Controllern, und er spürt, dass sein Stuhl wackelt. Alle sollen den Umfang ihrer Zusatzwünsche angeben und Einsparpotenziale melden. Hajo versucht, einen Termin mit Mick zu bekommen. Zuerst kommt keine Reaktion, dann ein vager Vorschlag für Ende der Woche, der dann am nächsten Tag doch wieder zurück genommen wird. Hajo ist ratlos, wie er an Mick herankommen soll. Er teilt ihm per Email mit, dass aus Dublin und Galway keine Rückmeldungen kommen. Keine Reaktion.

Marvin meldet sich, immerhin. Nachdem Hajo vermittelt hat, was er mit Mons erarbeitet hat, lässt Marvin ihn ohne Umschweife wissen, was er von der neuen Wendung hält: „Hajo, wie können Sie uns so hängen lassen? Obwohl wir alles für das Projekt tun, was irgendwie möglich ist!"

„Marvin, ich verstehe, was Sie wollen. Aber das, was Sie wollen, wird Ihnen nicht helfen Ihre Ziele zu erreichen. Sie müssen verstehen, dass das, was Sie sich ausgemalt haben, unrealistisch ist. Vertrauen Sie mir einfach." Hajo versucht, Verständnis zu wecken. „Sie können nicht fünf Schritte auf einmal machen. Ihre Organisation kommt da nicht mit. Außerdem können wir das mit dem Budget nicht machen. Wir müssen zusammen überlegen, was schrittweise geht."

„Aber was hat das alles mit Services zu tun ...?"

Hajo versucht, Marvin klar zu machen, dass Services bisher im Projekt gar nicht präsent ist, und er seine Hilfe braucht: „Wenn wir Services nicht mobilisiert bekommen, fahren wir das komplette Projekt gegen die Wand. Dann gibt es überhaupt keine Savings."

Mit Hilfe der ersten Informationen aus den Werken beginnen Hajo und Nils Rechenmodelle aufzustellen. Nils ist ein hervorragender Controller, und auch für jeden Unsinn zu haben. Hajo ist sehr froh, dass er mit im Boot ist. Und Nils kann es gar nicht erwarten, sich zusammen mit Hajo ins Abenteuer zu stürzen. Die Rechenmodelle basieren auf den

Erfahrungen aus Deutschland und Österreich. Auch die Wunschlisten von Marvin und Andrew bauen sie ein. Der Bürocontainer ist zugig und kalt. Und es ist noch nicht einmal Winter. Sie designen Lösungen, integrieren automatisierte Schnittstellen von A nach B und überlegen, was über die Schnittstelle laufen soll. Ob in eine oder zwei Richtungen. Ob in Echtzeit abgeglichen werden muss. Oder nur einmal am Tag. Sie müssen schätzen, was das dann kostet. Gut schätzen.

CORK UND LIMERICK. RECHENMODELLE UND GERANGEL UM DEN SPECK. Hajo und Nils stellen die Rechenmodelle vor, in Meetings vor Ort, in Cork, zusammen mit Marvin und Ian. Und in Limerick. Hajo moderiert diese Sitzungen. Es geht um den Scope, um die Frage 'Wie machen wir was?' Die ersten Grabenkämpfe spielen sich ab. Finance argumentiert mit Zahlen. Für die Produktion ist die Hauptsache, gute Produkte herstellen zu können. Und Services ist der Meinung, dass das Unternehmen über den Service auf dem Markt wahrgenommen wird. Sie seien ja schließlich ständig bei den Kunden und müssten es wissen. Hajo fühlt sich alleine. Die Geschäftsbereiche reagieren ausweichend bis abwehrend auf ihre Vorschläge. Hajo versucht, seine Erkenntnis aus dem Coaching umzusetzen: Nicht er sollte im Mittelpunkt der Aufmerksamkeit stehen, sondern das Projekt.

Marvin versucht, besondere Lösungen für den Finanzbereich in den Projektumfang zu bekommen. Aber das geht nur auf Kosten der Anderen. Wiederholt droht er, die von ihm zugesicherten Einsparungen für den Business Case zurück zu ziehen, falls seinen Forderungen nicht stattgegeben wird. Gleichzeitig versucht Andrew McGeorge, laufend neue Anforderungen für seinen Standort Limerick zu platzieren. Nach und nach stellt sich heraus, dass ihn über seinen Standort hinaus kaum etwas interessiert. Es gibt eine spezielle Wartungssoftware, die sie in Limerick verwenden. Was Andrew dafür bekommen soll, ist ein Interface, eine Schnittstelle. Was er jedoch will, ist eine Komplettablösung der Software. Andrew nutzt die Meetings mit Hajo für Eskalationen, mit Unterstützung von Mick Earl. Der misstraut der IT-Truppe um Hajo und Geraume immer noch.

In hitzigen und manchmal emotionalen Diskussionen weist Hajo immer wieder darauf hin, dass die zusätzlichen Anforderungen nicht im Scope sind. Andrew und Mick entgegnen, sie seien davon ausgegangen, dass eine Weltklassesoftware wie SAP das sowieso könnte. Hajo ist ratlos. Er hat genau zwei Möglichkeiten: Nein sagen zu den Forderungen und die Zusammenarbeit gefährden oder das Budget überschreiten. Caught between a rock and a hard place. Sehr spät entscheidet sich Hajo für das Nein, und verprellt damit Marvin und Andrew. Keine gute Ausgangssituation, um in Berlin schließlich den endgültigen Projektumfang festzulegen und einen Deckel auf das Budget zu machen.

ANFANG NOVEMBER, BERLIN. GROSSMEETING FÜR DEN BUSINESS CASE. Das europäische Headquarter von Maxxwell Inc. befindet sich in der Fritz-Reuter-Straße. Ein wuchtiger Kasten, in dem zu DDR-Zeiten einmal ein Hospital untergebracht war. „Auch jetzt ist hier noch einiges krank", denkt Hajo. Alle sind gekommen. Sie haben drei Tage Zeit. Dann soll der Business Case, die Wirtschaftlichkeitsrechnung, stehen. Und das dazu passende Budget. Das alles zusammen wird dann die Grundlage sein für die Genehmigung des Projekts. Drei Tage lang umkreisen sie den Topf, der zur Verfügung steht, gefüllt mit Personentagen, die sie unter sich aufteilen müssen. Tagsüber kämpfen sie in Workshops und Verhandlungen. Abends rechnen Hajo und Nils, um am nächsten Tag zu verkünden, wo sie mit dem Aufwand liegen. Marvin ist gekommen mit Riesenanforderungen, und Andrew hat ebenfalls ein klares Bild davon, was er braucht. In jedem Konflikt mit Marvin knickt Andrew ein. Er telefoniert ständig mit Mick und macht einen ferngesteuerten Eindruck. Ian verhält sich weiterhin korrekt. Er ist genervt von seinen Kollegen und ihrer Politik. Aber er weiß, was er tut und strahlt Ruhe aus. Alles in allem sind die Anforderungen zehnmal so groß wie die Mittel, die zur Verfügung stehen. Es geht zu wie auf dem Pferdemarkt. Am Ende hat das Budget immer noch einen Überhang, aber die Zeit ist abgelaufen und die Nerven geben auch nichts mehr her. Nach drei Tagen gehen Hajo und Nils mit der Aufgabe nach Hause, das, was zu viel ist, noch irgendwie ins Budget zu quetschen.

ENDE NOVEMBER, CORK. BUDGET BEANTRAGEN. Hajo, Nils und Geraume tragen den Projektumfang zusammen und erstellen das Projektmandat. Und präsentieren beides den Beteiligten innerhalb der nächsten zwei Tage in Einzelgesprächen. In Cork und Limerick. Mit Ian gibt es kein Problem. Marvin jedoch ist sehr enttäuscht und lässt Hajo das auch spüren. Mick Earl ist weiterhin nicht zu kriegen und Andrew mauert. Schließlich geht ihr Budgetantrag ohne echte Einigung an den Vorstand. Es ist erst einmal geschafft, aber ein banges Gefühl bleibt. Wird das Projekt überhaupt genehmigt werden? Hajo, Geraume und Nils nutzen die Wartezeit, um sich in ihrem Container weiter einzurichten. Sie versinken in Vorbereitungsstrategien. Die Wände sind mittlerweile mit Flipchart-Papier bedeckt, sie skizzieren Zeitleisten und malen Szenarien. Sie machen sich erste Gedanken über Go-Live-Strategien.

Die Mobilisierungsphase – Der Startschuss

Das Projekt wurde genehmigt. Jetzt soll alles ganz schnell gehen! Widerstehen Sie jedoch dem Druck, zu schnell an den Start zu gehen. Ein Kaltstart mit schlechter Vorbereitung kann sehr viel Blindleistung, Frustration und unnötige Kosten verursachen – und die ersten negativen Schlagzeilen gratis obendrein.

Wie Sie eine Infrastruktur schaffen

Das Erste, das stimmen muss, ist die Infrastruktur. Egal ob Sie 20, 50 oder 250 Mitarbeiter im Projekt beschäftigen, jeder braucht einen Arbeitsplatz, eine Unterkunft und eine Möglichkeit von A nach B zu kommen. Je nach Umgebung und den Umständen kann die Bereitstellung der Infrastruktur verschieden schwierig und teuer sein.

Beispiel: Infrastruktur herstellen

Sind Büroflächen verfügbar, so müssen nur die Möbel sowie Telefon und Netzwerkzugänge organisiert werden. Stehen hingegen keine Büroflächen zur Verfügung, muss man eventuell auf Bürocontainer ausweichen oder externe Büros anmieten. Dies kann schnell sehr komplex werden, wenn z. B. noch Fundamente für Bürocontainer gegossen oder Telekommunikationskabel verlegt werden müssen. Bei Überbrückung größerer Distanzen empfiehlt sich hier manchmal sogar die Einrichtung von Richtfunkstrecken als günstigere und schnellere Alternative.

Alle hier anfallenden Kostenfaktoren sind im Zweifelsfall nicht unerheblich und sollten daher in Ihrem Projektbudget berücksichtigt worden sein.

Technisches Equipment

Verfügen alle Ihre Mitarbeiter über Laptops? Insbesondere bei Mitarbeitern aus den Geschäftsbereichen sollten Sie dies kritisch prüfen. Dürfen externe Mitarbeiter ihre Laptops mit dem Firmennetzwerk verbinden? Wird eine dedizierte Firewall benötigt? Wenn Sie plötzlich 50 PCs organisieren müssen, kann das viel Geld und Zeit bedeuten. Das gleiche gilt für Beamer, um Schulungen und Workshops durchzuführen, oder z. B. mobile Navigationsgeräte für Ihre Projektfahrzeuge.

Übernachtungsmöglichkeiten

Auch die Unterbringung der Mitarbeiter will organisiert sein. Hotels sind okay für den Anfang, aber nach einer Weile ist ein Stück „zu Hause“ auch ganz schön, insbesondere wenn Arbeitsbelastung und Überstunden zunehmen. Hier bieten sich dann möblierte Appartements oder auch so genannte Boarding-Houses an. Letztere haben den Vorteil extrem kurzer Kündigungsfristen. Außerdem wird die Transportlogistik vereinfacht und damit billiger, wenn alle zusammen wohnen. Auch die positiven Auswirkungen auf die Motivation durch so eine Zweitheimat und die Möglichkeit, sich auch mal in halbwegs privatem Umfeld auszutauschen, sind nicht zu unterschätzen.

Je nach den Gegebenheiten vor Ort kann man beim Transport der Projektmitarbeiter komplett auf öffentliche Verkehrsmittel zurückgreifen. Dies erfordert allerdings eine Menge Glück bei der vorhandenen Verkehrsinfrastruktur am Projektstandort. In der Regel werden Sie auf Mietwagen in Langzeitmiete zurückgreifen müssen.

Tipp: Thema Infrastruktur nicht unterschätzen

Das Thema Infrastruktur ist wenig attraktiv und sollte sicher nicht zu Ihrer Kernkompetenz werden. Es ist jedoch mit erheblichen Kosten verbunden und erfordert daher eine Menge Zeit und Aufmerksamkeit. Binden Sie auf jeden Fall die entsprechenden Abteilungen des lokalen Standortes ein. Personalabteilung, Werksleitung, interne Reisestelle oder die Instandhaltungsabteilung sind hier gute Ansprechpartner. Es empfiehlt sich eine Person in Ihrem Team zu identifizieren, die Organisationsgeschick und Ihr Vertrauen besitzt. Sie kann sich dann das Thema komplett zu eigen machen und Ihnen den Rücken freihalten.

Wie Sie eine Projekt- und Teamstruktur organisieren

Die nächste Entscheidung in der Mobilisierungsphase betrifft die Organisation des Projektteams. Sie werden nicht wollen, dass 20 oder 50 Mitarbeiter zu Ihnen kommen, wenn es etwas zu entscheiden gibt. Selbst wenn Sie es wollten, wäre das höchst unproduktiv. Also brauchen Sie eine Struktur von

Teams oder Teilprojekten, in denen die Projektmitarbeiter und die Arbeitspakete organisiert sind.

Die Fachteams

Zunächst gibt es da einmal die Fachteams, die sich mit den einzelnen Geschäftsprozessen und Funktionalitäten beschäftigen. Bei deren Organisation gilt es, zwischen drei Extremen den richtigen Mittelweg zu finden:

- Projektorganisation ausschließlich nach Geschäftsprozessen
- Projektorganisation ausschließlich nach Funktionalitäten
- Projektorganisation ausschließlich nach Geographie

Eine rein **prozess- oder geographisch orientierte** Organisation hat den Nachteil, dass Sie über die einzelnen Teams IT- und Prozess-Fachexpertise eventuell mehrfach vorhalten müssen. Sie benötigen dann also ein größeres Team, und das Projekt wird dadurch unter Umständen deutlich teurer. Dafür bilden Sie die einzelnen Geschäftsbereiche bzw. Regionen exakt ab, was zweifelsohne von Vorteil ist, um die Anforderungen der Bereiche besser zu verstehen.

Eine Organisation ausschließlich **nach Funktionalitäten** kommt mit einem kleineren Expertenteam aus, hat aber den Nachteil, dass sich die Geschäftsbereiche oder Standorte häufig nicht in der Projektorganisation wieder finden können. Daraus resultiert das Risiko, dass Key User in falsche Teams eingeordnet werden bzw. auf mehrere Teams aufgeteilt werden müssen.

Die Prozessteams

Weiterhin ist zu klären, wie die reinen Prozessteams, die sich mit Prozess-Audits und Anpassungen beschäftigen, in das Projektteam eingebunden werden. Ein komplett eigenständiges Teilprojekt ist prinzipiell möglich, erzeugt aber mehr Reibungsverluste als es Nutzen bringt, da die enge Verzahnung hinsichtlich der Sollprozesse fehlt. Empfehlenswerter ist es da, die zentrale Moderationskompetenz im Change Management Team vorzuhalten und die Prozesskompetenz in den einzelnen Fachteams. Auf diese Weise ist organisatorisch sichergestellt, dass die Arbeit an den Prozessen mit der Arbeit an der ERP-Lösung Hand in Hand geht.

Die Projekt-Organisation

Auch in punkto Projekt-Organisation gibt es leider keine One-Size-Fits-All-Lösung. Vielmehr muss zwischen den extremen Formen in genauer Kenntnis der Geschäftsbereiche sowie des Projektumfangs der bestmögliche Kompromiss gefunden werden.

Welche Teams sind sinnvoll?

Neben den Fachteams empfiehlt es sich, bestimmte Projektfunktionen, die Dienstleistungen für die übrigen Fachgruppen erbringen, in dedizierten **Querschnitt-Teams** zusammenzufassen.

Beispiel: Querschnitt-Teams

So ist z. B. das Endanwender-Training ein Bereich, der eine sehr spezifische Expertise benötigt, um die einzelnen Fachteams in der Erstellung, Organisation, Verwaltung und Durchführung von Endanwender-Schulungen zu unterstützen.

Des Weiteren ist es sinnvoll, einen **Bereich Daten** zu haben, der sich um die Übernahme und Bereinigung von Altdaten kümmert.
Die Abteilung **Technik** schließlich koordiniert die Programmierung und ist verantwortlich für die technische Betreuung des ERP-Systems.
Andere Bereiche wie Change Management, Controlling und Admin arbeiten direkt der Projektleitung zu und sind daher von ihrer Natur her Stabsstellen.

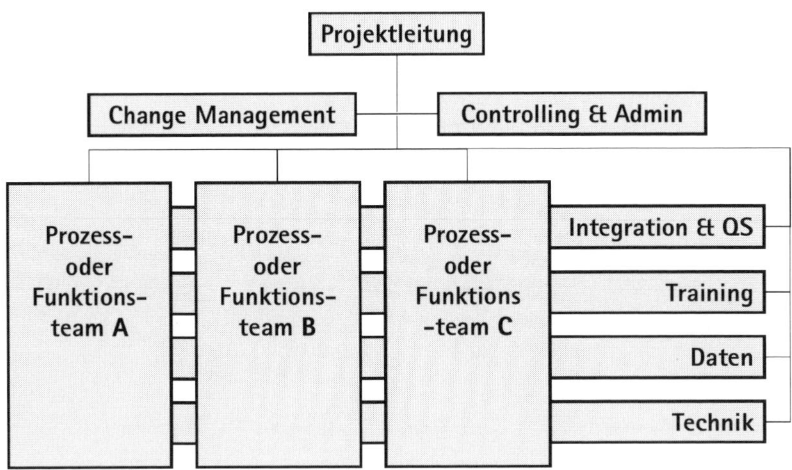

Abb. 42: Beispiel einer Projektorganisation

Eine Mischform sind die **Bereiche Integrationsmanagement sowie Qualitätssicherung** (QS bzw. QA im internationalen Umfeld). Diese Bereiche haben sowohl eine Kontroll- als auch eine Supportfunktion: Sie sollen sicherstellen, dass trotz großem Zeitdruck im Projekt das Endergebnis der Arbeit nicht leidet. Teilweise wird aus Kostengründen auf dieses Team verzichtet. Dies kann aber im Endeffekt sehr teuer werden, wenn zu einem späten Zeitpunkt ein nicht über die Fachteams hinweg abgestimmtes Konzept umfangreiche Nacharbeiten erfordert oder nicht dokumentierte Teile der ERP-Lösung die Zusammenarbeit mit einem Offshore-Partner signifikant erschweren und nachdokumentiert werden muss.

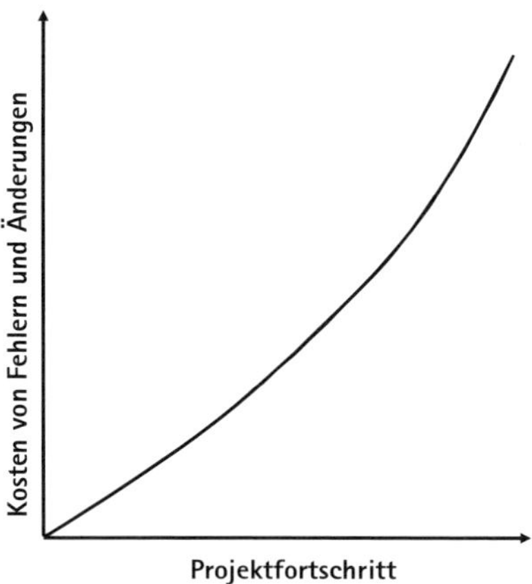

Abb. 43: Kosten von spät entdeckten Fehlern

Das Ziel dieses Teams ist es also, dafür zu sorgen, dass funktionale Konzepte, wie z. B. Prozessabläufe oder Ansätze zur Übernahme von Altdaten, über die einzelnen Teams hinweg abgestimmt, sprich integriert sind. Außerdem soll dieses Team eine gleich bleibende Qualität der Projektdokumentation der einzelnen Bereiche sicherstellen. Es unterstützt also sowohl die einzelnen Teams als auch die Projektleitung. Von daher ist es egal, wie Sie dieses Team im Organigramm positionieren.

Der Spagat zwischen zentraler und dezentraler Teamorganisation

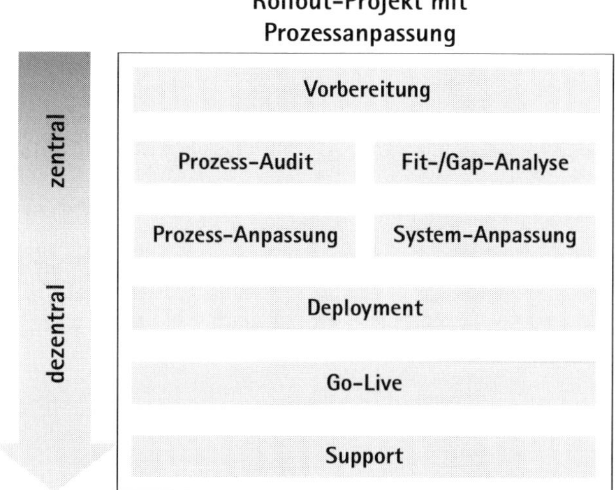

Abb. 44: Zentral/dezentral bei Rollout-Projekten

Wenn wir uns noch einmal das Verhältnis zwischen zentraler und dezentraler Projektorganisation in Rollout-Umgebungen vor Augen führen, so wird deutlich, dass eine Projektorganisation mindestens einmal verändert wird, wenn aus einem zentralen Team viele dezentrale Teams werden. In diesem Kontext muss organisiert werden, wie das Projekt einerseits möglichst nahe beim Kunden, d.h. den jeweiligen Geschäftsbereichen sein kann, und wie andererseits sichergestellt werden kann, dass nicht in jedem Teilteam das Rad jeden Tag neu erfunden wird. Es muss gewährleistet sein, dass die einzelnen Deployment Teams miteinander integriert arbeiten, um Synergien zu nutzen. Hierbei kommt einerseits dem Integrationsteam wieder eine zentrale Rolle zu. Zum anderen wird deutlich, dass diese Deployment Teams auch starke und gut vernetzte Prozess Manager benötigen, um sicherzustellen, dass vor Ort Prozesse überarbeitet, Systemtests durchgeführt und Trainings überwacht werden. Diese Prozess Deployment Manager sollten auf jeden Fall Teil Ihres Führungskreises sein.

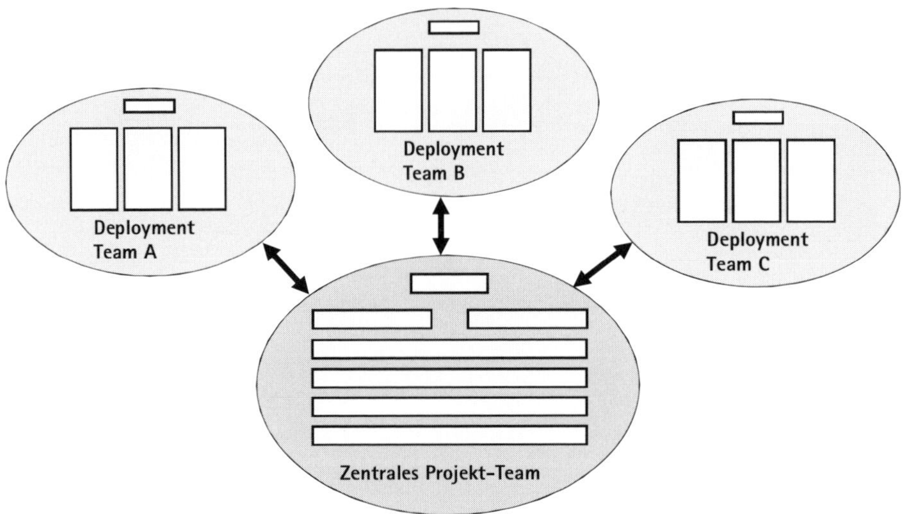

Abb. 45: Zentrales Team und Deployment Teams

In dieser Organisationsstruktur muss allerdings von Anfang an sehr klar gemacht werden, welcher Teil des Projekts welche Aufgaben erfüllt. In der oben dargestellten Graphik sind beispielsweise die Fachteams auf die einzelnen Deployment Teams verteilt, während die Querschnittsfunktionen in einem zentralen Team zusammengefasst sind.

Tipp: Weg von Stereotypen

Es gibt nicht *die* perfekte Projektorganisation für alle Geschäftsumfelder und Projektansätze. Vielmehr ist es wichtig, unter genauer Prüfung der vorhandenen Gegebenheiten ein maßgeschneidertes Organisationsmodell für Ihr Projekt zu entwickeln. In vielen Fällen gibt es auch nicht die *eine* Projektorganisation, sondern Sie müssen Ihr Projekt im Zuge seiner Laufzeit mehrfach umstrukturieren, um optimal auf die Anforderungen der jeweiligen Projektphase eingestellt zu sein.

Parallele Projekte: Wie stellen Sie die Template-Integrität sicher?

Je nachdem, ob Sie den Rollout Ihrer ERP-Lösung sequenziell oder parallel angehen möchten oder müssen, werden Sie vor der Herausforderung stehen, verschiedene Projekte während ihrer Laufzeit inhaltlich zu integrieren, d.h. sicherzustellen, dass durch die einzelnen Projekte die Integrität Ihres ERP-Templates nicht gefährdet wird.

Beispiel: Projekte integrieren

Wenn also in Projekt A die Lösung für Geschäftsbereich B eine gewisse Erweiterung der Funktionalitäten vorsieht, so sollte diese Erweiterung auch für Projekt B passen sowie für alle anderen Standorte, in denen der Geschäftsbereich B präsent ist.

Hier bietet es sich an, ein zentrales Team zu installieren, dessen Mandat es ist, auf die Integrität des Templates zu achten. Des Weiteren können Sie in diesem Team ebenfalls Qualitätssicherungs- sowie Prozessmoderationskompetenz bündeln.

Tipp: Genehmigungsprozesse einführen

Effektiv wird Ihnen dies jedoch nur gelingen, wenn Sie die einzelnen Projekte in ihren Möglichkeiten, das Template zu verändern, beschneiden. Wenn ein Projekt das Template nicht ohne Genehmigung verändern darf, so sollte es auch technisch nicht dazu in der Lage sein, das Template zu verändern. Ansonsten wird sich diese Regel bei zunehmendem Druck im Projekt nicht durchhalten lassen.

Dieses Organisationsmodell eignet sich auch besonders für Rollout-Programme, in denen einzelne Projekte mehrheitlich oder vollständig an einen oder mehrere Integratoren vergeben worden sind, da Sie auf diese Weise mit einem Minimum an eigenen Ressourcen ein Höchstmaß an inhaltlicher Kontrolle ausüben können.

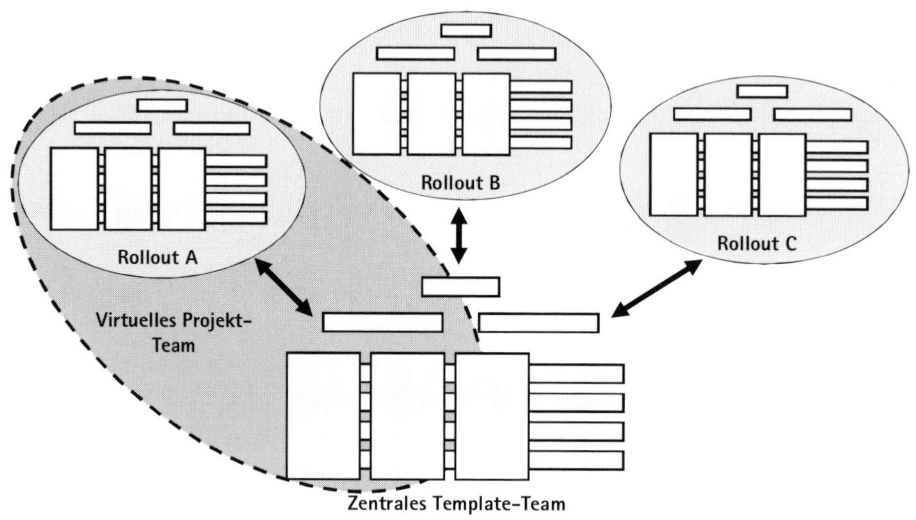

Abb. 46: Integration paralleler Projekte mittels Template-Team

In Abb. 46 ist verdeutlicht, wie ein solches Zusammenspiel organisiert werden kann.

- Die einzelnen **Rollouts** beschäftigen sich mit dem Deployment der ERP-Lösung, d.h. mit allen Aktivitäten, die für die betroffenen Standorte und Bereiche relevant sind, wie z. B. der Erstellung von Spezifikationen für Template-Änderungen, Ansätzen zur Übernahme der Alt-Daten, der Durchführung von Systemtests sowie der Schulung der Endanwender.
- Das **zentrale Template-Team** unterstützt die einzelnen Projekte bei der Durchführung der Prozess-Audits sowie bei der Implementierung der angepassten Prozesse. Des Weiteren ist die gesamte technische Kompetenz und Berechtigung für System-Konfiguration und Programmierung in diesem Team zusammengefasst. Auch das Release-Management, d.h. die Planung und Steuerung, welche funktionale Erweiterung wann implementiert wird, ist in diesem Team angeordnet.

Durch die so entstandenen virtuellen Teams lassen sich bei mehreren parallelen Projekten durchaus interessante Synergien erzeugen. Allerdings muss man sich auch darüber im Klaren sein, dass ein solchen Kontroll- und Integrationsorgan nur sinnvoll ist, wenn die Standardisierung von Geschäftsprozessen und ERP-Lösung über die einzelnen Rollouts hinweg einen hohen Wert für Ihr Unternehmen hat. Ansonsten würde diese Organisationsform nur zusätzlichen überflüssigen Overhead bedeuten.

Wie Sie das Team vor Ort hochfahren

Um eine effektive Projektarbeit zu gewährleisten, ist es wichtig, dass jeder Mitarbeiter zu jedem Zeitpunkt exakt weiß, wie das Projekt funktioniert, worauf es ankommt und was von ihm konkret erwartet wird. Wie wahrscheinlich ist es, dass dieser Fall eintritt, wenn eines Montags 50 Mitarbeiter am Projektstandort aufschlagen? Eben! Um das totale Chaos zu vermeiden, empfiehlt es sich daher, das Team gemäß den Ebenen der Projekthierarchie an Bord zu holen.

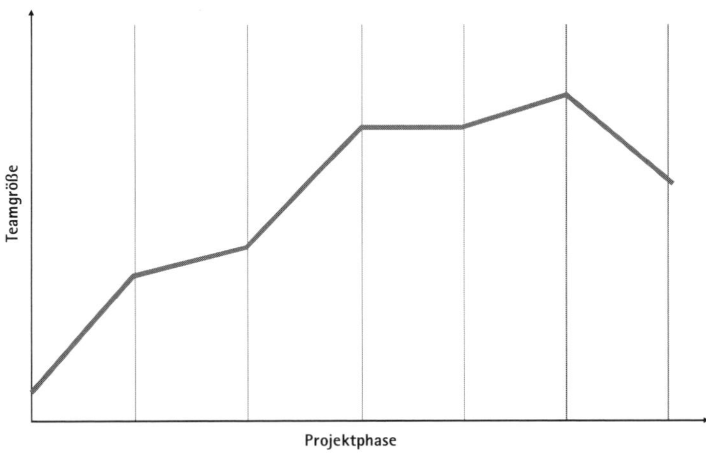

Abb. 47: Entwicklung der Teamgröße

Wer soll wann vor Ort erscheinen?

Die Projektleitung und eventuell einige der Stabsstellen kennen das Geschäftsumfeld aus der Vorbereitungsphase. Sie sind vom ersten Tag an vor Ort.

Als nächstes empfiehlt es sich, die Ebene der Team- bzw. Teilprojektleiter an Bord zu nehmen. Diese sollten zunächst ein gut vorbereitetes Briefing erhalten zu den Themen:

- Projektmandat
- Projektumfang
- Projektumfeld
- Projektansatz

Hierbei ist es wichtig, dass diese Leitungsebene „abgeholt“ wird, d.h., Ihre Team-Manager müssen Raum für Fragen und Diskussionen haben, um sich an den oben genannten Punkten zu reiben und diese für sich anzunehmen. Das soll nicht mit Demokratie verwechselt werden. Vielmehr geht es darum, bei Ihrem Leitungsteam Ownership gegenüber dem Projekt zu erzeugen. Sie erwarten schließlich nachher von Ihren Team-Managern, dass sie den übrigen Projektmitarbeitern die Projekthintergründe mit derselben Überzeugung und Begeisterung vermitteln können wie Sie.
Des Weiteren sind einige Entscheidungen hinsichtlich der Teamorganisation und -zusammensetzung zu treffen, und die Planung der nächsten Schritte muss von jedem Team-Manager für sein Team angegangen werden. Hier werden von Ihnen klare Vorgaben zum Planungsansatz (siehe auch Kapitel „Rollierende Feinplanung und Fortschrittskontrolle“ ab S. 185) und allgemeine Regeln zum Projektablauf erwartet. Seien Sie darauf vorbereitet, so gut es geht.

Tipp: Treffen Sie klare Entscheidungen

Wenn Sie für eine Frage keine Antwort parat haben, so diskutieren Sie mit Ihrem Team die verfügbaren Optionen und nehmen Sie sich anschließend ein wenig Bedenkzeit, bevor Sie Ihre Entscheidung kommunizieren. Dies wird Ihnen niemand verübeln, so lange Sie die Entscheidung schlussendlich auch treffen. In den meisten Fällen ist **eine** Entscheidung hier besser als **keine** Entscheidung! Mut zum Pragmatismus ist gefragt.

Das „An-Bord-holen“ des Führungsteams sollte nicht länger als eine Woche dauern.

Anschließend kann der Rest des Teams kommen. Da Ihre Leitungsebene jetzt gut vorbereitet ist, sollte der Projektstart nun sehr viel geordneter und produktiver gelingen.

Die Gruppenfindungsphase

Wenn sich die Teams in ihrer neuen Zusammensetzung noch nicht kennen, kann es sinnvoll sein, eine Gruppenfindungsphase vorzusehen. Sie kann zentral von der Projektleitung initiiert werden oder an die Teamleiter mit Unterstützung des Change Management delegiert werden. Hierbei wird der zwingend notwendigen Gruppendynamik (Tuckman-Modell: warming – storming – norming – performing) Rechnung getragen. Auch dies bedeutet extra Aufwand, der sich aber aufgrund besserer Zusammenarbeit im Team mittelfristig auf alle Fälle rechnet.

Prozess-Spezialisten: Die Profis Ihrer Kunden

Auf die Vertreter der einzelnen Geschäftsbereiche möchte ich an dieser Stelle kurz gesondert eingehen. In einem Business Change Projekt sind die Kenntnisse, Erfahrungen, Kontakte und die Entscheidungsfreudigkeit dieses Personenkreises von elementarer Bedeutung. Anders als bei den IT-Kollegen können Sie hier vorhandene interne Schwächen nicht durch Zukauf von externen Experten kompensieren. Sie sind auf diese Mitarbeiter absolut angewiesen!

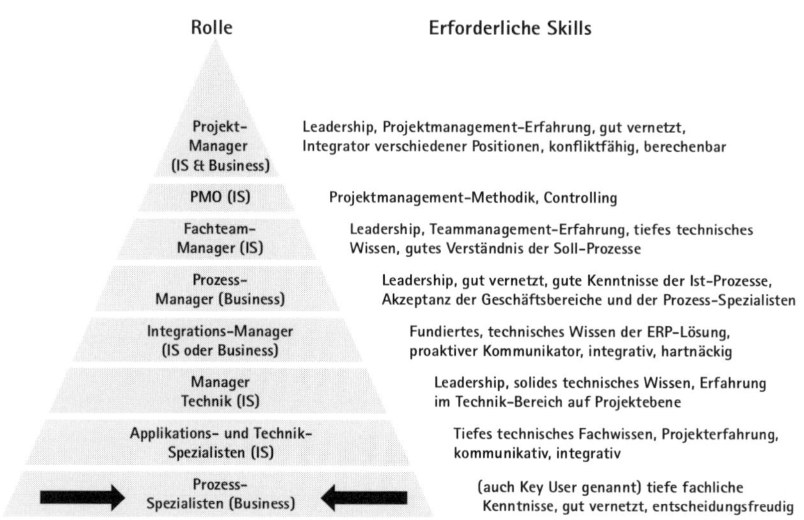

Abb. 48: Die Rolle der Prozess-Spezialisten

Welche Mitarbeiter werden Sie aber bekommen, wenn Sie auf die einzelnen Bereiche mit Ihren Anforderungen zugehen? Nach mehr oder weniger überzeugenden Vorträgen über die Schwierigkeiten der allgemeinen Lage wird man Ihnen die Mitarbeiter geben, die entbehrlich sind. Genau diese Mitarbeiter brauchen Sie jedoch nicht.

Wie Sie die richtigen Prozess-Spezialisten an Bord holen

Je komplexer das Geschäftsumfeld, desto wichtiger ist es für Sie, die richtigen Vertreter der Geschäftsbereiche an Bord zu haben. Nur, woher sollen Sie wissen, wer das ist?

Bewährt hat sich an dieser Stelle die enge und frühzeitige Zusammenarbeit mit dem Personalbereich und der Leitungsebene der einzelnen Bereiche. Greifen Sie hier auf die offiziellen Prozesse zurück und erstellen Sie möglichst detaillierte Job-Profile, die dann über den normalen Ausschreibungsprozess des Unternehmens mittels Bewerbungsverfahren besetzt werden.

Nutzen Sie bei Bedarf das politische Gewicht Ihres Projektsponsors. Stellen Sie sicher, dass Sie bzw. Vertreter Ihres Lenkungsteams in diesen Prozess eingebunden sind. Fehlbesetzungen sind im Projektumfeld nur mit hohen Kosten zu korrigieren.
Von großer Wichtigkeit ist hierbei, dass von Anfang an für jede Stelle bzw. Person geklärt wird, wie die Stellensituation nach erfolgreichem Projektabschluss aussehen wird. Mir sind viele Fälle bekannt, in denen Key User sich nach dem Projekt ohne Planstelle wiedergefunden haben, weil ihre Stelle in der Planung „vergessen" wurde. Spricht sich das einmal herum, werden Sie große Schwierigkeiten bekommen, gute Mitarbeiter aus dem Bereichen für Ihr Projekt gewinnen zu können.

Die Schulung der Prozess-Spezialisten

Die Key User sind wichtige Multiplikatoren und Werbeträger Ihres Projekts. Dies sollten Sie ernst nehmen und für sich nutzen. Sind die Key User frustriert und verunsichert, so wird sich diese Einstellung gegenüber dem Projekt in der Organisation verbreiten. Sind sie jedoch motiviert und begeistert, so wird sich auch das herumsprechen.
Eine der allerersten Aktivitäten im Projekt sollte daher die Schulung der Prozess-Spezialisten sein. Neben dem Briefing, das alle Projektmitarbeiter erhalten, sollten sie eine gründliche Ausbildung in Ihrer neuen ERP-Lösung erhalten. Je mehr die Key User hier verstehen, desto besser werden die Ergebnisse aller darauf folgenden Projektphasen sein. Je nach Projektgröße und -umfang kann eine solche Schulungsphase durchaus 2 bis 4 Wochen dauern.

Das Buddy-Konzept

Ebenfalls bewährt hat sich ein Buddy-Konzept zwischen Key Usern und IT-Mitarbeitern. Jeder Key User sollte von Anfang an einen festen Ansprechpartner auf IT-Seite haben, der ihm die ERP-Lösung vermittelt und die Projektmethodik näher bringt. Umgekehrt lernt der jeweilige IT-Mitarbeiter auf diese Weise vieles über das Geschäftsumfeld, das nicht in den offiziellen Dokumenten zu finden ist.
Die Prozess-Spezialisten sind die Vertreter Ihres Kunden im Projekt. Aus diesem Grunde sollten Sie in regelmäßigen Abständen „den Puls fühlen", um sicherzustellen, dass Sie eventuelle Missstände zeitnah beseitigen können.

Auch nach dem Projekt hört die Arbeit der Prozess-Spezialisten nicht auf. Es empfiehlt sich, eine permanente, flächendeckende Organisation auf Teilzeitbasis zu etablieren, um Veränderungsprojekte oder Restrukturierungen der Geschäftsbereiche zu begleiten, neue Anforderungen der Fachbereiche an IT zu kommunizieren und z. B. neue Mitarbeiter in der ERP-Lösung zu schulen.

ANFANG DEZEMBER, CORK. PROJEKTSTART! Es ist geschafft. Das Budget wird genehmigt. Das Projekt kann starten. Die wichtigsten Stakeholder des Projektes sind bekannt. Nun sollen diejenigen, die vorher eine lose Interessengemeinschaft waren, ein formales Forum bekommen. Hajo und Geraume wollen zu diesem Zweck einen Lenkungsausschuss einberufen. Die beiden wenden sich an Marvin, um sich mit ihm über die möglichen Mitglieder für den Ausschuss zu beraten. Marvin empfiehlt Mick Earl, Andrew McGeorge und Ian Robinson. Und sich selbst natürlich. Hajo und Geraume werden den Ausschuss leiten. Hajo lädt ein, macht die Agenda, die Präsentation, moderiert. Die anderen hören zu, fragen nach, fordern heraus und treffen die Entscheidungen. Nils macht das Protokoll.

Hajo und Geraume haben ganz im Sinne des Sparzwangs ihr Herrenhaus gegen ein Mittelklassehotel eingetauscht. Keine Zigarren mehr in knarzenden Clubsesseln. Dafür ein indisches Restaurant ganz in der Nähe. Am Abend sprechen sie dort bei Chicken Vindaloo und irischem Bier über das Treffen mit Marvin. Geraume kommt ziemlich schnell zum Punkt: „Hajo, brauchen wir denn niemanden aus der IT? Was ist mit deinem Chef? Enzo Bleyer ist der einzige, der uns Rückendeckung geben kann."

„Du hast mal wieder Recht, Geraume!" Hajo fällt es wie Schuppen von den Augen. „Einer muss die IT vertreten, die Lieferantenperspektive. Und die Kundenlastigkeit im Lenkungsausschuss ausgleichen."

„Und ganz wichtig: die Projektspezialisten ..." Geraume hat ein Blitzen in den Augen, „Erinnerst du Dich an Berlin? Wir müssen die Leute richtig auslasten. Nicht zu viel, nicht zu wenig. Hatten die zu wenig zu tun, bekamen wir die Werksleiter an den Hals, weil sie im Werk dringend gebraucht wurden. Und wenn sie Überstunden machen mussten, stand der Betriebsrat auf der Matte."

Enzo Bleyer, der im Berliner Headquarter sein Büro hat, sagt drei Tage später zu. In letzter Minute. Zu viert treffen sie die Vorbereitungen für den Start des Projekts. Hajo, Geraume, Nils und Manjit. Manjit, eine indisch stämmige Engländerin, übernimmt die Projektassistenz. Sie bucht Meetingräume und Appartements, organisiert Reisen, Autos und das Kick-off-Meeting. Manjits Pluspunkt ist ihre Verbindung ins Werk. Man könnte sie auch als Knotenpunkt im Sekretärinnen-Netzwerk bezeichnen. Unbezahlbar. Nils macht Projektkalkulation, Controlling und alles andere, wofür Hajo keine Zeit bleibt. Zusammen mit Manjit hat er die wichtigste Steuerungsstelle. Er liefert Zahlen und überblickt, wie das Projekt steht.

DIE ERSTE SITZUNG IM LENKUNGSAUSSCHUSS. Die erste Sitzung des Lenkungsausschusses steht an. Die konstituierende Sitzung. Hajo steht mal wieder um drei Uhr morgens auf, um von Berlin nach Cork zu fliegen. Dieses Mal kommt es ihm noch früher vor als sonst. Am Abend vorher hat er die Präsentation für die Sitzung fertig gebaut. Er ist nervös, hat feuchte Hände. Es geht darum, die Leute auf die kommenden Herausforderungen vorzubereiten. Auch die schlechten Nachrichten, die er sonst eher zwischen den Zeilen andeutet, kommen jetzt auf den Tisch. Beziehungsweise auf den Beamer. Die Sitzung findet statt im holzvertäfelten Boardroom des Werks. Der Raum verströmt den Charme vergangener besserer Zeiten. Der dicke Teppich dünstet den Muff von Jahrzehnten aus. Auch hier wird dünner Kaffee serviert, mit dem üblichen Milchpulver. Mick und Marvin kommen zu spät. Enzo Bleyer kommt gar nicht.

Auf der Agenda stehen zwei Punkte. Übersicht Blueprint. Und Status Prozess-Spezialisten. Im Blueprint geht es um das Aufspüren von Passproblemen zwischen System und Businessrealität. Welche Geschäftsabläufe gibt es? Wie funktioniert das SAP-System? Wo soll später was anders laufen? Wie soll es laufen? Die Antworten auf diese Fragen müssen genau dokumentiert werden. In Österreich wurde das nicht gemacht, in Deutschland auch nur provisorisch. Aber jetzt steht der internationale Teil des Rollouts an und Hajo ist klar, dass es ohne Dokumentation nicht geht. Genau das betont er auch im Lenkungsausschuss. Der Aufwand, alles zu dokumentieren ist immens. Aber das wird sich bei den Folgeprojekten bezahlt machen. Dafür braucht das Projekt genügend Prozess-Spezialisten, Vertreter der Geschäftsbereiche. Meist Team- oder Gruppenleiter. Drei große Spezialisten-Gruppen soll es geben. Die eine ist die von Marvin Brown, also die der Buchhalter und Controller. Marvins Strategie ist, bei sich ein ganz neues Team aufzubauen und deshalb schlägt er sich auf die Seite des Projekts. Er nominiert zehn Leute. Mick Earls Services soll die zweite Gruppe Spezialisten stellen und Produktion die dritte. Die Verhandlung ist ein zähes Ringen. Hajo und Geraume fordern insgesamt fünfundzwanzig Prozess-Spezialisten an. Vor allem Services stellt sich quer. Hajo verlangt zehn Leute von dort. Mick schießt zurück: „Bitte weise uns doch mal nach, warum genau zehn. Warum nicht elf? Oder neun?" Dieses Spiel wiederholt sich ein paarmal. Hajo spielt einen Ball und hat ihn sofort wieder in seinem Feld, zusammen mit der Forderung nach detaillierter Begründung. Das Ping-Pong-Spiel wird absurd. Mick hält sich am Ende bedeckt: „Wir prüfen noch." Marvin und Ian Robinson versuchen Hajo zu unterstützen. Mick ist ständig weg wegen irgendwelcher Telefongespräche. Wirklich anwesend ist eigentlich nur Micks Mitarbeiter, Andrew McGeorge, und der ist nicht handlungsbefugt. „Jaja, sag ich meinem Chef." ist seine Standardantwort. Er spricht fast nie etwas offen an, sondern macht sich immer erst einmal bei Mick Luft. Und kommt dann zurück mit einer Anweisung.

Die Mobilisierungsphase ist laut Plan eigentlich abgeschlossen. Allerdings geht es mit offenem Ausgang in die nächste Phase, an deren Ende der Blueprint stehen soll. Dazu braucht es erst einmal ein möglichst genaues Verständnis von Organisation, Geschäftsabläufen und Zuständigkeiten. Außerdem muss die Struktur des neuen Systems definiert werden. Und wie man von einem schönen Plan zur Realität gelangt.

MITTE DEZEMBER, CORK. DAS TEAM KOMMT. Hajos kleine Truppe bereitet den Einfall der Massen vor. Siebzig Leute nehmen am Blueprint teil. Das sind die deutschen und österreichischen IT-Spezialisten auf der einen Seite, und die irischen Prozess-Spezialisten und Prozessmanager auf der anderen. Diese Leute müssen in Teams aufgeteilt werden. Jedes dieser Teams hat eine Doppelspitze: Jeweils einen IT-Manager und einen Prozess-Manager. Darunter sind die IT- und die Prozess-Spezialisten. Der Startschuss für das Projekt ist das Kick-Off-Meeting. Das erste Meeting aller Projektbeteiligten. Es wird spannend: Denn Hajo und seine ITler kennen kaum einen der Iren, geschweige denn deren Kompetenzen oder gar ihre Einstellung zum Projekt. Im Kick-Off-Meeting werden sie die meisten zum allerersten Mal sehen. Präsentationen müssen vorbereitet, Arbeitspakete geschnürt werden. Wer macht was? Die Prozess-Spezialisten brauchen Schulungen, sie müssen das System kennenlernen. Ein Projektplan muss her. Wie sieht das Projekt aus? Was passiert als nächstes? Das Kick-Off-Meeting wird einen ganzen Tag dauern, inklusive Kennenlernspielchen und Abendessen.

Alles muss geregelt sein bis dahin. Die Länge der Arbeitszeiten und wie die Leute ihre Zeiten buchen. Wie viele Leute sich ein Auto teilen. Wo und wie werden Dokumente abgelegt? Wie läuft die Qualitätskontrolle? Was muss bis wann fertig werden? Wo sitzen die Teams? Wie bequem sind die Stühle? Gibt es überhaupt genügend Stühle? Das Projekt ist eine Firma auf Zeit, für die Regeln definiert werden müssen. Zunächst geht es darum, dass alle Mitarbeiter an Bord sind. Siebzig Personen müssen identifiziert, geschult, mit Büros und Appartements versorgt werden. Die Ausländer werden untergebracht in Boarding Houses. Deren Einrichtung ist so, wie man sie sich weltweit „schwedisch" vorstellt. Da kann man sich fast zuhause fühlen, jedenfalls wirken die Zimmer nicht besonders irisch. Später müssen alle informiert werden, wo sie etwas zu essen bekommen und wo sie einkaufen können. Alles machbar. Ungewiss ist nur eines: Ob wirklich alle kommen. Die Prozess-Spezialisten im Projektstandort Cork sind nominiert, und man hat sich schon vor dem Kick-off kurz kennengelernt. Wegen diesem einen Viertel der Prozess-Spezialisten müssen sie sich keine Sorgen machen. Aber: Was kommt wohl von Mick ... werden die Prozess-Spezialisten aus Services erscheinen?

EIN MONTAG MITTE JANUAR, CORK. SIEBZIG LEUTE UND EIN KICK-OFF. Manjit lächelt. Sie lächelt, seit sie heute Morgen das Büro betreten hat.

„Was muss eigentlich passieren, um Dich aus der Ruhe zu bringen?", fragt Hajo und lässt seine Frage wie ein Kompliment klingen.

Bis zum nächsten Tag werden siebzig Leute in Cork eintreffen: Die deutschsprachigen IT-Berater mit den Morgenmaschinen aus Berlin und Graz, und die irischen Prozess-Spezialisten in eigenen Autos und Fahrgemeinschaften aus Dublin, Galway und Limerick. Siebzig Leute müssen ihren Mietwagen, das Werk, ihren Team-Manager und ihre neuen Kollegen finden. Und später den Supermarkt, das Appartement oder Hotel. Kaum einer der Festlandkollegen ist jemals Linksverkehr gefahren. Und draußen regnet es auch noch in Strömen. Hajos rechtes Augenlid zuckt ständig, und Christian, einer der IT-Manager, ist noch immer nicht da. Manjit klebt in aller Ruhe Hinweisschilder an Türen und bedient zwei dauerklingelnde Handys gleichzeitig.

Im Eingangsbereich des Werks, fleckig veloursbrauner Boden, verblasst-grünliche Textiltapete an den Wänden, haben die Haustechniker eine weiße Stoffbahn gespannt. Sie dient als Projektionsfläche für die Vorträge am nächsten Tag. Davor stehen knapp hundert Stühle aus der Kantine, in fast parallelen Schlangenlinienreihen. Die Vorbereitungen für das Kick-off-Meeting am nächsten Tag sind in vollem Gang. Christian ruft aufgeregt bei Manjit an: „Ein Kleintransporter hat mein Auto gerammt, an einer roten Ampel!" Manjit schickt einen Fahrer hin und den Abschleppdienst, routiniert und ruhig. Dann kommen die Berliner an. Sie haben mit ihren Mietwägen einen Konvoi gebildet. Der einzige Linksverkehr-Geübte unter ihnen ist voraus gefahren. „Meine Leute wissen sich zu helfen. Das fängt gut an", denkt Hajo erleichtert. Die IT-Kollegen kennen sich von der Umstellung der Maxxwell-Werke in Berlin, Aachen, Mannheim, Görlitz und Ammendorf. Sie sind ein Team wie Berliner Bouletten, für die bodenständige Zutaten sorgfältig verrührt und langsam gar gebraten werden – zwar nicht exquisit oder elegant, aber verlässlich sättigend.

Die Prozess-Manager aus den drei anderen irischen Werken werden am nächsten Morgen erwartet, rechtzeitig zum Beginn des Kick-off-Meetings. Insgesamt braucht Hajo fünfundzwanzig Iren für das Projekt. Fünfundzwanzig Unbekannte. Und erst fünfzehn Anmeldungen – fast alle aus Finance und Produktion. Bis zum Nachmittag versorgt Manjit die Berliner mit Terminplänen, Wegbeschreibungen und Schlüsseln. Bevor sie sich auf den Weg in ihre Appartements machen, holt Hajo alle in die Mensa, um den Ablauf des Meetings zu besprechen. Dry-run. Hajo, Nils und Manjit beratschlagen zusammen mit den ITlern aus Berlin und Graz, wer wo sitzen und welchem Team zugeordnet werden soll. Keiner von ihnen kennt die Iren, alle sind gespannt darauf, wer da so kommt, wie die Stimmung sein wird. Vielleicht optimistisch? Oder sogar euphorisch? Hajo zählt mit einem mulmigen Gefühl im Bauch immer wieder die wenigen Anmeldungen der Iren, und beginnt um sieben Uhr abends, sich echte Sorgen zu machen. Es wird spät. Um ein Uhr nachts fehlen immer noch die Anmeldungen von zehn Iren. Hajo geht um zwei Uhr schlafen und träumt von einem Fußballspiel, bei dem er der Torwart ist, aber nicht im Tor stehen darf. Er muss von der Tribüne aus zusehen, wie ein Ball nach dem anderen in sein Tor geht.

DIENSTAG. SCHLECHTE NACHRICHTEN. Der Tag fängt nicht gut an. Hajo lässt sich von Manjit die Übersicht über die Anmeldungen geben. Jeder einzelne nicht erschienene Ire lässt Hajo frösteln. Manjits Liste lässt darauf schließen, dass die fehlenden Leute aus Services stammen. Die große Frage ist: Waren sie nicht informiert oder hat Services nicht geliefert? Zuerst einmal bleibt ihm aber nichts anderes übrig, als den Startschuss für die große Show dieses Tages zu geben. Die Leute sitzen schon alle, scharren mit den Füßen und schlürfen dünnen Kaffee. Hajo führt ein, begrüßt und dankt dem Werkleiter. Der Werkleiter als Gastgeber begrüßt. Hajo schwört alle ein nach dem Motto „Wir sind ein Team". Die Business-Teamleiter präsentieren ihre Werke. Anschließend das Mittagessen: Pappige Sandwiches. Am Nachmittag stellt Hajo das Projekt vor. Worum es eigentlich geht, was erzielt werden soll, den Projektumfang, Zeitleisten, Meilensteine, und wie der Produktivstart laufen soll. Gibt es Fragen? Niemand traut sich, in der großen Runde zu zeigen, dass er keine Ahnung hat. Also keine Fragen. Es folgen ein paar Breakout-Sessions. Die verschiedenen Teams stellen sich vor, und beschnuppern sich für zwei Stunden. Die üblichen Kennenlernspielchen. Um vier Uhr ist Schluss, alle sind erschöpft.

Den Abschluss des Tages bildet ein gemeinsames Abendessen. Und nach einem Guinness sieht die Welt auch gleich ganz anders aus. Jetzt ist Zeit für wichtige Themen wie die Brotsituation in Irland: Der Supermarkt hält etwa achtzig Sorten Toast vor, aber keine einzige Sorte richtiges Brot. Beim nächsten Mal also mit Brotbackmischung eindecken. Ob das Projektbudget wohl eine Brotbackmaschine hergibt? Noch vor Einbruch der Dunkelheit brechen alle auf zu ihren Unterkünften. Hajo und Geraume fahren zusammen zurück zum Hotel. Und dann der Schock für Hajo: Geraume, Hajos engster Vertrauter und Lehrmeister, erzählt ihm, dass er die Firma verlassen wird in drei Monaten. Um sich seinem Privatleben zu widmen. Ein paar Straßenzüge lang befindet Hajo sich in

Schreckstarre, kann nicht denken. Schließlich überlegen sie gemeinsam, wer Hajo Rückendeckung geben kann. Sie kommen auf Enzo Bleyer. Für den nächsten Tag vereinbaren sie ein Notmeeting. Wegen der nicht erschienenen Prozess-Spezialisten aus Services.

Die Blueprint-Phase

Abb. 49: Die Projektphasen

Übersicht

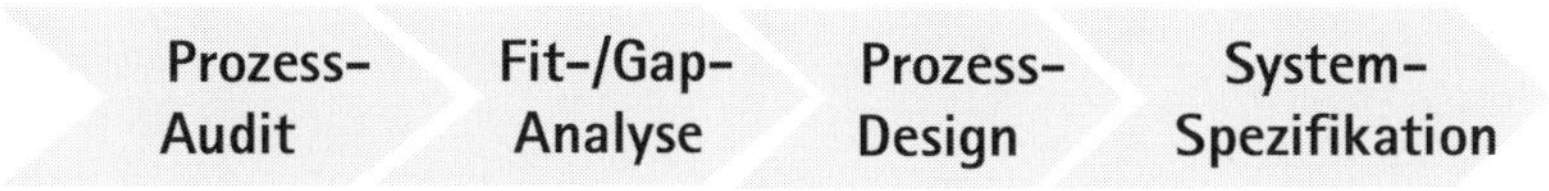

Prozess-Audit | Fit-/Gap-Analyse | Prozess-Design | System-Spezifikation

Abb. 50: Projektphase Blueprint

Die Blueprint-Phase hat die Schwerpunkte Analyse und Design. Nach dem Durchspielen der Soll-Prozesse und der Soll-Lösung werden Abweichungen zum Ist-Zustand dokumentiert und Maßnahmen vereinbart, wie diese Abweichungen angeglichen werden können.

Prozess-Audit: Die Feststellung des Status Quo

Nachdem die Infrastruktur steht, das Team mobilisiert ist und die Schulungen der Key User abgeschlossen sind, kann die eigentliche Arbeit im Projekt beginnen.
Am Anfang der inhaltlichen Arbeit ist es wichtig, ein sauberes Verständnis der Ist-Situation von Geschäftsabläufen, Organisationen und Zuständigkeiten zu erhalten.

Prozess-Workshops: Warum sie sinnvoll sind

Eine bewährte Methode, die nicht zu viel Aufwand verursacht, ist das Analysieren der Passgenauigkeit der Soll-Lösung anhand von Prozess-Workshops. Im Vorfeld dieser Workshops muss festgelegt sein, für welche Prozesse eine vollständige Passgenauigkeit erzielt werden muss und für welche nicht. Idealerweise ist dies bereits in der Phase der Template-Definition erfolgt.

Beispiel: Harmonisierung von Prozessen

Typischerweise gibt es ein hohes Interesse, alle Finanzprozesse im Unternehmen zu harmonisieren. Nach welchen Regeln und Abläufen ein Lager geführt wird, dürfte dagegen von untergeordnetem Interesse und daher eher kein Kandidat für eine Harmonisierung sein.

In diesen Workshops wird jeder Prozess anhand eines Prozessfluss-Diagramms mit den relevanten Prozess-Spezialisten aus den Geschäftsbereichen durchgesprochen. Alle relevanten Soll-Ist-Abweichungen werden dabei identifiziert, klassifiziert und detailliert protokolliert. Außerdem werden geeignete Maßnahmen mit Zuständigkeiten vereinbart, um die Ist-Prozesse möglichst deckungsgleich an die Soll-Prozesse anzupassen. Das Gleiche gilt für Organisation und Zuständigkeiten. Die Bedeutung der richtigen Auswahl der Prozess-Spezialisten wird hier zum ersten Mal deutlich. Jede nicht erkannte Soll-Ist-Abweichung wird Ihnen später im Projekt signifikanten Mehraufwand verursachen.

Identifizierter Änderungsbedarf

Die Maßnahmen zur Erreichung der Soll-Situation, die dabei definiert werden, lassen sich üblicherweise in folgende Gruppen unterteilen:

- Kommunikation an Endanwender
- Endanwender-Schulung
- Änderung Geschäftsprozess
- Änderung Organisation
- Änderung Stellenbeschreibung

All diese Änderungen sind für ein großes Unternehmen mit vielen Mitarbeitern „starker Tobak“, da hieran viele Abteilungen beteiligt sein können und von daher ein hoher Abstimmungsaufwand notwendig sein kann. Es wäre daher falsch, die Prozess-Spezialisten mit der Einführung der Änderungen allein zu lassen, da sie damit ohne die Unterstützung ihrer Vorgesetzten meist überfordert sind. Stattdessen ist es sinnvoll, die identifizierten Änderungen erst einmal dem Lenkungsausschuss zwecks Prüfung und Genehmigung vorzulegen. Ist die Genehmigung erteilt worden, muss es das Ziel sein, das mittlere Management möglichst bald „an Bord zu holen“, da eine Implementierung ansonsten von Anfang an zum Scheitern verurteilt ist. Dabei spielen klare, unterstützende Botschaften des Lenkungsausschusses eine nicht zu unterschätzende Rolle.

Sind die identifizierten Veränderungsbedarfe mit den relevanten Vorgesetzten abgestimmt und eventuelle Widerstände durch Argumentation oder unterstützende Kommunikation von Lenkungskreismitgliedern aufgelöst, so kann mit der Detailausarbeitung der Veränderungen begonnen werden. In vielen Fällen macht eine Implementierung der Änderungen nur Sinn im direkten zeitlichen Zusammenhang mit der System-Einführung, da das bisherige System die neuen Abläufe häufig nicht ohne umfangreichen Änderungsaufwand unterstützt. Die eigentliche Einführung wird daher erst zum Ende der Realisierungsphase mit dem Produktivstart erfolgen.

Die Fit-/Gap-Analyse: Was passt, was passt nicht?

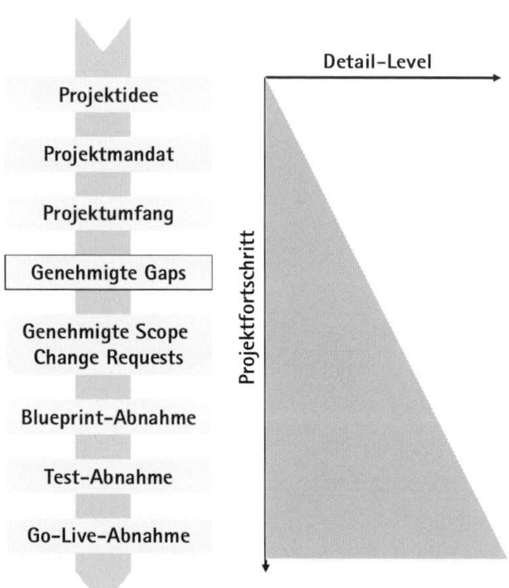

Abb. 51: Entwicklung der Business Anforderungen während des Projekts

In der nächsten Phase wird die Soll-Ist-Passgenauigkeit der Prozesse auf der Systemebene abgeglichen. Die Vorarbeit im Prozess-Audit bietet hierfür einen guten Startpunkt, da mit ihr sichergestellt ist, dass sowohl auf der Seite der Geschäftsbereiche als auch auf Seiten des Projekts verstanden wurde, welche Soll-Ist-Abweichungen im Projektumfeld vorhanden sind.

Wie Gaps identifiziert werden

In dedizierten Workshops werden nun die relevanten Prozesse am SAP-System durchgegangen. Dabei wird besonders auf Prozessschritte geachtet, bei denen die Funktionalität der neuen ERP-Lösung deutlich von der des Alt-Systems abweicht. Diese werden als so genannte „Gaps" bezeichnet. Hier ist dann jeweils kritisch zu prüfen, inwieweit ein solcher Unterschied im Interesse der Template-Integrität von den Geschäftsbereichen hingenommen werden muss bzw. in welchen Bereichen durch andere Rahmenbedingungen, wie z. B. gesetzliche Vorschriften, eine Anpassung der ERP-Lösung erforderlich wird. Diese punktuellen Anpassungen werden „Lokalisierungselemente" genannt. In vielen Fällen gibt es hier keine eindeutige Sachlage, die eine Anpassung des Systems zwingend erforderlich macht. Vielmehr ist in den meisten Fällen unternehmerisch abzuwägen, wie viel Einsparungen sich im täglichen Betrieb durch eine Veränderung der ERP-Lösung realisieren lassen.

Warum Lokalisierungselemente genehmigt werden sollten

Alle diese Änderungen bedeuten zusätzlichen Aufwand im Bereich Spezifikation, Realisierung, Test, Schulung und Dokumentation. Dieser Aufwand muss im Puffer, den Sie sich als Projektmanager während des Scoping-Prozesses zurückgelegt haben, vorhanden sein. Deswegen muss die Überführung eines Gaps in ein Lokalisierungselement von Ihnen als Projektleiter genehmigt werden. Lokalisierungselemente werden im internationalen Umfeld unter dem Akronym RICEF (**R**eport, **I**nterface, **C**onversion, **E**nhancement, **F**orm) zusammengefasst. Nachdem alle Prozess-Workshops beendet, alle Gaps identifiziert und alle Lokalisierungselemente genehmigt oder abgelehnt worden sind, beginnt die Spezifikationsphase des Blueprint.

Das V-Modell: Spezifikation der Neuprogrammierung

In der Spezifikationsphase werden alle benötigten RICEFs hinsichtlich ihrer Funktionalität und der technischen Realisierung spezifiziert. Hierbei wird üblicherweise das industrieübliche V-Modell eingesetzt. Dieses Modell ist eine abstrakte, umfassende Projektmanagement-Struktur für die IT-Systementwicklung. Sein Name bezieht sich auf die V-förmige Darstellung der Projektelemente wie Spezifikationen und Tests, gegliedert nach ihrer groben zeitlichen Position und ihrer Detailtiefe (siehe Abbildung). Die Idee zum V-förmigen Vorgehen entwickelte Barry Boehm bereits 1979.

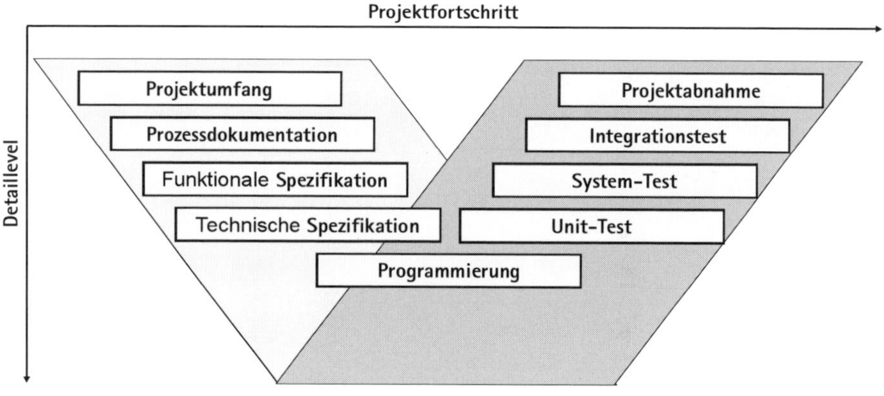

Abb. 52: Das V-Modell

Wie das V-Modell funktioniert

Ausgehend vom vereinbarten Projektumfang wird als nächstes in der Analysephase des Blueprint die Prozess-Dokumentation in dedizierten Workshops überarbeitet. Daraus leiten sich Lokalisierungselemente ab, die funktional und technisch spezifiziert werden müssen. Anschließend werden diese von den Vertretern der Geschäftsbereiche auf Richtigkeit überprüft und genehmigt, bevor sie umgesetzt, d.h. programmiert bzw. konfiguriert werden können. Anschließend folgen verschiedene Formen von Tests, die wir in der Realisierungsphase noch näher behandeln werden, bis es schlussendlich zur Projektabnahme kommen kann.

Warum sich Ordnung in den Spezifikationen lohnt

Je höher der Druck im Projekt wird, desto eher werden Ihre Projektmitarbeiter versucht sein, auf umfangreiche Spezifikationen zu verzichten und direkt vor Ort mit den Programmierern zusammenzuarbeiten. An direkter Kommunikation ist prinzipiell natürlich nichts auszusetzen, es gilt dabei allerdings folgendes zu bedenken:

- Wenn die Anforderungen an ein RICEF nicht detailliert und schriftlich spezifiziert worden sind, woher wollen Sie in der Testphase wissen, ob es funktioniert oder nicht?
- Wie wollen Sie sicherstellen, dass die Programmierer wirklich nur den genehmigten Scope umsetzen und nicht aus Gefälligkeit noch ein wenig mehr „Sonderlocken" umsetzen?
- Wie soll der Know-how-Transfer an die Support-Mannschaft effizient erfolgen, wenn neue entwickelte Programme nicht detailliert spezifiziert worden sind?

Tipp: **Trennen Sie die Programmierer vom Rest des Teams**

Um sicherzustellen, dass neue RICEFs angemessen dokumentiert werden, kann es aus Sicht der Projektleitung sinnvoll sein, das Programmierteam räumlich vom Rest des Projektes zu trennen. Auf jeden Fall sollte organisatorisch sichergestellt werden, dass keine Prozess-Spezialisten oder andere Vertreter der Geschäftsbereiche direkt mit Programmieren kommunizieren können, zumindest nicht ohne Anwesenheit des technischen Team Managers. Eine schleichende Aufweichung des Projektumfangs könnte sonst die Folge sein.

Nutzen Sie außerdem Ihr Integrations- und QA-Team, um sicherzustellen, dass für jedes neue RICEF detaillierte und vom Geschäftsbereich genehmigte Spezifikationen vorliegen.

Rollen und Berechtigungen

Im Kontext von ERP-Systemen wird der Begriff „Rolle" als idealisierte Abbildung einer realen Position, wie z. B. „Einkäufer" oder „Controller", benutzt. Eine Rolle gruppiert also alle Tätigkeiten, die ein Mitarbeiter, der eine solche Stelle innehat, typischerweise ausführt. Dies steuert die Zuordnung der relevanten Transaktionsberechtigungen, die ein Mitarbeiter erhält.

Beispiel: Transaktionsberechtigungen

So darf ein „Einkäufer" z. B. Bestellungen anlegen, aber keine Produktionsaufträge zurückmelden. Ein „Controller" darf Berichte über Finanzkennzahlen aufrufen, aber er darf keine Kundenstammdaten verändern.

Welche System-Rollen existieren?

Die Verifizierung von existierenden System-Rollen ist Teil der Ergebnisse des Blueprint. Auch hier empfiehlt es sich in dedizierten Workshops zu überprüfen, welche Rollen, die im Template festgelegt sind, direkt übernommen werden können und welche angepasst werden müssen. Hierbei sollte im Interesse einer möglichst einfachen Systemwartung darauf geachtet werden, dass so viel wie möglich auf Standard-Rollen zurückgegriffen wird. Die Rolle soll des Weiteren sicherstellen, dass Unternehmensprozesse nicht missbraucht werden. So darf ein „Einkäufer“ zwar eine Bestellung anlegen, aber er darf dazu keinen Wareneingang buchen oder eine Lieferantenrechnung bezahlen (Vier-Augen-Prinzip). Diese Absicherung bei der Rollendefinition wird auch als Prozesskontrolle bezeichnet. Bisher wurden solche Kontrollen von Wirtschaftsprüfungsunternehmen als Best Practice vorgegeben.

Weshalb SOX entscheidend für Ihr ERP-Projekt sein kann

Seit 2002 haben sich die Regelungen für Prozesskontrollen für Unternehmen, die an Börsen in den USA oder Kanada gelistet sind, und deren Tochterunternehmen, drastisch verschärft. Der Grund für die Verschärfung ist die Verabschiedung des Sarbanes-Oxley Act (SOX).

SOX ist ein US-Gesetz zur Verbesserung der Unternehmensberichterstattung infolge der Bilanzskandale von Unternehmen wie Enron oder Worldcom. Benannt wurde es nach seinen Verfassern, dem Senator Paul S. Sarbanes und dem Abgeordneten Michael Oxley. Ziel des Gesetzes ist es, das Vertrauen der Anleger in die Richtigkeit der veröffentlichten Finanzdaten von Unternehmen wiederherzustellen. Im Kontext von ERP-Einführungen ist erwähnenswert, dass infolge von SOX alle Unternehmensprozesse beschrieben werden müssen, in denen Zahlen für die Finanzberichterstattung entstehen. Diese müssen mit Kontrollen hinterlegt werden, die das Risiko eines falschen Bilanzausweises minimieren sollen. In der Anfangsphase der Gültigkeit des Gesetzes wurden mit Rücksicht auf die Umsetzbarkeit vornehmlich organisatorische Prozesskontrollen etabliert, die keinen Einfluss auf die ERP-Systeme hatten.

Seit 2005 ist der Industrietrend zu beobachten, die Prozesskontrollen in den ERP-Systemen zu implementieren, um eine höhere Prozesssicherheit zu gewährleisten.
Diese Entwicklung verursacht auch in heutigen ERP-Projekten mitunter noch einen drastischen Änderungsaufwand. Daher muss bei der Planung des Projekts dringend berücksichtigt werden, ob das ERP-Template bereits die strengen SOX-Richtlinien erfüllt oder nicht. Ebenfalls ist zu prüfen, ob das Geschäftsumfeld, in dem die ERP-Lösung implementiert wird, bereits SOX-konform ist.

Scope Change Management: Richtiger Umgang mit Änderungen

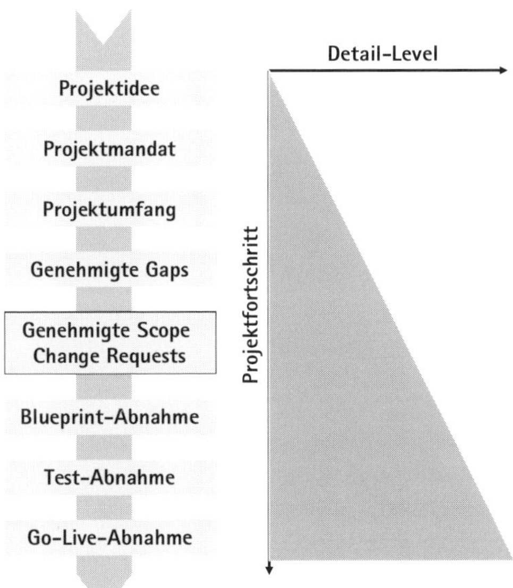

Abb. 53: Entwicklung der Business Anforderungen während des Projekts

Im Laufe des Blueprint und auch in der darauf folgenden Realisierungsphase nimmt naturgemäß die Erkenntnislage hinsichtlich der Passgenauigkeit der ERP-Lösung mit der vorliegenden Ist-Umgebung stetig zu. Daraus resultieren potenzielle Änderungswünsche der Geschäftsbereiche, die z. B. eine punktuelle Erweiterung des Projektumfangs oder eine Veränderung der Funktionsweise eines bestimmten Bereichs der ERP-Lösung betreffen. Alle diese Elemente, die nach Abschluss der Fit-/Gap-Analyse auftauchen und das Potenzial haben

- das Projektbudget,
- die Zeitleiste oder
- das Projektrisiko

zu verändern, werden im internationalen Umfeld als „Scope Change Requests" bezeichnet.

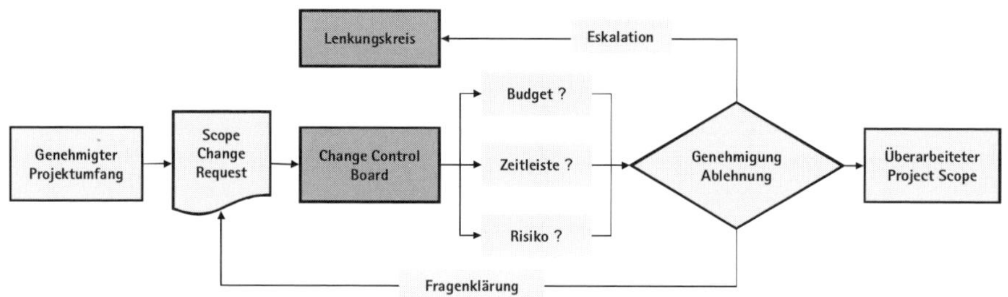

Abb. 54: Der Scope Change Management Prozess

Dieser Prozess ist definitiv einer der wichtigsten auf Ihrem Projekt und muss unbedingt funktionieren, wenn Sie Ihr Projektbudget einhalten wollen. Dabei kommt es im Wesentlichen darauf an, dass alle Veränderungsanforderungen dokumentiert und sichtbar gemacht werden. Dies gilt für die kleine Erweiterung, die der Prozess-Spezialist mit dem IT-Kollegen ausheckt genauso, wie für die umfangreiche Änderung am Migrationskonzept infolge eines Workshops, der viele neue Erkenntnisse gebracht hat. Der Prozess muss fest in den Köpfen aller Projektmitarbeiter verankert sein. Bewährt hat sich die Einführung eines Change Control Boards, eines Gremiums, in dem die Scope Change Requests wöchentlich behandelt und entschieden werden.

Es bietet sich an, das Integrationsteam für die Moderation dieses Boards zu nutzen. Mitglieder in diesem Gremium sollten sein:

- Projektleitung
- Projektcontroller
- Relevante Prozessmanager
- Relevante Fachteam-Manager
- Manager Technik

Die Entscheidungen werden natürlich in letzter Instanz von Ihnen als Projektleiter getroffen, sollten aber idealerweise von den anderen Mitgliedern hinsichtlich der bereits angesprochenen unternehmerischen Abwägung unterstützt werden. Falls dies nicht möglich ist, so muss der Lenkungskreis als Eskalationsinstanz angerufen werden.

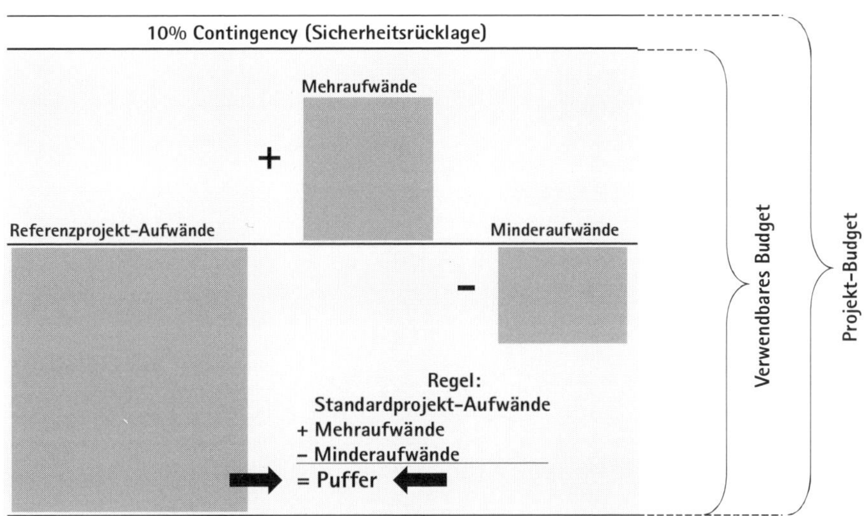

Abb. 55: Scoping, Puffer und Scope Change Management

Dabei ist natürlich zu beachten, dass der zusätzliche Aufwand zur Realisierung eines Scope Change Request immer durch den Puffer Ihres Projektes abgedeckt werden muss. Es ist die Aufgabe Ihres Controllers sicherzustellen, dass Sie einen guten Überblick darüber haben, was noch abgedeckt ist und was nicht. Keinesfalls sollten Scope Change Requests dazu führen, die Projekt Contingency anzutasten.

Die Abnahme des Blueprint

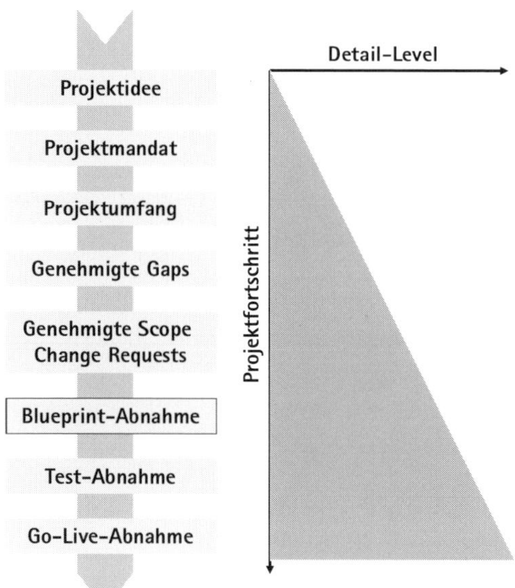

Abb. 56: Entwicklung der Business-Anforderungen während des Projekts

Nach Abschluss der Analyse- und Designphase ist es wichtig, die geleistete Arbeit des Teams zu würdigen und sicherzustellen, dass die Ergebnisse dieser Projektphase den Erwartungen des Auftraggebers, also des Lenkungskreises entsprechen.
Daher bietet sich gegen Ende dieser Phase eine formale Abnahmeveranstaltung an.

Der Abnahme-Workshop

In diesem Workshop werden dem Auditorium alle wesentlichen Prozessveränderungen sowie Lokalisierungselemente und Scope Change Requests, die während des Blueprints genehmigt worden sind, präsentiert. Fragen des Lenkungskreises werden geklärt. Zum Abschluss der Veranstaltung erteilt das Gremium auf Antrag der Projektleitung entweder seine Zustimmung zum Blueprint, oder fordert bestimmte Nacharbeiten. Wenn Nacharbeiten nötig sind, wird ein weiterer Termin fällig, in dem dann hoffentlich die Genehmigung ausgesprochen werden kann.

Zwischendurch: Dank an das Team

Mit Erreichung dieses Meilensteins hat Ihr Team bereits einen ansehnlichen Teil des Weges zum erfolgreichen Projektabschluss zurückgelegt. Dafür sollten Sie sich erkenntlich zeigen. Vielleicht ist eine kleine Ansprache keine schlechte Idee, in der Sie Ihren Dank zum Ausdruck bringen. Eventuell ist ein Vertreter des Lenkungsausschusses verfügbar, der ein paar nette Worte für das Team findet. Die positive Wirkung solcher Ansprachen auf die Motivation des Teams sollten Sie keinesfalls unterschätzen. Ein kleiner Team-Event könnte ebenfalls eine gute Idee sein und sich außerdem positiv auf das Team-Building auswirken.

Tipp: Nehmen Sie sich Zeit für die Stakeholder!

Spätestens jetzt ist es Zeit für eine neue Runde Stakeholder-Management. Frei nach dem Motto „Tue Gutes und rede darüber" sollten Sie anlässlich der erteilten Abnahme mit den wesentlichen Stakeholdern Kontakt aufnehmen, um sie darüber zu informieren und damit auf Tuchfühlung zu gehen. So erfahren Sie, ob und wie sich die geschäftliche Großwetterlage verändert hat.

MITTWOCH. DER TAG NACH DEM KICK-OFF. Hajo ist müde, und er steht vor echten Problemen. Er holt zwei Tassen dünnen irischen Kaffee aus der Maschine, bei der sich heute Morgen schon Schlangen bilden. Und geht damit zu Geraume. „Geraume, wo sind die Leute aus Services?"

„Ich habe Mick erreicht heute Morgen. Sie haben niemanden für uns. Ich gehe mal davon aus, dass er auch niemanden budgetiert hat ..."

„WAS? Nicht EINEN Mitarbeiter für uns? Und das nach all den Diskussionen im Lenkungsausschuss?" Hajo ist fassungslos.

„Ja." Geraume dehnt das Wort, lehnt sich zurück und verschränkt die Hände hinter dem Kopf. „Bei ihm geht es drunter und drüber. Ich schätze, er hat ganz andere Prioritäten. Und Angst, dass er mit dem neuen System transparenter wird. Dann kommt ans Licht, dass er riskant agiert. Ich vermute, die haben in manchen Projekten rote Zahlen, und das konnte er bisher kaschieren."

„Er hat also Angst um seinen Job!" Hajo spürt, wie Wut in ihm hochsteigt. Das Telefon klingelt, Geraume hebt ab, sagt ein paarmal Ja, legt auf und wendet sich wieder Hajo zu.

„Hajo, was passiert denn, wenn die nicht kommen? Erklär mir nochmal, warum sind Prozess-Spezialisten so wichtig für den Blueprint?"

„Ok. Eigentlich ist alles ganz einfach. Auf der einen Seite stehen die Geschäftsabläufe, wie sie mit SAP später aussehen sollen. Auf der anderen die bisherigen. Passt etwas zusammen, bekommt es den Stempel „Fit" aufgedrückt. Passt etwas nicht, entsteht eine Lücke, der „Gap". Um die Gaps zu erkennen, muss man aber genau wissen, wie die Abläufe sind. Deshalb müssen wir die Spezialisten unbedingt richtig auswählen, denn nur sie wissen, wie es bei ihnen aussieht."

„Ok, ich verstehe. Und weiter?"

„Wenn man die Lücken kennt, gibt es wieder zwei Möglichkeiten, damit umzugehen. Entweder das neue System an die Geschäftsprozesse anpassen. Oder die Prozesse an das neue System anpassen. Das Problem: Beides kostet Geld. Entweder für die Programmierung oder für Mitarbeiterschulung oder gar für zusätzliche Mitarbeiter. Die These für dieses Projekt lautet jedenfalls „Alles passt." Denn Irland kann nicht so viel anders sein als Österreich oder Deutschland. Es werden also wenige Gaps erwartet. Diese werden nach ihrer Tragweite als „minor", „medium" oder „major issue" klassifiziert. Im Ernstfall wird ein Gap zum „Showstopper". Das wäre das schlimmste anzunehmende Ergebnis.

Mit einem solchen Showstopper wird der Blueprint wahrscheinlich nicht abgenommen. Und dazu gehört auch ewig dieser Streit mit den Geschäftsbereichen, welche Lücken wirklich geschlossen werden müssen. Die haben ja immer das Druckmittel, den Blueprint nicht abzunehmen. Deshalb brauchen wir die Prozess-Spezialisten und damit einen guten Draht in die Geschäftsbereiche."

Geraume atmet einmal tief durch und sieht Hajo besorgt an. „Hajo, Du brauchst einen Ersatz für mich, der Dir im Business den Rücken frei hält. Du musst das im Lenkungsausschuss durchsetzen."

Hajo nippt an seinem Kaffee und in diesem Moment wird ihm klar, dass Geraume praktisch weg ist. Eigentlich schon weg war seit dem Moment, in dem er den Auflösungsvertrag unterschrieben hat.

Geraume fährt fort. „Kennst Du eigentlich die Geschichte vom CEO und dem Umschlag?"

Hajo wirft ihm einen auffordernden Blick zu.

„Ein CEO wird gefeuert. Er hinterlässt seinem Nachfolger drei Umschläge. Immer wenn dieser auf unüberwindliche Probleme stößt, soll er einen Umschlag öffnen. Nach einem Jahr ist es so weit und er liest die Botschaft im ersten Umschlag: „Schieb' die Schuld auf deinen Vorgänger!" Nach einem weiteren Jahr voller Probleme öffnet er den zweiten Umschlag, in dem geschrieben steht: „Schieb' die Schuld auf die Wirtschaftslage und die schwierigen Kunden." Wieder ein Jahr später ist es Zeit für den dritten Umschlag. Darin liest er Folgendes: „Verehrter Kollege. Nun ist für Dich der Zeitpunkt gekommen, drei Umschläge zu schreiben."

„Danke, Geraume. Das baut mich wirklich auf." Hajo ist voller Sorge. „Gerade jetzt. Ich brauche Dich hier. Warum kommen Katastrophen nur immer so gehäuft? Wie soll ich denn überhaupt jemanden finden, der Dich ersetzen kann? Bis der eingearbeitet ist, habe ich den Job längst selbst gemacht."

MITTE FEBRUAR, CORK. PROBLEME BEKÄMPFEN. Hajo bekommt keinen Termin mit Mick. Er zählt Mick öffentlich an in der nächsten Sitzung des Lenkungsausschusses. Mit einer Präsentation, die an alle Mitglieder verteilt wird. Mick fühlt sich an die Wand gestellt, wird unsachlich, zweifelt Hajos Kompetenz an. Enzo Bleyer nimmt telefonisch teil, und ist kaum zu verstehen – was nur zum Teil an der schlechten Leitung liegt, sondern auch an seinen mittelmäßigen Englischkenntnissen. Hajos Vorstoß bringt nichts außer schlechter Stimmung.

Hajo erreicht Geraume, der sich eine Woche frei genommen hat und zu Hause geblieben ist, auf dem Handy. Geraume hat wie immer eine Erklärung. „In Irland werden unterschiedliche Standpunkte unter vier Augen geklärt. Dann führt jeder öffentlich im Lenkungsausschuss seine Choreographie auf und am Ende kommt das heraus, was vorher besprochen worden war." Nach einer kurzen Denkpause fährt er fort. „Kannst Du nicht Enzo stärker einbinden, damit er Dir dort den Rücken stärkt?"

„Enzo? Den nimmt doch keiner Ernst, der war ja auch noch nie da." entgegnet Hajo.

Kurz darauf geschieht etwas Überraschendes: Ein paar Prozess-Spezialisten von Services kommen. Allerdings merkt man schnell, das sind Leute, die nicht wegen ihrer Kompetenz ausgewählt wurden, sondern weil sie entbehrlich waren. Ihnen fehlen der Überblick und das Verständnis für neue Prozesse. Selbst wenn sie wollten, könnten sie gar keine Entscheidungen treffen.

ENDE FEBRUAR. HAJO WILL EINEN NACHFOLGER FÜR GERAUME. Nach Geraumes Kündigung wird halbherzig nach einem Ersatz gesucht. Es ist schwer, einen Nachfolger zu finden, weil niemand aus dieser Liga verfügbar ist. Hajo weiß, dass manche im Lenkungsausschuss denken, er könne doch Geraumes Job übernehmen. Er ist gefangen zwischen dem Antrieb, genau das zu tun, und der Ahnung, dass es falsch wäre. Er ruft Tiberius Mons an. Der beleuchtet den Kontrast zwischen Hajos Ehrgeiz und der Unmöglichkeit der Aufgabe. Und wie könnte ein Business-Projektmanager aus der IT kommen? Nach kurzer und lustloser Suche des Lenkungsausschusses übernimmt Hajo schließlich gezwungenermaßen den Job und wird zum IT- und Business-Projektmanager ernannt.

MÄRZ, APRIL. FAULE KOMPROMISSE IN DER TEAMSTRUKTUR. SAP funktioniert nach Modulen. Es gibt Module für Materialwirtschaft, Produktion, Vertrieb und Finanzen. Eigentlich bräuchte es also Modulexperten. Die Prozess-Spezialisten aus den Werken sind aber keine Modulexperten. Und schon gar nicht die aus Services. Ihr breites Wissen verläuft quer zur SAP-Funktionalität. Finance braucht dennoch nur eineinhalb Wochen, um festzustellen, dass nur einige wenige Lücken im SAP-Template vorhanden sind, die sich jedoch schließen lassen. Und zwar mit Hilfe der Extrafunktionen, die Marvin schon zu Beginn verhandelt hatte. Produktion läuft ähnlich gut. Die SAP-Systematik scheint hier gut zu passen. Für Services sind noch immer nicht genügend Mitarbeiter da. Mit den wenigen Leuten kann Hajo aber nicht für jeden Standort und jede Funktion jemanden im Projekt haben. Dann trifft Hajo eine Entscheidung völlig gegen seine Erfahrung und seine Einschätzung. Die wenigen Mitarbeiter aus Services müssen mehrere Bereiche und Standorte abdecken. Hajo ist überhaupt nicht wohl dabei. Dann erhärtet sich die Vermutung, dass die Services-Standorte untereinander im Wettbewerb stehen. Der eine weiß nicht, was der andere macht, und schlimmer noch – man mag sich nicht besonders. Die Arbeit am Blueprint verzögert sich. Die Kollegen arbeiten bis spät nachts. Aber sogar nach drei Wochen sind sie nicht durch. Dann zeigt sich, dass nichts passt. Die Anzahl der Lücken macht deutlich, dass die Anfangsannahme einfach nicht stimmt, die Abläufe würden schon so sein wie im Rest der Organisation. Bei Services herrscht schlechte Stimmung: Andrew und Mick lassen mehrmals durchblicken, dass ihrer Meinung nach SAP nicht zu ihnen passt. Und dann ist es irgendwann soweit. Der Blueprint soll abgenommen werden.

ENDE APRIL. DER BLUEPRINT SCHEITERT. Alle kommen in Cork zusammen für ein paar Tage. Sämtliche Prozess-Spezialisten und ihre Chefs aus den Geschäftsbereichen. Vertreter der einzelnen Teams präsentieren den Abnahmegremien ihre Konzepte. Wird der Blueprint abgenommen? Oder nicht? Alles ist offen, das Projekt kann noch immer kippen. Die Geschäftsbereiche spielen ihr Druckmittel aus. Damit sie die zugesicherten Einsparungen wahr machen können, brauchen sie die technische Unterstützung durch das SAP-System. Und wenn das der SAP-Standard nicht bringt, braucht es eben Extrafunktionen. Sie drohen mit Showstoppern. Es kommt so, wie es kommen musste. Finance und Produktion werden abgenommen – und gehen plangemäß über in die Realisierungsphase. Aber die Abnahme des Blueprint für Services scheitert. Andrew beharrt auf seinen Maximalforderungen, wie zum Beispiel der vollständigen Ablösung seiner Wartungssoftware. Das Projektteam um Services muss weiter machen und Hajo sieht die Kosten entgleiten – von der Zeitplanung ganz zu schweigen.

Er ruft Tiberius Mons an. „Jetzt habe ich wirklich ein Problem. Der Blueprint ist nicht abgenommen. Natürlich von Services. Andrew hat ihn platzen lassen, und das bedeutet weiterer Verzug. Und damit kommen zusätzliche Kosten auf uns zu. Wir schlittern in ein gewaltiges Budgetproblem!" Hajos Stimme ist lauter, als er beabsichtigt hatte. „Mick Earl fragt jetzt, warum das nicht vorher eskaliert wurde, warum ihm das nicht vorher bekannt war. Er weiß natürlich, dass das auf seine Kappe geht. Der spielt die politische Karte. Mick stellt sich doof."

Tiberius hat aufmerksam zugehört. „Hajo, was könnte Ihnen denn in dieser Situation helfen?"

„Andrew muss weg. Wir brauchen jemanden, der Micks Vertrauen genießt und das große Ganze sieht."

„Was können Sie dafür tun?"

„Weiß nicht ... Alleine schaffe ich das nicht."

„Gut. Wer kann Sie denn unterstützen?"

„Ich sollte mit Marvin und Ian sprechen, damit die Druck auf Mick ausüben. Hinter den Kulissen. Die müssen doch verstehen, dass wir alle im selben Boot sitzen ..."

ANFANG MAI. ANDREW MCGEORGE WIRD ABGEZOGEN. Kurz darauf macht Mick seine rechte Hand Andy Boots, der sein volles Vertrauen genießt, zum Prozessmanager für Services. Allerdings nicht ohne schlechten Beigeschmack. Mick hat sein Gesicht verloren und zwischen ihm und Hajo herrscht nun ein frostiges Klima – was auch auf Andy Boots abfärbt. Dessen Grundhaltung lässt sich schlicht nur als feindlich bezeichnen. Hajo verändert seine Strategie. Ihm fallen Geraumes Worte wieder ein: „Deinen Freunden sei nah, Deinen Feinden sei näher". Er berät sich vermehrt mit Andy Boots. Sie beginnen, einander zu respektieren und allmählich entwickelt sich so etwas wie Vertrauen. Von diesem Moment an läuft es in Services. Die benötigten Prozess-Spezialisten aus Services werden nun auf einmal doch freigestellt, nachdem Andy sich von ihrer Notwendigkeit überzeugt hat. Dann nochmal eine Abnahme des Blueprint und schließlich die Lösung: Man schafft nicht – wie von Andrew zuvor gefordert – die externe Wartungssoftware ab. Stattdessen soll eine schlanke Schnittstelle gebaut werden. Das passt ins Budget. Damit ist der Blueprint gerettet. Es ist Mitte Juni.

Die Realisierungsphase

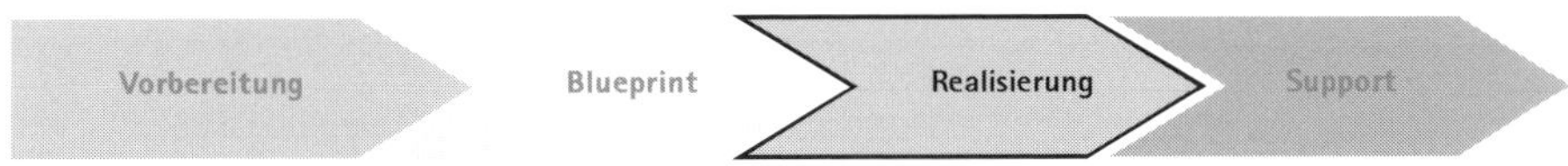

Abb. 57: Projektphasen

Übersicht

Abb. 58: Projektphase Realisierung

In der Realisierungsphase werden die Erkenntnisse des Blueprint umgesetzt. Neue Geschäftsabläufe werden implementiert und Erweiterungen der ERP-Lösungen werden entwickelt. Nach erfolgreichem Test werden diese geschult. Am Ende der Realisierungsphase steht der Produktivstart.
Diese Projektphase hat einen grundlegend anderen Charakter als alle Phasen zuvor. Aus Theorie wird nun Praxis. Alles wird sehr viel anschaulicher. Lösungen, die verstanden geglaubt waren, werden wieder hinterfragt und neue Probleme werden identifiziert. Die praktische Arbeit am System bringt stetig weitere Erkenntnisse und lässt bereits genehmigte Veränderungen obsolet werden. Im Allgemeinen werden die Diskussionen in dieser Phase sehr viel detaillierter und die Prozessdimension tritt in den Hintergrund, trotz aller anders lautenden Vorsätze.

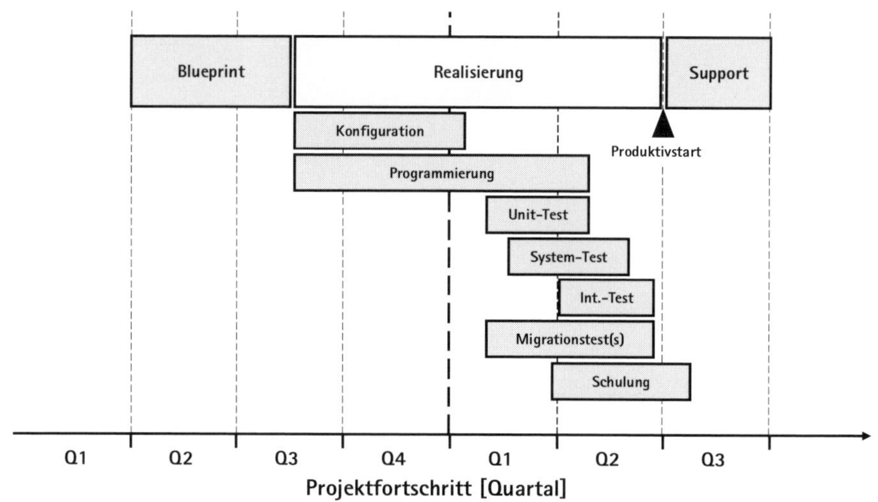

Abb. 59: Typische Aktivitäten der Realisierung

Ein weiteres Merkmal der Realisierungsphase ist das hohe Maß an parallelen Aktivitäten je näher der Produktivstart kommt, wie es in der Graphik oben verdeutlicht wird. Nachdem die Key User zu Anfang der Realisierung regelmäßig über Unterauslastung klagen, weil die Kollegen von der IT das System konfigurieren bzw. die Programmierung umsetzen und sich daher nicht ausreichend mit ihnen beschäftigen können, verändert sich deren Auslastung gegen Ende der Realisierung dramatisch. Gegen Ende der Realisierung müssen die Key User sowohl den System-Test als auch den Migrationstest und die Schulung der Endanwender unterstützen. Dies führt in schöner Regelmäßigkeit zu Überforderung und personellen Engpässen. Spätestens hier rächt es sich, wenn von den Geschäftsbereichen zu wenig Prozess-Spezialisten abgestellt worden sind, sei es, weil das Projekt zu wenig angefordert hat oder weil nicht mehr zur Verfügung standen. In Ausnahmefällen können die IT-Kollegen unterstützen. Das ist jedoch immer nur die zweitbeste Lösung.

Prozessanpassung und die Rolle von Change Management

Die Rolle des Change Management im Kontext von Business Change Projekten ist umgeben von vielen Mythen und Missverständnissen. Dieses Kapitel versucht, Ihnen ein konsistentes Modell für den Einsatz von Change Management Kompetenzen in ERP-Projekten aufzuzeigen.
Abb. 60: Tätigkeitsfelder im Change Management

Zunächst gilt es, ein zentrales Missverständnis klarzustellen: Change Management wird häufig als ein Bereich beschrieben, in dem viele Soft Skills, wie z. B. Empathie, erforderlich sind. Dies mag prinzipiell richtig sein, bedeutet im Umkehrschluss aber nicht, dass Hard Skills nicht benötigt werden. Die verschiedenen Arbeitsfelder des Change Management lassen sich ausgehend von den benötigten Methoden- und Toolkenntnissen einerseits und den Organisations- und Prozesskenntnissen andererseits in die Bereiche

- Strategisches Change Management sowie
- Operatives Change Management

unterteilen. Diese Aufzählung impliziert dabei keinerlei Wertung, da alle Bereiche innerhalb eines Business Change Projekts prinzipiell abgedeckt sein müssen.

Was ist mit operativem Change Management gemeint?

Der operative Teil umfasst die Bereiche:

- Trainingsmanagement und -durchführung
- Berechtigungsmanagement
- Moderation von Workshops
- Projektkommunikation
- Organisation von Team-Events

Wozu Strategisches Change Management?

Das strategische Change Management umfasst

- die Unterstützung bei der Einführung neuer Organisationsstrukturen und Prozesse,
- den Umgang mit Widerständen.

Dieser Bereich Strategisches Change Management ist bei ERP-Projekten, die fundamentale Änderungen in Prozessen, Organisationen und Zuständigkeiten mit sich bringen können, von zentraler Bedeutung. In der Blueprint-Phase erscheint alles noch sehr abstrakt und sehr weit weg. Doch in der Realisierung werden die neuen Abläufe geschult und umgesetzt. Mit dem Produktivstart in Reichweite regt sich auf einmal Widerstand. Einige Abteilungsleiter fürchten einen Machtverlust, andere wissen nicht, wie sie die neue Arbeit mit der vorhandenen Mannschaft bewältigen sollen. In vielen entspringt der Widerstand, die so genannte Change Resistance, auch einfach nur einer dumpfen Angst vor dem unbekannten Neuen.

> „Wenn man jemanden dazu kriegen möchte, seinen Status Quo zu lieben, muss man ihm nur erzählen, dass man ihn verändern werde."

Das ist eine altbekannte Weisheit im Projektgeschäft. Mit diesen Widerständen, die zumeist subtil und nur selten offen ausgelebt werden, muss proaktiv und professionell umgegangen werden. Scheingefechte und Sand, der sich urplötzlich in das Getriebe des Projekts frisst, sind sonst die unweigerlichen Folgen. Projekte können an solchen Widerständen scheitern oder zumindest Budget und Zeitleiste signifikant überschreiten.

In solchen Situationen braucht man ein Team von Change Experten, die basierend auf einer guten Kenntnis von Ist- und Soll-Zustand die Widerstände in Workshops oder im bilateralen Gespräch identifizieren, thematisieren und zur Auflösung beitragen. Es geht hier übrigens nicht darum, Widerstände zu brechen. Wenn die einzelnen Stakeholder der neuen ERP-Lösung nicht davon überzeugt sind, dass diese ihnen nutzen wird, so werden sich immer Gründe finden, warum die Lösung nicht funktionieren kann. Dazu braucht es spezifischer Kenntnisse aus dem Bereich der Organisationsentwicklung genauso wie ein umfangreiches Gespür für die Gruppenprozesse, die gerade im Projektumfeld stattfinden. Soft Skills haben also im Bereich im Change Management absolut ihre Berechtigung, sind aber alleine nicht ausreichend.

Es ist zu beobachten, dass in vielen Projekten das Change Management ausschließlich auf den operativen Bereich beschränkt wird, obwohl die vorliegenden Kompetenzen für das eigentliche Einführen von Veränderungen doch so relevant wären. Der Grund ist hierbei ebenso einfach wie schwerwiegend: Strategisches Change Management setzt das Vorhandensein von umfangreichen Prozess- und Organisationskenntnissen voraus. Die meisten

Change Manager bringen jedoch von ihrer Ausbildung und Erfahrung diese Skills nicht mit. In Ermangelung dieser Kompetenz wird das Strategische Change Management daher häufig von Team- oder Prozessmanagern ohne spezifische Vorbildung im Change-Bereich durchgeführt, was sicher nicht immer optimal für den Prozess und das Ergebnis ist. Es wäre also wünschenswert, wenn mehr und mehr Prozess-Experten sich Zusatzqualifikationen im Bereich Change Management aneignen würden.

Integration & Scope Change Management

Auch das Integrationsmanagement bekommt in der Realisierung eine sehr viel greifbarere Bedeutung. In einem Rollout sind die Prozesse für gewöhnlich weitgehend vollständig abgebildet und miteinander verzahnt, da sie ja an anderen Standorten bereits implementiert sind. Von daher gibt es auf Prozessebene wenig Arbeit für das Integrationsteam – vorausgesetzt, es gibt keine umfangreichen Neuerungen. In der Realisierungsphase hingegen liegt der Teufel im Detail.

Wie Sie mit Integrationsproblemen umgehen

Geringfügige Veränderungen an der Systemkonfiguration in einem Bereich können umfangreiche Auswirkungen in anderen Bereichen haben. Dasselbe trifft natürlich auch auf Test-, Migrations- oder Archivierungskonzepte zu.
Es ist die Aufgabe des Integrationsteams, das Bewusstsein des Projektteams für solche Integrationsprobleme zu schärfen und aktiv die Identifikation und Abarbeitung von so genannten Integrations-Issues, d.h. Problemen, die nur durch eine abgestimmte Vorgehensweise mehrerer Teams gelöst werden können, voranzutreiben. Bewährt hat sich hierfür ein wöchentliches Integrationsmeeting, an dem Vertreter des Integrations-Teams sowie alle Team- und Prozessmanager und die Projektleitung teilnehmen. Eine stringente Moderation vorausgesetzt, kann dieses Gremium höchst effizient offene Punkte klären.

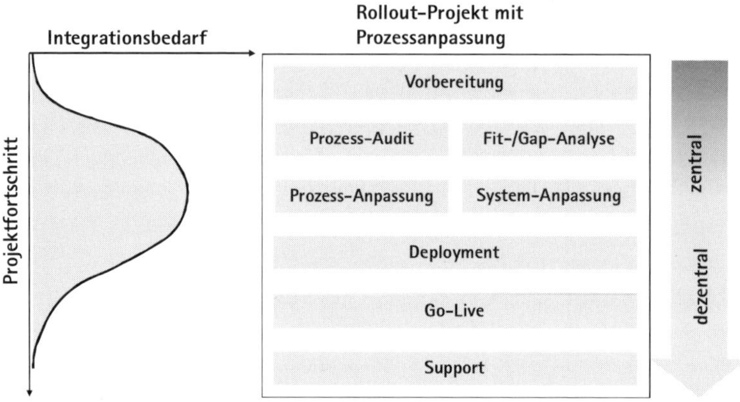

Abb. 61: Integrationsbedarf im Verlauf des Projekts

Wo Sie das Scope Change Management ansiedeln sollten

Auch das Thema Scope Change Management ist beim Integrationsteam in der Realisierungsphase gut aufgehoben. Mit zunehmender Dezentralisierung des Projektteams werden immer mehr Themenbereiche entdeckt, in denen die ERP-Lösung die Anforderungen der Geschäftsbereiche einzelner Standorte nur lückenhaft abdeckt. Jetzt gilt es jeweils unternehmerisch abzuwägen,

- ob die kurzfristig Anpassung noch Sinn macht oder
- ob diese Änderungen in einer dem Projekt nachgelagerten Phase durch die Support-Mannschaft umgesetzt werden sollten, da sie ansonsten das Projektrisiko zu stark negativ beeinflussen könnten.

Diese Entscheidungen können in letzter Konsequenz nur von Ihnen als Projektleiter getroffen werden. Auch hier eignet sich die Einrichtung eines wöchentlichen Change Control Boards, um Entscheidungsbedarf zügig abzuklären. Gibt es ein solches Gremium nicht, werden Entscheidungen verschleppt oder unkontrolliert umgesetzt. Verzug und Scope Creep, d.h. eine ungeplante „schleichende" Erweiterung des Projektumfangs, sind die Folge.

Krisen, Eskalationen und Umgang mit Widerständen

In einem Projekt geht äußerst selten alles glatt. Dies gilt insbesondere für komplexe Business Change Projekte. Es ist mehr als wahrscheinlich, dass Sie im Verlauf Ihres Projekts mit schwerwiegenden Krisen konfrontiert werden, die das Potenzial haben, den Endtermin zu gefährden.

Beispiel: Schwerwiegende Krisen

Beispiele für solche Krisen können sein:

- Ein oder mehrere Know-how-Träger des Projektteams fallen aus.
- Die Endanwenderschulungen bekommen äußerst schlechte Kritiken.
- Der Test der migrierten Daten zeigt inakzeptable Mengen an Fehlern.
- Einzelne Geschäftsbereiche weigern sich die ERP-Lösung einzuführen.
- Ein Produktivstart verursacht ungeplant große Produktionsausfälle.

All diese Situationen sind völlig unterschiedlich. Einige der Ursachen für die Krise können Sie beeinflussen. In der Regel sind aber die Abhängigkeiten, die letztendlich zu einer krisenhaften Situation führen, äußerst komplex, vielschichtig und liegen außerhalb Ihres Einflussbereichs. Teilweise lassen sich ihre Ursachen Jahre in der Vergangenheit finden, was deutlich macht, dass jede Schulddiskussion unsinnig ist. In solchen Situationen ist es hilfreich, eine kleine Methodik zur Hand zu haben, die hilft, Krisen zu meistern, indem man sie als Wachstumschance begreift. Ich nenne sie das Krisen-ABC.

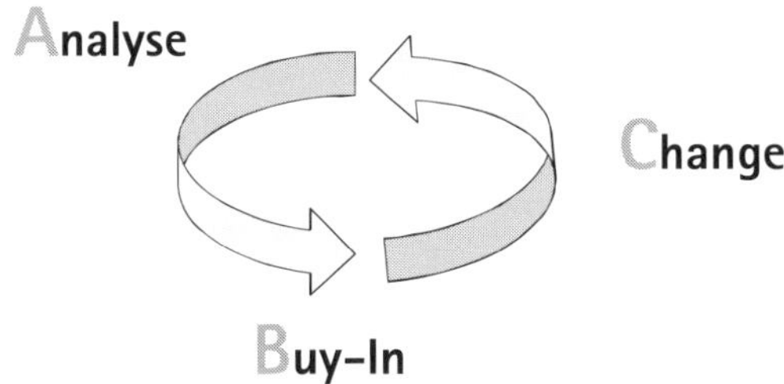

Abb. 62: Das Krisen-ABC

Das Krisen-ABC

Das Krisen-ABC ist ein zirkulärer Prozess, d.h., er kann und soll mehrfach durchlaufen werden, und das so lange, bis die Krise gelöst ist.

Analyse des Prob-lems	Der Prozess beginnt mit der Analyse des Problems: • Was sind die Fakten? • Wie sieht Ihr Projektsponsor das Problem? • Wie ist das Problem entstanden? • Was sind die Ursachen? • Was sind die möglichen Konsequenzen des Problems? • Welche Handlungsoptionen stehen zur Verfügung? • Wie kann sichergestellt werden, dass das Problem nicht wieder auftaucht? • Welche Hilfestellung erwarten Sie von den Stakeholdern?
Buy-In-Phase	Im nächsten Schritt folgt die Buy-In-Phase: • Offenes, proaktives Kommunizieren der Problemstellung zu den Stakeholdern • Vorstellen der Problem-Analyse und der Handlungsoptionen • Gibt es Alternativ-Vorschläge? • Können sich die Stakeholder zu den geforderten Hilfestellungen bekennen? • Vereinbarung der nächsten Schritte • Information des Projektteams (falls noch nicht in der Analyse-Phase geschehen)
Change Phase	Anschließend folgt die Change Phase: • Implementierung der vereinbarten Maßnahmen • Überprüfung, ob Tendenz zur Problemlösung erkennbar wird • Kommunikation der ersten Erfolge zu Team und Stakeholdern • Konstante Überwachung der Problemstellung

Zeit und Entschlossenheit sind wesentlich für die Güte des Krisenmanagements.

- Analyse-Phase: Wenn eine Krise als solche erkannt ist, hilft es nicht, sie zu ignorieren oder zu delegieren. Krisen sind Chefsache und erfordern

Ihre volle Aufmerksamkeit – trotz eines übervollen Terminkalenders. Die Analyse darf nicht Wochen dauern, sondern eher nur wenige Tage. Sie werden ohnehin niemals alle Fakten kennen.

- Die Buy-In-Phase muss ebenfalls zügig angegangen werden, wenn Sie den Prozess unter Kontrolle behalten möchten. Die Stakeholder erfahren von dem Problem früher oder später über andere Kanäle. Dies wäre jedoch nicht von Vorteil für Sie und würde den Prozess empfindlich stören.
- Die Change Phase ist die Grundlage für eine positive Veränderung der Problemsituation. Auch hier gilt: „Brauchbar ist besser als perfekt!“. Ein Problemlösungsansatz, der noch fehlerbehaftet ist, aber 5 Tage nach Auftreten des Problems implementiert ist, ist in fast allen Fällen besser als ein Ansatz, der vermeintlich perfekt ist, aber erst nach 20 Tagen zu Verbesserungen führen kann.

MITTE JUNI, BERLIN. FRANCO KOMMT ALS NEUER CIO. Noch während des Blueprint gibt es einen Wechsel im Management. Ein neuer Chief Information Officer, Franco Forte, löst seinen Vorgänger ab, der sich nicht lange behaupten konnte. Die letzten fünf CIOs bei Maxxwell Inc. hatten es im Durchschnitt auf nicht viel mehr als ein Jahr gebracht. Hajo hat sie alle kommen und gehen sehen. Bereits die erste Begegnung mit Franco Forte auf den Fluren des Berliner Headquarters in der Fritz-Reuter-Straße macht ihm eines klar: Die Chemie stimmt nicht. Und die Kommunikation auch nicht. Franco setzt Michael Hinterhuber, ebenfalls ein Neuling im Unternehmen, in den Lenkungsausschuss. Er soll an Enzo Bleyers Seite das Projekt unterstützen. Und beaufsichtigen. Das erfährt Hajo aber eher zufällig.

ANFANG JULI. FRANCO ERHÖHT DEN PROJEKTUMFANG. Franco und Michael bestellen Hajo zu einem Meeting in Berlin ein. Die elegante Glas-Stahl-Backsteinfassade kommt ihm dieses Mal noch unnahbarer vor als sonst. Das Thema des Treffens: Ein Projekt-Review. Hajo ist gut vorbereitet gekommen. Denkt er. Die Präsentation, die er vorbereitet hat, bleibt jedoch in der Tasche. Franco scheint einen Plan zu haben, für den er Hajos Meinung nicht braucht.

In dem Besprechungsraum mit der hohen Decke und schweren Stühlen riecht es nach frischer Wandfarbe und teurem Aftershave. Franco Forte läuft vor den raumhohen Fenstern hin und her, sein Gesicht ist gerötet und er ist sichtlich aufgebracht. „Das sieht doch jeder, dass hier die Prozesse an das System angepasst werden müssen, und nicht umgekehrt! Bei dieser Anzahl von Lücken in der Gap Analyse! Was für ein Unsinn!"

Er holt weit aus und lässt für eine halbe Stunde niemanden zu Wort kommen. Einer derjenigen, die damals entschieden haben, dass die Prozesse in Irland schon zum SAP-System passen werden, ist Enzo. Aber Enzo schweigt, als Franco seinen Monolog beendet hat. Und dann schauen alle auf Hajo.

„Mit dem Budget ist eine Anpassung an das System nicht möglich", sagt der knapp in die fragenden Gesichter. Hajo versucht Zeit zu gewinnen, um zu verstehen, worauf Franco hinaus will. Der heftet seinen Blick auf Hajo:

„Wieviel zusätzlichen Aufwand würde das bedeuten?"

Als Hajo ihn etwas ratlos ansieht, fährt er ihn an: „Überschlagen Sie doch mal!"

Hajos Ergebnis nach kurzer Bedenkzeit lautet: zwanzig bis dreißig Prozent. Franco erwidert mit einem überlegenem Grinsen: „Gut. Dann brauchen wir jetzt nur noch einen Maßnahmenkatalog, der den zusätzlichen Aufwand neutralisiert!"

Hajos fassungsloses Kopfschütteln scheint er zu übersehen. Am Ende des Meetings nimmt Franco Forte schlichtweg an, dass er klar gesagt hat, was gemacht werden muss.

Hajo geht nach einigen weiteren Gesprächen mit Kopfschmerzen aus dem Gebäude, hinaus in die beginnende Abenddämmerung. Die Nacht zuvor hat er viel zu wenig geschlafen. Auf dem Weg nach Hause ruft er vom Auto aus Nils an. Das Telefonat beginnt er mit einem tiefen Seufzer. „Dass die Prozesse anders sind und nicht zum System passen, das wussten doch alle. Die Entscheidung damals hatte doch Gründe. Und dann kommt der Neue ins Spiel und das alte Projektmandat ist vergessen. Alle nicken dazu und ich bin der Buhmann."

Nils stimmt zu und antwortet, „Die drehen die Realität so, dass ihre damalige Entscheidung nicht falsch aussieht!"

Hajo stimmt ihm zu: „Keiner will vor dem neuen CIO eine falsche Entscheidung eingestehen." Er fährt fort: „Franco geht es um Macht. Er will sich das Mandat abholen, künftig auch für Geschäftsprozesse zuständig zu sein, nicht nur für IT. Und deshalb will er die Prozesse in Irland anpassen, als Showcase. Und genau das sprengt unser Budget. Überall, wo wir Gaps identifiziert haben, brauchen wir jetzt Änderungen der Prozesse, der Zuständigkeiten und der Organisation. Das kostet Zeit und Geld. Und verlängert die Realisierungszeit. Wir wissen beide, dass das nicht zu kompensieren ist."

CORK. MISSRATENE TELEFONKONFERENZ. Die nächste Sitzung des Lenkungsausschusses steht an. Enzo und Michael sind per Telefon dazu geschaltet. Im Verlauf der Sitzung dämmert es Hajo, dass Franco wirklich von ihnen erwartet, die Erweiterung des Projektumfangs im Budget einzusparen. Er hat den Eindruck, dass Hinterhuber und Bleyer genau dies im Lenkungsausschuss kommunizieren sollen. Die Botschaft kommt jedoch nicht an. Michael sagt nicht viel, er schweigt aus Berechnung. Enzo spricht zwar wortreich, aber klare Botschaften liegen ihm nicht. Zudem knackt die Leitung, Wortfetzen verlieren sich irgendwo auf dem Weg von Berlin nach Cork. Und keiner der Iren kennt die beiden persönlich. In dieser Nacht liegt Hajo lange wach. „Wie sollen wir das alles schaffen, ohne den Go-Live-Termin zu kippen und das Budget zu sprengen?" Er geht in Gedanken immer wieder alle Möglichkeiten durch – ohne auf eine Lösung zu kommen. Trotz allem geht die Realisierung gut voran. Die Geschäftsprozesse von vier Standorten aus anzupassen ist Herkulesarbeit. Die Fachteams dokumentieren neue Prozesse, erstellen Schulungsunterlagen, definieren Zuständigkeiten und schreiben Stellenprofile. Sie arbeiten eng zusammen mit dem Schulungsteam, das später das Business trainieren soll.

MITTE JULI, CORK. HAJO IN DER BREDOUILLE. Hajo kann spätestens ab diesem Zeitpunkt nichts mehr richtig machen. Entweder sie überschreiten das Budget, oder die Qualität leidet und das irische Business ist unzufrieden. Hajo bemüht sich immer wieder, das Projekt als gemeinsame Aufgabe ins Rampenlicht zu rücken und selbst den Lichtkegel zu meiden. Aber manche wollen nur ihn sehen, wie zum Beispiel Michael Hinterhuber. Für dessen Geschmack hat Hajo zu viel Macht. Er leitet das mit Abstand größte IT-Projekt bei Maxwell. Hajo war vor ihm da, also bleibt Hinterhuber nur, ihm Knüppel zwischen die Beine zu werfen. In Form von anklagender Kritik und Vorwürfen hinter vorgehaltener Hand. So stecke das Projekt beispielsweise unnötig viel Aufwand in die Dokumentation der neuen Prozesse und verpulvere damit unnötig das Geld der Firma. Außerdem bemängelt er Hajos Stil, aus dem Bauch heraus zu managen. Nicht jeder Projekt-Mitarbeiter habe gleich viele Aufgaben, was zu einer rechnerischen Fehlauslastung der Ressourcen führt. Ein weiterer Kritikpunkt ist die angeblich ungenaue Planung. Es fehle ein konsolidierter Plan, der für jeden der siebzig Projektmitarbeiter sämtliche Aktivitäten auf Stundenbasis regelt. Hajo weiß das, aber hält einen solchen Plan für überflüssig. Er bevorzugt die pragmatischere rollierende Feinplanung.

Von anderen wiederum würde Hajo gerne deutlicher wahrgenommen werden. Enzo zum Beispiel nimmt die Politik um das Projekt herum nicht ernst genug. Er denkt, Hajo macht das schon. Zum Leidwesen von Hajo ist Enzo von seiner Persönlichkeit her nicht in der Lage, die Firmenpolitik der anderen zu verstehen. Er ist zwar echt interessiert, weil das Projekt für ihn wichtig ist. Aber er hat andere Dinge zu tun, und kann sich nicht so engagieren, wie er es eigentlich müsste. Jedenfalls stärkt er Hajo nicht den Rücken. Aus Berlin kommt nichts als Gegenwind. Diejenigen, die in der Hauptverwaltung arbeiten, bekommen qua Anwesenheit viel Aufmerksamkeit. Den Leuten an der Front dagegen fällt es schwer, in Berlin gehört zu werden. Einfach deshalb, weil sie nicht da sind. Daraus entsteht ein Kräfteungleichgewicht. Hajo kommt überhaupt nicht mehr nach Hause. Er macht zusammen mit seinem Team eine Wochenendschicht nach der anderen. Hajo hat das Gefühl in einem Alptraum gefangen zu sein, aus dem er nicht aufwachen kann.

LÖSUNGSVERSUCHE. Hajo richtet seinen Blick auf die Go-Lives und auf To-do-Listen, und versucht dabei, Berlin immer im Augenwinkel zu behalten. Der Rest seines Lebens liegt im unscharfen Bereich. Hajo mobilisiert die letzten Reserven. Überstunden sind jetzt seine einzige Möglichkeit, den sinkenden Kahn zu retten, und der einzige Spielraum, den er hat. Seine Leute gehen für ihn durchs Feuer. Sie versuchen, den Rückstand aufzuholen, denn das Business ist nicht in der Lage, die Prozesse vollständig aus eigener Kraft anzupassen. Das geht in manchen Bereichen zwar ganz gut: Finance hat sich wacker geschlagen. Services allerdings gar nicht. Services ist sehr nah am Kunden und denkt nicht in Prozessen, sondern handelt mit einer guten Portion Aktionismus und Spontanität. In diesem Bereich passt das Template am wenigsten. Und es fehlt an Erfahrung und an Auffassungsgabe. Außerdem haben die Mitarbeiter zu viele andere Aufgaben.

ENDE JULI, BERLIN. DREIßIG PROZENT KOSTEN SPAREN? Hajo ist mal wieder im Berliner Hauptquartier. Der Flurfunk arbeitet zuverlässig. Von Enzos Sekretärin erfährt er, dass man in Berlin gespannt ist, wie es Hajo gelingen wird, den von oben verursachten Aufwand in Höhe von dreißig Prozent einzusparen, der durch die Änderung des Projektmandats entstanden ist. Hajo fehlt der Blick hinter die Kulissen im Moment sehr. Geraume ist weg, Nils ist für politische Spielchen wenig geeignet, also bleibt das an ihm hängen. Dank seines Teams hat er schon häufig scheinbar Unmögliches hinbekommen, immer wieder für seine Firma Eisen aus dem Feuer geholt. Fünf Prozent reinholen ist ok, aber dreißig gehen nicht einmal mit Überstunden. Das Boot treibt Richtung Wasserfall.

HAJO SPRICHT MIT TIBERIUS UND ... ESKALIERT. Nach zahlreichen Nachtschichten mit seinem Controller und Vertrauten Nils wird Hajo schließlich klar, dass es einfach nicht zu schaffen ist. Er kann die Einsparung nicht liefern. Was er braucht, ist ein Befreiungsschlag. Der einzige, der jetzt noch helfen kann, ist Tiberius Mons. Hajo nimmt sein Handy, läuft hinaus aus seinem Bürocontainer auf den Hof und wählt Tiberius' Nummer.

„Hajo, was tun Sie gerade?" Tiberius Mons' Stimme klingt nach sonnigen Nachmittagen auf knarzenden Ledersesseln zwischen hohen Bücherregalen. „Haben Sie ein Bild dafür?"

„Ja. Baggern. Was ich gerade tue, ist baggern bis zum Umfallen."

„Und wann fallen Sie um?"

„Wer weiß ... bald vielleicht."

„Wie wäre es eigentlich, wenn Sie sich Hilfe suchen würden?" fragt Tiberius Mons nach längerem Schweigen. Seine Antwort klingt für Hajo so gar nicht nach Befreiungsschlag, eher nach Kapitulation.

„Sie meinen so eine Art Eigenanzeige à la 'Leute, ich brauche Hilfe'?"

„Besser als umfallen, was meinen Sie ...?"

Hajo überlegt noch eine Nacht lang und hisst am nächsten Tag die rote Fahne. In einer Telefonkonferenz mit Enzo, Michael und Franco legt er detailliert dar, warum die Erhöhung des Projektumfangs nicht ohne Mehraufwand geht. Und warum dadurch der erste

Go-Live-Termin nicht zu schaffen ist. Und der erste, genauso wie der zweite Termin um mindestens einen Monat verschoben werden muss. Er beantragt einen Review durch die IT-Organisation.

ANFANG AUGUST, POTSDAM. INQUISITORISCHE BEFRAGUNG. Michael Hinterhuber meldet sich für diese Überprüfung. Was dann geschieht, lässt Hajo ahnen, dass er seinen Kopf freiwillig in die Schlinge seines Henkers gelegt hat. Michael holt die gesamte Führungsriege des Projekts, also Hajo, Nils und alle IT-Teamleiter für ein Wochenende in ein Hotel in Potsdam. Die „Überprüfung" wandelt sich zu einer inquisitorischen Befragung. Hinterhuber verhört die Leute in Einzelgesprächen. Er ist schlecht vorbereitet, es entstehen Wartepausen. Niemand weiß genau, was wann von ihm erwartet wird. Dann folgen Gruppensitzungen. Michael Hinterhuber lässt alle deutlich spüren, was er von dem Projektteam hält: Es ist unerfahren und inkompetent. An diesem Wochenende werden zahlreiche vordergründige Einsparmaßnahmen identifiziert. Der Server, auf dem die Projektdokumentation abgelegt ist, soll umziehen, damit sich Zugriffsgeschwindigkeiten und damit die Effizienz des Teams erhöhen. Die Dokumentation von Prozessen und Zuständigkeiten soll an Studenten vergeben werden. Aber eigentlich ist jeder dieser Vorschläge unrealistisch, weil alle Einsparungen nur theoretisch sind. Die Maßnahmen werden schließlich in Kategorien eingeteilt: niedriger, mittlerer oder hoher Impact. Und zusammen sollen sie zwei bis drei Millionen Euro Einsparung bringen. Wer klar denken kann versteht, dass das nicht realistisch ist. Hajo macht in Gedanken seine eigene Kalkulation – und kommt auf höchstens 200.000 Euro Einsparpotenzial. Großzügig gerechnet. In den nächsten vier Wochen gibt er trotzdem sein Bestes, Michaels Empfehlungen umzusetzen.

An einem der lauen Sommerabende sitzen Hajo und Nils bei einem Bier zusammen und tauschen sich aus über Erfolge und Misserfolge des Tages. „Das mit den Studenten klappt nicht." Hajos Ärger vom Nachmittag ist schon verflogen und einer pragmatischen Einstellung gewichen, die sich als energiesparend bewährt hat. Nils sieht ihn fragend an.

„Die Personalabteilung sagt, Praktikanten zählen gegen Planstellen. Und es gibt einen Einstellungsstopp. Für Dokumentationszwecke gibt es also keine Studenten, das müssen unsere Leute machen. Auch wenn die teurer sind." berichtet Hajo. „Sag jetzt nichts."

Nils zuckt mit den Schultern. „Ich hab auch etwas in der Richtung. Wir können den Server nicht umziehen. Ist zuviel Aufwand."

Diesen Botschaften folgen noch einige weitere. Ihre Bemühungen, Kosten zu sparen, sind kaum erfolgreich. Letztlich bleibt dann nur noch die Erkenntnis: Die Einsparungen sind einfach nicht zu schaffen.

ANFANG SEPTEMBER, LIMERICK. SERVICES WORKSHOP. Andy Boots, den Mick Earl Anfang Mai zum Prozessmanager gemacht hatte, hat die gesamte Führungsebene von Services zur Klausur geladen. Das Hotel etwas außerhalb von Limerick, am malerischen Ufer des Shannon gelegen, hat eine elegante Kiesauffahrt und französisches Mineralwasser in der Minibar. Andy will zusammen mit Hajo noch einmal die Wichtigkeit des Projekts darstellen und auch die Chancen klar machen, die sich Services mit dem Projekt bieten. Franco kommt zum ersten Mal nach Irland: Er hat sich selbst eingeladen. In seinem Kielwasser tauchen auch Enzo und Michael auf. Andy hat auch Hajo zu den Besprechungen gebeten – ein Vertrauensbeweis angesichts des dauerhaft angespannten Verhältnisses zwischen IT und Services. Franco, Michael und Enzo rotten sich zusammen. Hajo merkt schnell, dass das nicht gut für ihn ausgehen wird. Ihm wird klar, dass er abgesetzt werden soll. Er sieht es an der Körpersprache der anderen und er merkt es daran, dass alle den Blickkontakt mit ihm meiden. Franco wirft ihm schließlich in einem Gespräch, an dem auch Enzo teilnimmt, schlechte Führung vor. Er habe das Business nicht im Griff, könne das geänderte Projektmandat nicht umsetzen, das Budget nicht einhalten. Die Quelle dieser Vorwürfe ist offensichtlich: Michael Hinterhuber. Und dann ist Hajo plötzlich seinen Job los. Franco entbindet ihn, verärgert über die offensichtlich schlechte Projektleitung, mit sofortiger Wirkung von seinem Mandat als IT-Projekt-Manager. Die Anderen bleiben über Nacht und laden Hajo mit bemitleidenden Mienen zum Essen ein. Hajo lehnt ab, setzt sich in sein Auto und fährt nach Cork zurück.

CORK. MICHAEL HINTERHUBER ÜBERNIMMT. Von jetzt an, mitten in der Realisierungsphase leitet Michael Hinterhuber das Projekt. Mit dem Auftrag von Franco, die von ihm identifizierten Einsparpotenziale nun selbst umzusetzen. Michael darf die Suppe auslöffeln, die er Hajo eingebrockt hat. Diese Entscheidung hat Franco Forte ohne Konsultation des Lenkungsausschusses getroffen. Hajo selbst informiert schließlich die Runde in einer Telefonkonferenz. Er setzt sein Team von der neuen Situation in Kenntnis, stellt Michael als Projektleiter vor – und tritt in die zweite Reihe zurück. Der Lenkungsausschuss ist entrüstet. Hajo genießt dort mittlerweile viel Vertrauen und Respekt. Er lädt die Teamleiter zum Essen ein und versucht sie zu beschwichtigen. Die Leute stehen auf den Fluren, diskutieren heftig in der Kaffeeküche. Es herrscht große Verunsicherung, die produktive Arbeit ist zum Stillstand gekommen. Alles in allem gibt es einen Riesenaufschrei. Das Projektteam ist genauso wie das Business vor den Kopf gestoßen.

Einerseits düpiert, andererseits aber auch erleichtert behält Hajo den Posten des Business Projekt Managers, um die Geschäftsbereiche zu beschwichtigen. Das ist allerdings eher eine Alibifunktion, denn das Business ist nicht sein Gewässer. Das war Geraumes Gebiet. Hajo kann nicht viel ausrichten, aber er verhält sich loyal, über die Grenzen des Vernünftigen hinaus. Er könnte sich krank melden, identifiziert sich jedoch so mit dem Projekt, dass er alles andere vernachlässigt, inklusive seiner Gesundheit. Von seiner Beziehung ganz zu schweigen. Michael Hinterhuber fühlt sich sichtlich unwohl mittlerweile, er macht aber gute Miene zum bösen Spiel. Er weiß selbst ganz genau, dass die in Potsdam identifizierten Einsparmaßnahmen nicht umzusetzen sind.

MITTE SEPTEMBER. HINTERHUBER HERRSCHT. Michael Hinterhuber tritt die Flucht nach vorn an. Er reißt beherzt alle Entscheidungen an sich und herrscht nach Gutsherrenart. Macht aus Berlin getriebene Ansagen, ohne sich mit den Erfahrungsträgern zu beraten. Er stoppt die gesamte Projektdokumentation und reduziert die Anzahl der Mietwagen. Von nun an müssen sich fünf Kollegen und ihr gesamtes Gepäck ein Auto teilen. Gleiche Aufgaben werden an verschiedene Mitarbeiter gegeben, alles muss gestern fertig sein, Besprechungen werden abgehalten ohne Agenda und Ziel. Michael bezeichnet das Team als unmotiviert und undiszipliniert, was auf die schlechte Führung von Hajo zurückzuführen sei. Michael hat bisher noch kein SAP-Projekt geleitet und überspielt seine Unsicherheit mit Arroganz und politischen Spielchen, die er von Franco abgeschaut hat.

Von nun an wird Planung ganz groß geschrieben. Sämtliche Aktivitäten werden detailliert durchgeplant bis zum letzten Tag des Projekts. Sämtliche Teamleiter werden über Wochen mit dieser Detailplanung beschäftigt, und haben kaum Zeit, sich um die eigentlichen Themen und um ihre Leute zu kümmern. Dann verkündet Hinterhuber, wiederum ohne den Lenkungsausschuss zu befragen, dass die zwei Go-Lives auf einen einzigen Termin zusammengelegt werden sollen. Um Kosten zu sparen. Aus demselben Grund kürzt er den Projektumfang. Ohne Rücksprache mit dem Lenkungskreis nimmt er Zusagen zurück, die Grundlagen des Business Case sind. Er streicht Erweiterungen und Sonderlösungen. Hajo muss losziehen und die schlechten Nachrichten übermitteln. Die Stimmung ist auf dem Tiefpunkt. Der Lenkungsausschuss ist nicht begeistert von der neuen Führung: Michael fährt volle Konfrontation und macht höchst ungeschickt Mitglieder vor der ganzen Gruppe schlecht. Er wirft beispielsweise Marvin Brown vor, zu viele Prozess-Spezialisten abgestellt zu haben, die das Projekt unnötig teuer machen. Schließlich hebelt Michael Hinterhuber den Lenkungsausschuss endgültig aus, indem er nur noch sporadisch Termine zu neuen Zusammenkünften macht.

MITTE SEPTEMBER, CORK. LEICHEN IM KELLER. Hajo sitzt wie fast jeden Abend mit Nils zusammen, bei indischem Essen und irischem Bier. Nils berichtet Hajo von einer der unzähligen Eskalationen zwischen Marvin und Brad Ham, einem seiner leitenden Mitarbeiter: „Bist du bereit für den Knaller des Tages?"

Hajo nickt verdrossen.

„Ein Teamleiter ist zu Brad gegangen, damit er ihm ein Abnahmeprotokoll unterschreibt für die Übernahme von Finanzdaten. Aber Brad lehnt ab! Ohne Begründung. Der Teamleiter kommt also zurück zu mir, und wir gehen zusammen zu Marvin. Wir fragen ihn, was wir denn machen sollen, wenn Brad nicht unterschreibt. Und weißt du, was Marvin macht?"

Hajo muss grinsen, denn er ahnt, was jetzt kommt.

„Er übernimmt das, er unterschreibt selbst! Ist doch verrückt, oder?"

Ein paar Tage später offenbaren die Alt-Daten, dass Brads Bücher nicht gestimmt haben, jetzt immer noch nicht stimmen, und dass er sie Monat für Monat schönt. Er hat also großes Interesse, dem Projekt zu schaden, weil er weiß, dass es ihn wahrscheinlich seinen Job kostet.

Michael Hinterhuber versucht währenddessen, das veränderte Go-Live-Szenario beim Business durchzusetzen und – scheitert. Das einzig sichtbare Resultat seiner neuen Projektleitung ist, dass mittlerweile alle gegen ihn sind. Als dann zwei Monate nach seiner Führungsübernahme klar wird, dass Michael die von ihm selbst identifizierten Einsparpotenziale trotz aller Tricks auch nicht einmal annähernd erreichen kann, schlägt Marvin zurück. Er trifft sich mit Mick Earl und schlägt ihm vor, mit der Innenrevision zu sprechen. Es gibt ein paar Telefonate mit der Konzernleitung in Seattle.

ENDE OKTOBER, CORK. ANKUNFT ERNSTER GÄSTE. Über die Konzernleitung wird hinter den Kulissen gearbeitet. An einem Montag fliegen drei unbekannte Kollegen ein. Es stellt sich heraus, dass sie zur Innenrevision des Konzerns in Seattle gehören. Sie tragen schwarze Anzüge, kleinkarierte Krawatten und einen strengen Gesichtsausdruck. Sie sind gekommen, um die Projekt-Methodik zu überprüfen. Dazu gehört auch die Güte der Projekt-Dokumentation. Das ist der offizielle Grund. Marvin brieft sie. Nach einem vernichtenden Zwischenbericht der Revisoren an den Lenkungsausschuss reist Michael zu Beginn der folgenden Woche nicht mehr an. Auf Nachfrage wird Hajo mitgeteilt, dass Michael nun anderen Interessen nachginge.

ANFANG NOVEMBER. HAJO ERHÄLT DAS MANDAT ZURÜCK. Hajo erhält im Nebensatz einer Email von Franco das volle Mandat für die Projektleitung zurück. Hajo gehen tausend Fragen durch den Kopf. Er ist von diesem Drama alles andere als begeistert – hätte er das alles verhindern, sich politisch klüger verhalten können? Ihm fehlen die Antworten auf diese Fragen. Das Projekt ist im freien Fall, es fehlt an Orientierung und Motivation. Die Nachricht von Michaels Rauswurf würden die Teams zwar mit Erleichterung aufnehmen. Es braucht aber weit mehr als das: einen richtig guten Plan. Nein, eigentlich keinen Plan, sondern einen zündenden Funken. Auch wenn kaum noch Brennholz übrig ist. Nach Beratung mit Tiberius Mons hält er zusammen mit Andy Boots eine flammende Motivationsrede vor dem gesamten Team. Auch die Mitglieder des Lenkungsausschusses sind dabei. Die beiden schwören alle auf den bevorstehenden Produktivstart ein. Es funktioniert. Die letzten Kräfte werden mobilisiert und schließlich kehrt wieder ein geregelter Projektablauf ein.

ZWANZIG INDER SOLLEN KOMMEN. Das Projekt geht in die Vorbereitung für den ersten Go-Live. Dazu verteilt sich das Team, das bisher zentral in Cork versammelt war, in alle Werke. Nun geht es darum, das System zu testen und die Mitarbeiter überall damit vertraut zu machen. Von Anfang an war geplant, das Team in den Monaten vor Produktivstart zu verstärken, um dann nach dem Go-Live genügend Leute vor Ort zu haben für den Support. Franco hat wiederholt von Offshoring gesprochen. Da müsse man mehr machen, wenn man die Speerspitze der Globalisierung sein wolle. Hajo lässt also nach Beratung mit Nils zwanzig Inder einfliegen, die schon zuvor Schulungsunterlagen erstellt hatten. Das kommt Franco entgegen, und gleichzeitig können sie die Kosten um ein gutes Stück kappen. Die Inder sollen bei den Vorbereitungen helfen und beim Systemtest mitwirken.

Alle sind zufrieden mit dieser Lösung, doch dann tauchen unerwartete Probleme auf. Nach fünf Wochen ist immer noch keiner der indischen Mitarbeiter in Irland angekommen. Es kursieren Geschichten von abgelaufenen und sogar verlorenen Reisepässen. Nach acht Wochen, genau vier Wochen später als geplant, sind schließlich alle da, und die Dokumentationsarbeit kommt in Schwung. Nach ein paar Tagen allerdings muss ein weiteres Problem gelöst werden. Führerscheine fehlen, einer legt den des Cousins vor. Als sich die Blechschäden häufen und schließlich ein Inder beim Rückwärtsfahren die Schranke des Werksgeländes abreißt, spricht die Werksleitung ein Fahrverbot für die gesamte Gruppe aus.

MITTE NOVEMBER. DAS TRAINING FÜR DEN GO-LIVE GEHT SCHIEF. Das Training für den ersten Go-Live läuft nicht. Es gibt zu wenig Prozess-Spezialisten, die sich bereit erklären, Schulungen abzuhalten. Manche weigern sich, Schulungen zu machen, andere, die wollen, sind schlicht nicht in der Lage dazu. Also müssen die IT-Kollegen aushelfen oder Externe, die aber das Budget belasten. Andy Boots, der das Ganze unterstützt hat, kann da nur wenig ausrichten. Wie soll man jemanden dazu bringen, Leute zu schulen, wenn der sich das schlicht nicht zutraut? Zusätzlich ist die Informationslage sehr schlecht, wer an wen berichtet oder wer welchen Kurs besuchen soll. Mehr als fünfhundert Mitarbeiter müssen geschult werden. Einige in bis zu acht unterschiedlichen Kursen. Die Daten der Personalabteilung sind fehlerhaft und die Geschäftsbereiche geben nicht ausreichend schnell Feedback, wer eigentlich in welchem Werk an welchen Schulungen teilnehmen muss. All das führt schließlich dazu, dass die Leute zu kurzfristig eingeladen werden. Das Ergebnis: Die Schulungen bleiben leer. No-Show-Raten von sechzig Prozent über mehrere Wochen führen auch den besten Trainingsplan ad absurdum. Also versucht Hajo zusammen mit Andy Boots herauszufinden, wie man das Business dazu bringen kann, mehr Verantwortung zu übernehmen. Sie verbessern in gemeinsamer Anstrengung die Daten und organisieren die Kurse besser. Später, für den zweiten Go-Live werden sie dann eine sehr effiziente Trainingsplanung mit No-Show-Raten von nur noch knapp über zehn Prozent erreichen.

FÜNF TAGE VOR GO-LIVE, CORK. DER SERVER SCHMIERT AB. Hajo und Nils haben gerade die Erkenntnis verkraftet, dass die Schulungen halb leer bleiben werden, als ein Anruf aus Graz aus dem Rechenzentrum alle bleich werden lässt. Der Server ist kaputt. Und zwar der Migrationsserver, auf den gerade die Daten von den anderen Servern geladen werden für den letzten Testlauf, zum Abgleich, ob alle Daten stimmen. „Die Kiste ist uns unter der Hand weggeschmiert während des Ladens", heißt es. „Die Festplatte ist einfach abgeschmurgelt." Nach einem kurzen Moment der Ungläubigkeit breitet sich Panik aus. Hajo setzt eine Taskforce unter der Leitung von Nils ein. Die Hardware wird ersetzt, was sich dann als komplexer herausstellt als gedacht. Sie laden erneut die Daten. Das Team hält mit Graz Conference Calls um zwölf, um zwei, um vier Uhr nachts. Der Migrationstest muss weitergehen. Jede Stunde zählt. Nach zwei Tagen und zwei Nächten ist es geschafft. Schließlich läuft der neue Server, dann sind die Daten geladen, dann läuft der Migrationstest. Und jemand stellt fest, dass hunderte Vertriebsaufträge, Bestellungen und Produktionsaufträge nicht zusammenpassen. Wieder Krisensitzungen, bis der Fehler gefunden ist. Und behoben.

Planung, Überwachung und Kontrolle

Dieser Themenkomplex lässt sich nicht direkt einer Projektphase zuordnen, sondern ist während der gesamten Projektlaufzeit von großer Bedeutung.

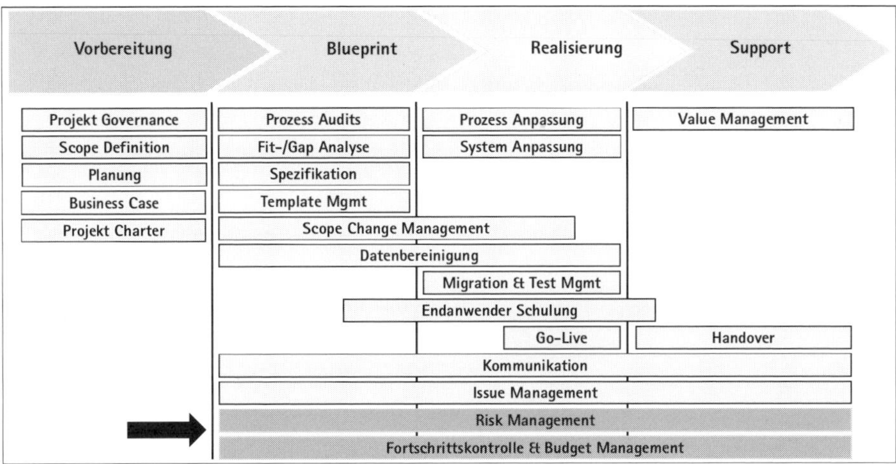

Abb. 63: Planung, Überwachung & Kontrolle

Rollierende Feinplanung und Fortschrittskontrolle

Nach Abschluss der Grob- bzw. Vorplanung in der Vorbereitungsphase setzt die rollierende Feinplanung ein.

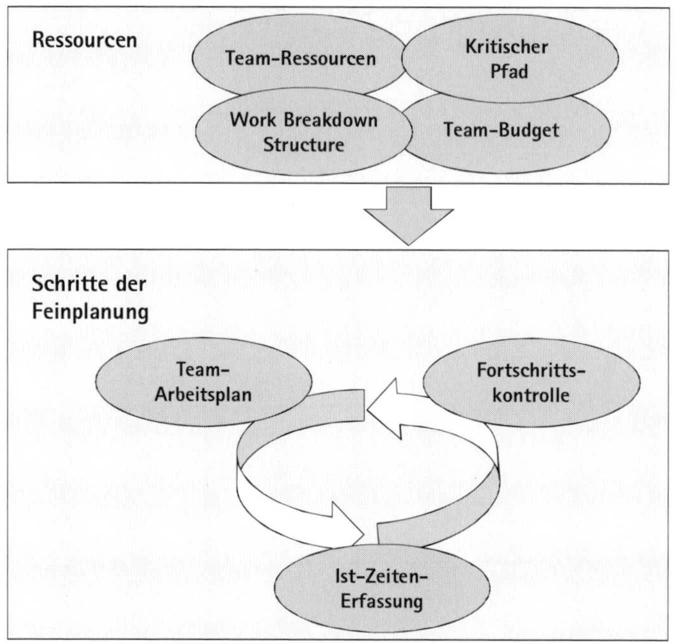

Abb. 64: Schritte der Feinplanung

- Sie basiert zum einen auf den konkret identifizierten Team-Ressourcen, die mittels der Personalbedarfsplanung ermittelt und während der Mobilisierung einem Team zugeordnet wurden. Hier gilt es nun zu berücksichtigen, welche Skills und Erfahrungen tatsächlich in jedem Team vorhanden sind.
- Zum anderen ist der kritische Pfad, d.h. die Zeitleistenplanung für kritische Aktivitäten auf Projektebene, ein wichtiger Input für die Feinplanung in den einzelnen Teams.
- Außerdem arbeitet jedes Team mit einem Budget an Personentagen, das ihm von der Projektleitung zugewiesen wurde. Auf diese Weise werden Ressourcen optimal genutzt.
- Abschließend bildet der Projektstrukturplan als Vorlage den formalen Rahmen für die rollierende Feinplanung.

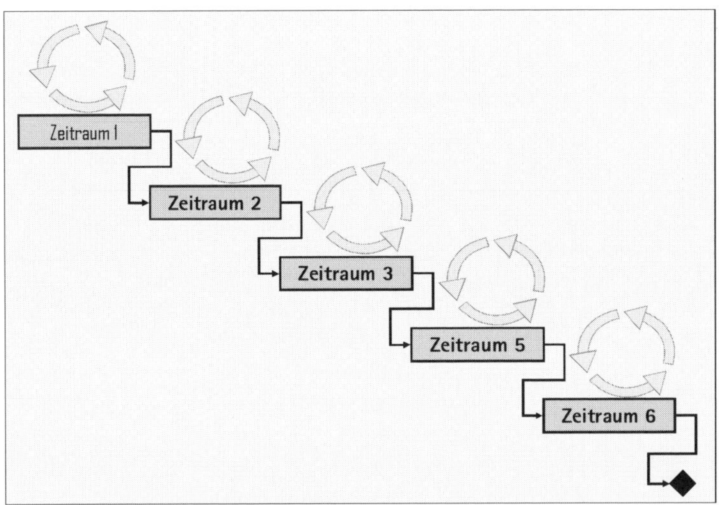

Abb. 65: Konzept der rollierenden Feinplanung

Arbeitspläne für jedes Team

Basierend auf diesen Input-Größen wird nun für einen festgelegten Zeitraum von 8 bis 16 Wochen der Arbeitsplan für jedes Team auf Aktivitäten-Ebene erstellt. Abhängig von dem verwendeten Planungstool gibt es hier verschiedene technische Umsetzungsmöglichkeiten.

Wichtigstes Prinzip dabei ist, dass jedes Team bzw. Teilprojekt einen eigenen Arbeitsplan hat, mit dem es tagtäglich arbeitet und für den es die volle Verantwortung trägt. Das können sowohl mehrere unterschiedliche, teamspezifische Planungsdateien sein als auch verschiedene logische Abschnitte in einem Gesamt-Projektplan. Wichtig ist, dass jeder Teamleiter für „seinen" Plan Ownership entwickelt, da ansonsten der gesamte Planungsprozess von Anfang an zum Scheitern verurteilt ist. Wie der Teamplan von der Struktur auszusehen hat, haben Sie zuvor mittels der Work Breakdown Structure (WBS) bzw. des Projekt-Strukturplans (PSP) definiert. Die einzelnen Team-Arbeitspläne werden über die Meilensteinplanung des Projektes miteinander synchronisiert und während der gesamten Projektlaufzeit fortwährend abgeglichen. Die Meilensteinplanung ist eine Vorgabe der Projektleitung und basiert auf einer Betrachtung des kritischen Pfades auf dem Level des Gesamtprojektes. Diese Planung gilt es mittels der Team-Arbeitspläne zu bestätigen oder zu widerlegen.

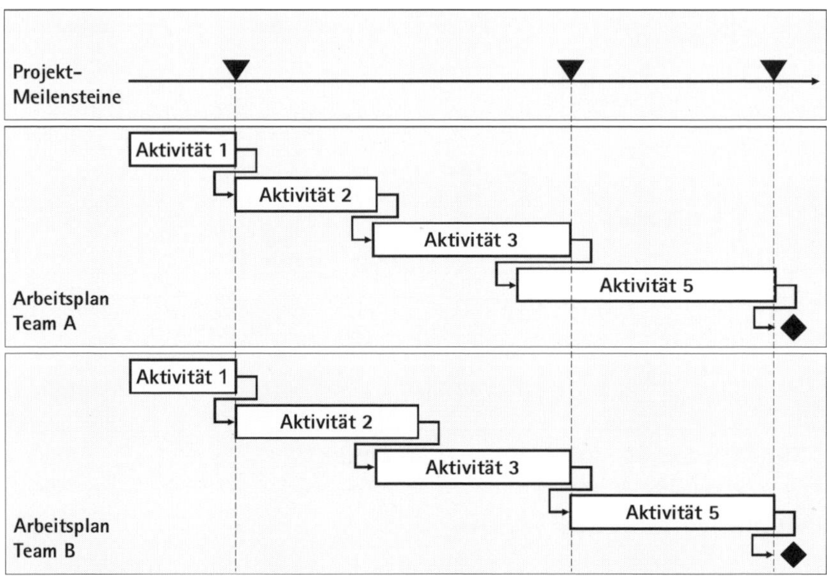

Abb. 66: Synchronisation verschiedener Arbeitspläne über Projekt-Meilensteine

Achten Sie dabei darauf, dass in den Aktivitäten der Arbeitspläne ausreichend Puffer eingeplant sind, damit nicht jeder Verzug sofort das Gesamtprojekt gefährdet. Berücksichtigen Sie dabei: Im Projektumfeld gilt verstärkt das Erste Parkinsonsche Gesetz. Der Brite Cyril Northcote Parkinson formulierte dieses während des Zweiten Weltkriegs, als er in der Verwaltung der englischen Marine arbeitete. Dort fiel ihm auf, dass immer mehr Beamte für die Verwaltung von immer weniger Schiffen eingesetzt wurden:

> *Arbeit dehnt sich in genau dem Maß aus, wie Zeit für ihre Erledigung zur Verfügung steht – und nicht in dem Maß, wie komplex sie tatsächlich ist.*

Auch hier gilt es also, mit gesundem Menschenverstand zu planen.

WBS	Aufgabe	Start	Ende	MA	Soll	Ist	%	ETC	
1.1.1	Aufgabe 1	01.07.	15.07.	EM	21 MD	18 MD	20%	3 MD	Aktivität 1
1.1.2	Aufgabe 2	10.07.	28.07.	EM	17 MD	3 MD	10%	17 MD	Aktivität 2
1.1.3	Aufgabe 3	22.07.	10.08.	EM	26 MD	0 MD	0%	26 MD	Aktivität 3

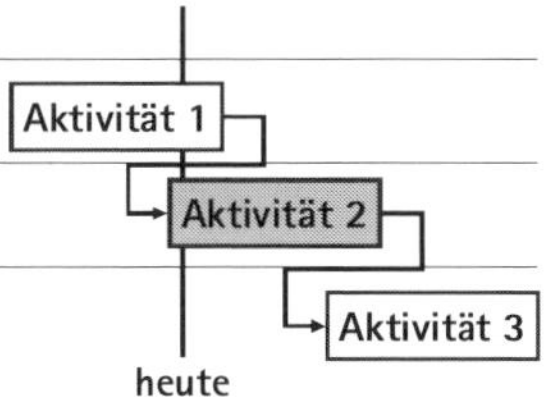

heute

Abb. 67: Inhalte eines Team-Arbeitsplans

Überprüfung der Arbeitspläne

In wöchentlichem Zyklus wird der Arbeitsplan jedes Teams überprüft. Pro Aufgabe, d.h. pro WBS, wird vom Teamleiter bei dem zuständigen Mitarbeiter (MA) der jeweilige Grad der Fertigstellung (%) abgefragt. Jede Aufgabe hat im Rahmen der Feinplanung vom Teamleiter ein bestimmtes Budget an Personentagen (Soll) erhalten. Dagegen gehen die bereits angefallenen Tage (Ist) sowie die geschätzten Personentage zur Fertigstellung der Aufgabe (ETC = Estimated To Complete).

Aus der Kombination dieser Parameter lässt sich frühzeitig vom Teamleiter feststellen, ob die Abarbeitung einer bestimmten Aufgabe Probleme bereitet.

Beispiel: Zeitüberschreitungen identifizieren

In der Graphik oben besteht bei „Aktivität 2" z. B. deshalb ein Problem, weil die bereits angefallenen 3 Personentage zzgl. der noch geschätzten verbleibenden 17 Personentage das zugeteilte Budget für die Aufgabe überschreiten.

Hier ist es die Aufgabe des Teamleiters, zeitnah zu intervenieren und geeignete Maßnahmen zu treffen, um sicherzustellen, dass die Aufgabe doch noch rechtzeitig und in dem vereinbarten Budgetrahmen fertig gestellt wird.

Wie Sie Fortschrittskontrollen festlegen

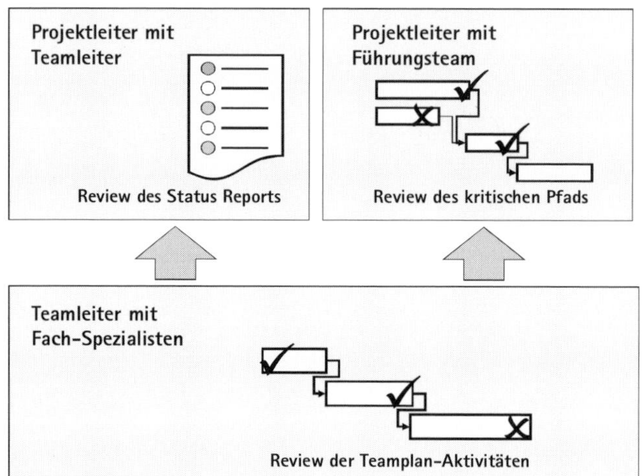

Abb. 68: Verschiedene Ebenen der Fortschrittskontrolle

Status Report

Jeder Teamleiter sollte wöchentlich einen Status Report verfassen, in dem zumindest die wesentlichen Punkte aufgelistet sind, bei denen das Team Unterstützung durch die Projektleitung benötigt. Dieser sollte in einem wöchentlichen Jour Fix zwischen Projekt- und Teamleiter durchgesprochen werden mit dem Ziel, die aufgetretenen Probleme zeitnah zu beseitigen.

Status-Meetings

Außerdem ist ein regelmäßiges Zusammenkommen des gesamten Führungsteams sinnvoll, in dem die anstehenden Meilensteine des kritischen Pfads durchgegangen werden und abgefragt wird, ob es mit der Erreichung dieser irgendwelche Schwierigkeiten gibt. Bewährt hat sich hierzu die Einrichtung eines „War Rooms", in dem immer die aktuellsten Pläne und Indikatoren ausgehängt werden. Um sicherzustellen, dass solche Status-Meetings effizient bleiben, kann es Sinn machen, sie im Stehen abzuhalten. So wird nicht unnütz geschwafelt und die Leute bleiben wach.

Diese Struktur der Fortschrittskontrolle verursacht zwar einiges an zeitlichem Aufwand, hat sich aber zur Schaffung von Transparenz und Handlungsfähigkeit hinsichtlich der Situation des Projekts bewährt.

Earned Value Methodik für frühe Projektphasen

In frühen Projektphasen ist die Überwachung von Meilensteinen und Fertigstellungsgraden häufig allein nicht ausreichend. Die Ursache ist einfach: Es gibt in frühen Projektphasen einfach noch nicht so viele Ergebnisse, die Sie als Projektleiter abfragen können. Dies trifft umso mehr zu, je mehr Entwicklungsaufwand in einem Projekt geleistet wird.
Für solche Phasen und zur Erhöhung der Gesamtqualität der Fortschrittskontrolle eignet sich die Earned Value Methodik als sehr leistungsfähiges Analyse-Tool.

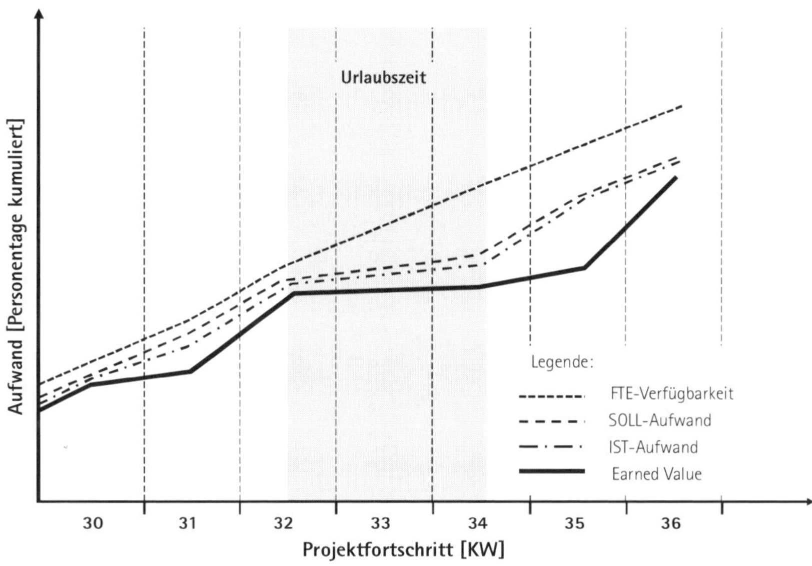

Abb. 69: Die Earned Value Methodik

In der Earned Value Methodik werden als Graphen verschiedene kumulierte Aufwände über dem Projektfortschritt, hier der Kalenderwoche, aufgetragen. Alternativ lassen sich auch kumulierte Kosten über Projektfortschritt

auftragen. Fällt keine Arbeitsleistung an, z. B. wegen Urlaub, ist ein Graph immer waagerecht. Wird hingegen gearbeitet, steigt der Graph an.
Aufgetragen als Graphen werden im Einzelnen folgende Informationen:

- Die rechnerische Ressourcenverfügbarkeit, d.h., wie viele Mitarbeiter sind zu wie viel Prozent einem Team zugeteilt
- Der Soll-Aufwand, d.h., wie viel Arbeit ist in einer bestimmten Woche laut Teamplan zu leisten
- Der Ist-Aufwand, d.h., wie viel Arbeit ist in einer bestimmten Woche tatsächlich geleistet worden
- Der Earned Value, d.h., wie viel Arbeit ist in einer bestimmten Woche tatsächlich in Arbeitspakete geflossen, die auch fertig gestellt wurden

In dieser Methodik werden also induktive Werte (Ressourcenverfügbarkeit und Soll-Aufwand) mit deduktiven Werten (Ist-Aufwand und Earned Value) abgeglichen.

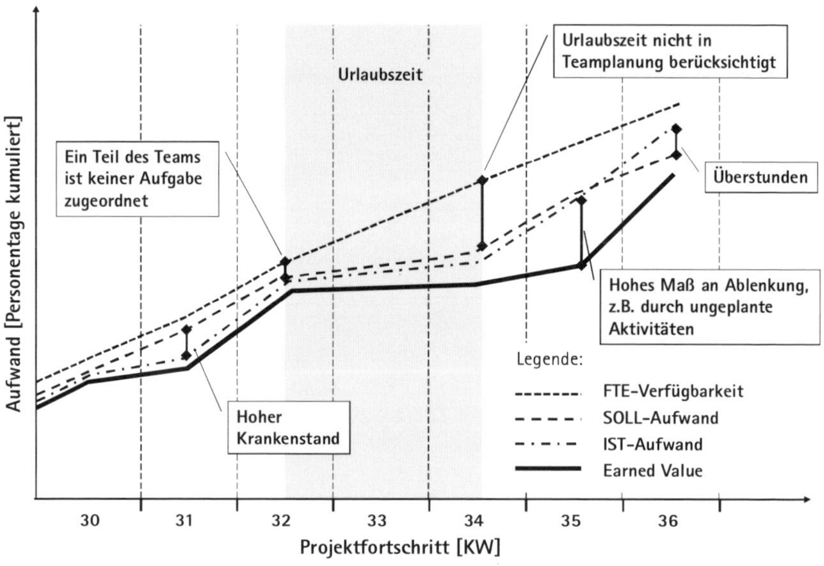

Abb. 70: Interpretationen aus der Earned Value Darstellung

Durch die Fokussierung auf Aufwände anstatt auf Kosten sind alle Graphen ausschließlich auf den variablen Kostentreiber Arbeit zurückzuführen und werden nicht durch Entwicklungen im Bereich der Fixkosten verwässert.
Die Kombination dieser Informationen lässt mannigfaltige Aussagen über die Situation eines Teams zu, wie aus der Graphik ersichtlich wird. Die Aussagen sind im ersten Schritt natürlich nur Vermutungen. Sie müssen in Kontext zu anderen Informationen wie Status Reports gesehen werden und sind im konkreten Gespräch mit dem Teamleiter zu validieren, um daraus relevante Aktionen ableiten zu können.

Budget Management und Project Controlling: Wie Sie die Kosten im Griff behalten

Während sich Feinplanung und Fortschrittskontrolle mit Aufwänden und Fertigstellungsgraden beschäftigen, fokussiert sich der Bereich Budget Management und Project Controlling ausschließlich auf die Dimension der daraus resultierenden Kosten. Beantwortet werden sollen hier z. B. die Fragen:

- Was hat das Projekt in einem bestimmten Monat gekostet?
- Wie hoch ist die Planungs(un)sicherheit bzw. wie hoch waren die Plan-Ist-Varianzen?
- Was hat das Projekt im Vergleich zum Budget bisher gekostet?

  Dies wird auch als YTD = Year to date bezeichnet
- Was wird das Projekt bei Fertigstellung im Vergleich zum Budget gekostet haben?

  Dies wird auch als EAC = Estimate at completion bezeichnet
- Was sind die Kostentreiber?

Auch hier ist es das zugrunde liegende Ziel, existierende und aufkommende Probleme so schnell wie möglich zu erkennen, um die volle Handlungsfähigkeit zu behalten. Im Bereich Budget Management und Project Controlling arbeiten Sie als Projektleiter Hand in Hand mit Ihrem Projekt-Controller zusammen, der die Daten zusammenträgt, analysiert und aufbereitet.

Kostentreiber identifizieren

Die Kostenentstehung wird dabei nach verschiedenen Kostentreibern getrennt aufgeschlüsselt. Kostentreiber können dabei fix, sprungfix (bleiben zunächst gleich und springen dann auf das nächste Niveau) oder variabel sein. Hier einige Beispiele:

Kostenart	Kostentreiber	Fix	Sprungfix	Variabel
Infrastruktur	Bürocontainer		x	
	Apartments		x	
Telekommunikation	Telefon			x
	Internet	x		
Personal	Interne Mitarbeiter			x
	Externe Mitarbeiter			x
Spesen	Travel & Living			x
	Per Diems (Verpflegungspauschale)			x
Umlagen	Werksinstandhaltung	x		
	IT-Abschreibung	x		

Der Grund für die Aufschlüsselung der Kosten nach Kostenarten liegt neben der höheren Transparenz vor allem darin, dass je nach Projektphase nur bestimmte Kostenarten zu bestimmten Prozentsätzen kapitalisiert, d.h. als Anlagevermögen ausgewiesen werden dürfen, was für die Ergebnissteuerung Ihres Unternehmens von großer Bedeutung sein kann. Dies ist für international agierende Konzerne in den Rechnungslegungsstandards IFRS festgelegt. Für national agierende Unternehmen ergibt sich das aus dem Handelsgesetzbuch (HGB). Siehe dazu auch das Kapitel „Die Budgetierung“ ab S. 119. Die einzelnen Positionen werden dabei im monatlichen Reporting an den für die Budgetüberwachung der Projekte zuständigen Finanz- oder Projektmanagement-Bereich üblicherweise zu zwei Positionen summiert:

- Capital Expenditures / CapEx
- Operational Expenses / OpEx

Soll-Ist-Abgleich der Kosten

Diese Positionen mögen zwar für den Finanzbereich hilfreich sein, für das Projekt drücken diese Zahlen jedoch noch nichts Wertvolles aus. Zur Identifikation von Handlungsoptionen in der täglichen Arbeit im Projekt ist es hingegen für Sie sinnvoller, auf Ebene der Kostenarten einen Soll-Ist-Abgleich durchzuführen. Dazu werden die anstehenden Kosten vom Projekt-Controller auf Wochen- oder Monatsebene erfasst und entsprechend ihrer Herkunft aufgeteilt.

Um die Entwicklung der Kosten Ihren Stakeholdern zu kommunizieren, eignet sich eine stärker konsolidierte Darstellung, die Details punktuell bereitstellt, z. B. um aktuelle Probleme besser zu beschreiben. Die folgende Graphik soll dies verdeutlichen. Hier sind folgenden Informationen aufgetragen:

- SOLL-Kosten,
  d.h. die geplanten Gesamtkosten für das Projekt
- IST-Kosten,
  d.h. die bis zum Zeitpunkt „heute" angefallenen Kosten
- EAC-Kosten,
  d.h. die Prognose der Gesamtkosten bis zum Projektende (Estimate at Completion)

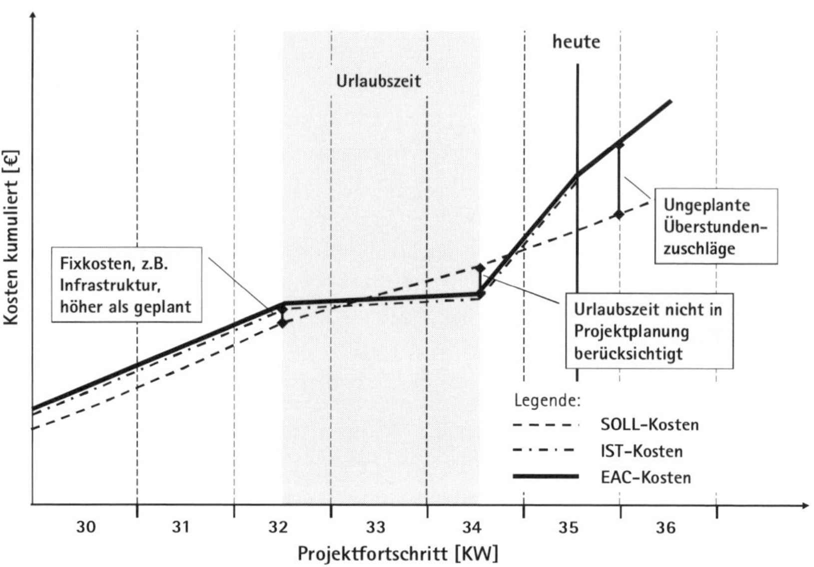

Abb. 71: SOLL-IST-Kosten Übersicht

Die möglichen Rückschlüsse aus einer solchen Übersicht sind in der Graphik verdeutlicht. Eine solche Darstellung darf niemals für sich alleine gezeigt werden, sondern sollte immer mit Hintergrundinformationen versehen werden, da sonst die Gefahr besteht, dass nicht alle Leser der Graphik die darin enthaltenen Informationen richtig interpretieren werden.

Wie Sie Unruhe hinsichtlich der Kosten vermeiden

Ein Großprojekt ist ein extrem komplexes Gebilde. Es existieren mannigfaltige Faktoren, die die IST-Kosten und den EAC beeinflussen können. Wenn z. B. ein Mitarbeiter krank wird, fallen in der Zeit seiner Abwesenheit keine Lohn- oder Spesenkosten an, was zu einer Senkung des EAC führt. Ändern sich in der Hochsaison die Hotelpreise, steigen plötzlich die Travel- und Living-Kosten und damit der EAC des Gesamtprojekts. Auf beides haben Sie als Projektleiter keinerlei Einfluss. Es wird immer wieder solche Positionen geben, die Sie in Ihrer Planung nicht berücksichtigt haben.

Je detaillierter die Kosten geplant und verfolgt werden, desto volatiler ist der EAC und die damit verbundene Kostenvarianz. Es gilt generell zwischen

„Control of Cost“ einerseits und „Cost of Control“ andererseits unternehmerisch abzuwägen. Die Zentralabteilungen, die für die Budgetüberwachung von Projekten zuständig sind, haben dafür meist wenig Verständnis, was auch nachvollziehbar ist. Jede Kostenvarianz und Veränderung des EAC von Periode zu Periode ist für sie erst einmal negativ und bedarf weiterer Erklärungen.

Tipp: Nehmen Sie Einfluss!

Von daher ist es für Sie wichtig, zusammen mit dem Projekt-Controller z. B. über Rückstellungen zu steuern, welches Maß an Kostenentwicklung gezeigt werden soll. Dies ist vergleichbar mit der Ergebnissteuerung des Gesamtunternehmens. Es geht hier also nicht darum, Kosten zu schönen, sondern vielmehr zu steuern, welchen Effekten und Problemstellungen Bedeutung beigemessen werden soll und welche nur „Grundrauschen" sind.

Risiko-Management

Wie bereits in der Einführung beschrieben, bergen Projekte verglichen mit Unternehmungen der Linienorganisation in größerem Maße Risiken in sich. Das liegt daran, dass ein Projekt verhältnismäßig wenige Aufgaben beinhaltet, die sich wiederholen, und dass am Anfang des Projektes in den meisten Fällen nicht alle Informationen vorliegen, die Sie als Projektleiter für eine exakte Planung eigentlich bräuchten. Ein Projekt ist von daher zu einem gewissen Teil immer ein Prototyp.

Risiko-Management in Projekten ist ein Sammelbegriff für alle Tätigkeiten, die das Eintreten von Risiken in Projekten vermeiden helfen bzw. die negativen Auswirkungen von Risiken auf den Projektverlauf limitieren helfen.

Welche Risiko-Typen es gibt

Will man die Risiken differenzieren, die ein Projekt mit sich bringt, so sind zunächst zwei Gruppen von Risiken zu nennen, die sich in ihrer Wirkrichtung unterscheiden:

Typ 1	Risiken, die dazu führen können, dass das Projekt-Budget überschritten wird, z. B. wegen ungeplanter Mehrarbeit und Überstundenzuschlägen
Typ 2	Risiken, die dazu führen können, dass die Leistungsfähigkeit der betroffenen Geschäftsbereiche negativ beeinflusst wird, z. B. durch mangelnde Ersatzteilverfügbarkeit infolge einer fehlerhaften ERP-Lösung

Üblicherweise wird in Projekten Risiken des Typ 1 eine größere Bedeutung beigemessen. Es muss allerdings klar sein, dass Risiken des Typs 2 ein mindestens ebenso hohes Schadenpotenzial für das Gesamtunternehmen haben.

Wie funktioniert Risiko-Management?

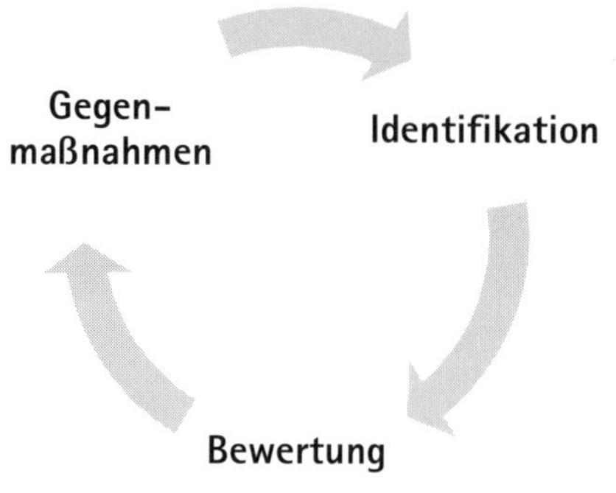

Abb. 72: Schritte des Risiko-Managements

Die hier vorgestellte Methodik zum Risikomanagement wird in Projekten für verschiedenste Industrien und Branchen eingesetzt und lässt sich auf beide Arten von Risiken anwenden. Sie besteht aus den folgenden Aktivitäten:

Risiko-Management	
Risikoprozesse	**To-do**
Risiko-Managementplanung	Hier werden die Verfahren festgelegt, mit denen die folgenden Risikoprozesse arbeiten. Hierzu gehören Identifikationsmethoden, Dokumentationsstrategien, Bewertungsstrategien und Verantwortlichkeiten.
Risikoidentifikation	Während der Risikoidentifikation werden Risiken mit verschiedenen Methoden identifiziert und dokumentiert. Dies geschieht initial zu Beginn des Projekts. Das so gewonnene Risikoinventar wird dann im weiteren Verlauf des Projekts regelmäßig überarbeitet.
Qualitative Risikobewertung	Die identifizierten Risiken werden anschließend qualifiziert. Hierzu gehört die Priorisierung auf Basis von Wahrscheinlichkeit des Eintretens und von Auswirkungen auf den Projekterfolg.
Quantitative Risikobewertung	Danach erfolgt die quantitative, d.h. monetäre Bewertung von Risikowirkung (gewichtet mit der Eintrittswahrscheinlichkeit), Gegenmaßnahmen und/oder erforderlichen Rückstellungen in der Project Contingency.
Planung zur Risikobewältigung	Die Planung der Risikobewältigung ermittelt Gegenmaßnahmen, um das Eintreten von Risiken zu minimieren oder die Auswirkungen der Risiken zu reduzieren. Im internationalen Umfeld wird hier auch von „Mitigation" gesprochen.
Risikoüberwachung und -verfolgung	Der Status der Risiken (meist in einer Risikoliste dokumentiert) und der Status der Gegenmaßnahmen werden anschließend kontinuierlich überwacht.

Zur verbindlichen Implementierung von Risiko-Management im Projekt ist eine Review-Struktur über mehrere Ebenen (Fach-Spezialisten, Teamleiter, Projektleiter) im Projekt sinnvoll. Auf diese Weise wird sichergestellt, dass Risiken umfassend identifiziert werden. Außerdem tritt als Nebeneffekt davon zumeist ein geschärftes Risikobewusstsein aller am Prozess beteiligten Personen ein.

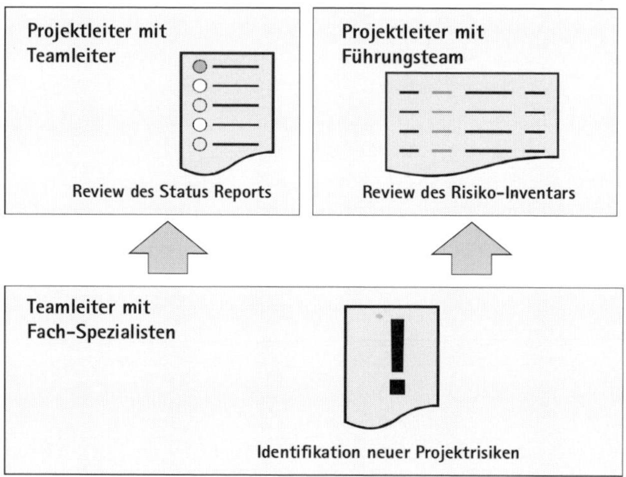

Abb. 73: Review-Struktur für Risiko-Management im Projekt

Risiko-Management ja, aber in Maßen

So wichtig Risiko-Management auch ist, so muss doch auch realistisch festgestellt werden, was es vermag und was nicht. Risiko-Management kann helfen, Risiken frühzeitig zu identifizieren und geeignete Gegenmaßnahmen zu treffen. Es vermag jedoch unplanbare Risiken, die den Projektverlauf gefährden, nicht völlig auszuschließen.

Auch ist die Tatsache, dass ein Risiko eintritt, keinesfalls ein Zeichen für schlechtes Risiko-Management, sondern lediglich die Konsequenz von Wahrscheinlichkeiten und teilweise auch einfach eine Folge von Pech. In manchen Projekten wird ein solch hoher Überwachungs- und Dokumentationsaufwand getrieben, dass dieser selbst schon wieder zum Risiko wird. Es gilt also auch hier, dem Thema vor allem mit gesundem Menschenverstand zu begegnen.

Motivations-Management: Wie Sie ein gutes Arbeitsklima schaffen

Wie Sie es drehen oder wenden, Ihre Projektmitarbeiter sind Ihre wichtigste Ressource für die Erreichung des Projekterfolgs. Da macht es durchaus Sinn, hin und wieder einmal nach dieser Ressource zu schauen. Meiner Erfahrung nach sind Menschen, die sich entschieden haben in internationalen Projekten zu arbeiten, ein wenig anders als andere. Üblicherweise herrscht ein höherer Grad an Eigenmotivation vor und es gibt ein gemeinsames Bestreben „etwas zu bewegen". Diese Menschen sind also eigentlich von Grunde auf motiviert. Das einzige, was Sie also tun müssen ist, sie nicht zu demotivieren. Das klingt einfach und ist es an sich auch. Leider wird es trotzdem häufig nicht berücksichtigt. Hier sind ein paar Empfehlungen, die Ihnen helfen können, ein gutes Arbeitsklima zu schaffen bzw. zu erhalten:

Checkliste: Mitarbeitermotivation	
• Ihre Mitarbeiter sind wichtige Projekt-Stakeholder. Daher verdienen sie es, in regelmäßigen Abständen über den Verlauf des Gesamtprojekts informiert zu werden. Ein Newsletter oder eine E-Mail kann hier gute Dienste tun, ist aber nur halb so wertvoll, wie eine kurze Ansprache von Ihnen. • Wenn es etwas zu feiern gibt, dann feiern Sie es. Regelmäßige Projekt-Events helfen nachweislich Spannungen und Stress im Team abzubauen. Wenn das Budget hierfür knapp ist, können evt. Ihre externen Partner bei der Finanzierung unterstützen. Achten Sie darauf, dass der Event nicht zu protzig wird. Lieber regelmäßig etwas kleineres als einmal die Riesensause. • Wenn es einen Projekt-Event gibt – seien Sie da! Es gibt nichts Schlimmeres als Partys, die ohne Projekt-Manager stattfinden, weil der sich für zu beschäftigt hält. • Führen Sie in regelmäßigen Abständen Befragungen im Projekt durch: Klopfen Sie dabei Stimmung, Zielklarheit, Aufgabenklarheit und Verbesserungsmöglichkeiten ab. Hierzu gibt es verschiedene Online-Tools am Markt, die kostengünstig genutzt werden können.	

• Arbeiten Sie mit den Ergebnissen der Befragungen und legen Sie sie nicht nur ab. Das übergreifende Thema ist Wertschätzung der Mitarbeiter. Wenn also im Projekt-Feedback ein Missstand angesprochen wird, dann versuchen Sie diesen zu beheben. Wenn das nicht geht, was sicherlich in der Mehrzahl der Fälle so sein wird, sonst hätten Sie es ja schon gemacht, gehen Sie im nächsten Team-Briefing darauf ein, warum es nicht anders geht.	

Sie werden mir sicherlich zustimmen, dass nichts aus dieser Checkliste schwierig oder gar unmöglich zu organisieren ist. Wenn Sie diese Punkte beachten, werden Sie viel Freude mit einem gut gelaunten und hoch motivierten Team haben – auch in harten Zeiten.

Konfiguration, Programmierung & Tests

Übersicht

Wie im Kapitel „Das V-Modell: Spezifikation der Neuprogrammierung" erläutert, werden während der Blueprint-Phase die Spezifikationen für Programmierung und Konfiguration erstellt, überprüft und von den Prozess-Spezialisten abgenommen.

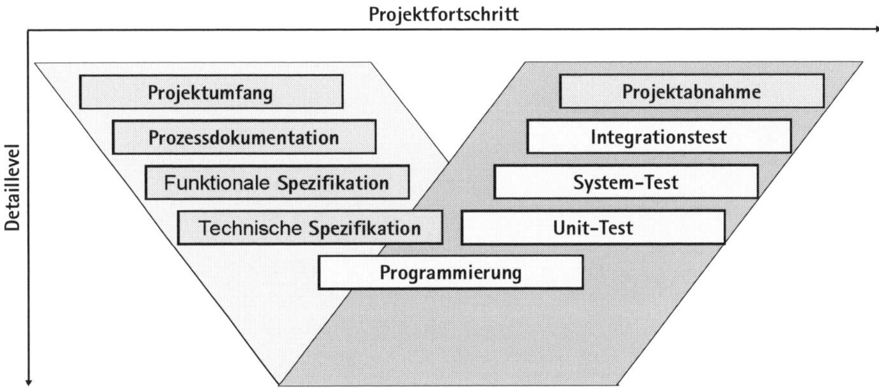

Abb. 74: Die verschiedenen Test-Phasen im V-Modell

Dieses Kapitel beschäftigt sich mit der Realisierung dieser Spezifikationen und den verschiedenen Testphasen, die diese bis zur endgültigen Abnahme des Systemtests zu durchlaufen haben. Je nach der Projektmethodik, die in Ihrem Unternehmen verwendet wird, kann es sein, dass Sie einzelne Testphasen unter einem leicht anderen Namen kennen. Eventuell werden bei Ihnen Phasen kombiniert oder weiter aufgefächert. Dies sollte Sie nicht verwirren, daher sind die einzelnen Phasen in diesem Kapitel umfangreich erläutert.

Programmierung: Für Sie eine Black Box?

Die Programmierung lässt sich unterteilen nach zu entwickelnden Objekten. Die international gebräuchliche Abkürzung für Entwicklungen im ERP-

Umfeld lautet RICEF. Dieses zugegebenermaßen kryptische Akronym steht für:

- **R**eports (Online-Berichte)
- **I**nterfaces (Schnittstellen zu externen Systemen)
- **C**onversions (Schnittstelle zur Datenübernahme)
- **E**nhancements (Erweiterungen in SAP-Transaktionen)
- **F**orms (Druckformulare)

Als Projektleiter eines Großprojektes kann das Programmierteam für Sie ruhig eine Black Box sein. Lassen Sie sich nicht davon abschrecken, dass Sie vielleicht die Details der Programmierung nicht verstehen. Eine Programmierung ist ein Aufgabenpaket mit einem klar einschätzbaren Aufwand – genau wie jede andere Aufgabe auch. Input sind die funktionalen Designs für die im Projektumfang definierten Erweiterungen. Output sind fertig entwickelte und getestete Erweiterungen.

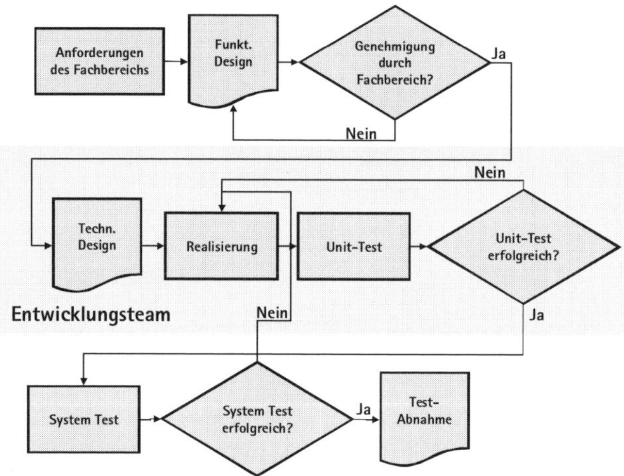

Abb. 75: Das Entwicklungsteam als Black Box

Wie Sie mit dem Entwicklungsteam umgehen sollten

Das Entwicklungsteam ist zuständig für das technische Design, das aus dem funktionalen Design abgeleitet wird und die Art der technischen Umsetzung skizziert. Des Weiteren erfolgen die eigentliche Programmierung und der Unit-Test in der Verantwortung dieses Bereichs.
Der Aufwand für ein RICEF verteilt sich dabei grob auf:

- 50% für Design und Test
- 50% für Entwicklung

> **Achtung: Aufwand ist nicht gleich Aufwand**
>
> Programmierer sprechen häufig nur von ihrem eigenen Entwicklungsaufwand für ein Programm. Der Gesamtaufwand inklusive dem Aufwand des Fachteams für Design und Test liegt aber in der Regel doppelt so hoch.

Programmierer sind ein bestimmter Menschenschlag. Natürlich ist das ein Stereotyp – allerdings ist eine gewisse Relevanz dieses Vorurteils nicht von der Hand zu weisen. Häufig sitzen sie mit großen Kopfhörern mit eingebautem Noise Reduction System vor ihren Laptops, um nicht durch störende Geräusche abgelenkt zu werden. Manche bekleben ihre Fenster mit Alufolie, um sich nicht durch störende Reflexionen im Bildschirm behindern zu lassen. Oft haben sie einen sehr hohen Qualitätsanspruch an ihre Programmierung, was prinzipiell begrüßenswert ist, jedoch für Sie als Projektleiter auch Konfliktpotenzial birgt, denn Ihnen geht es ja auch um das Budget und den Zeitplan.
Da Programmierer häufig sehr hilfsbereit sind, ist ein stringentes Scope Management äußerst schwierig. Haben die Mitarbeiter der Fachteams und insbesondere die Prozess-Spezialisten freien und unkontrollierten Zugang zu den Entwicklern, so können Sie zwar sicher sein, dass dort viel Gutes entsteht – nur leider haben Sie das so niemals genehmigt, und es ist auch nicht im Budget. Der internationale Fachbegriff hierfür ist Micro Scope Creep. Entwicklungsaufgabe für Entwicklungsaufgabe fällt mehr Aufwand an als geplant, da überall noch Verbesserungen und Erweiterungen vorgenommen werden, die niemals im funktionalen Design waren. Vielleicht werden aus einem Tag zwei oder aus drei Tagen werden fünf. Rechnet man das bei den üblicherweise anfallenden 200 bis 1000 Personentagen Programmierung

hoch, so wird deutlich, dass hier eine gewisse Gefahr für Budgetüberschreitungen lauert.

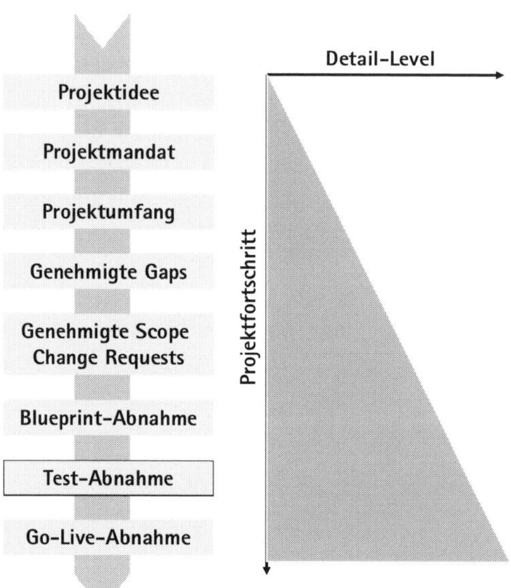

Abb. 76: Entwicklung der Business Anforderungen während des Projekts

Daher ist es in den meisten Fällen äußerst wichtig, den physischen Zugang zu den Programmierern zu kontrollieren. Ziel davon ist, berechtigte Änderungswünsche von vermeidbaren „Sonderlocken" zu trennen, die über den kleinen Dienstweg realisiert werden sollen. Dies geht allerdings nur, indem die Änderungsanforderungen bekannt sind und damit durch Sie genehmigt oder abgelehnt werden können.

Beispiel: Vermeidung von „Sonderlocken"

Eine gangbare Regelung könnte beispielsweise sein, dass alle Änderungsanforderungen erst mit dem Teamleiter des Entwicklungsteams besprochen werden. Dieser hat dann zu entscheiden, ob eine bestimmte Änderung durch Sie genehmigt werden soll oder nicht.

Wie Sie auch in Stressphasen die Dokumentation sicherstellen

Ein weiterer zentraler Punkt, der im Kontext der Entwicklung zu regeln ist, ist die Dokumentation. Steigt der Druck im Projekt, ist die Dokumentation meist der erste Bereich, der darunter zu leiden hat. Das ist im Entwicklungsumfeld nicht anders. Von daher sollte Ihr Integrations- und QA-Team regelmäßig Umfang und Qualität der technischen Dokumentation prüfen.
Haben Sie Entwickler mit unterschiedlichem Erfahrungshorizont im Projekt, empfiehlt es sich, regelmäßige Code-Reviews durchzuführen. Hier wird die Programmierung eines jüngeren Kollegen von einem älteren überprüft und umgekehrt. Diese Methode kann helfen, die technische Qualitätssicherung sicherzustellen.

Der Unit-Test: Prüfstand für das Entwicklungsobjekt

Der Unit-Test wird üblicherweise vollständig in der Verantwortung des Entwicklungsteams durchgeführt und bezieht sich ausschließlich auf das konkrete Entwicklungsobjekt, z. B. einen Bericht oder ein Formular. Nachdem die Programmierung fertig gestellt ist, wird das erstellte Programm von einem Applikationsspezialisten sowie einem Prozess-Spezialisten bzw. Key User auf Herz und Nieren getestet. Testen ist ein notwendiges, aber auch ein destruktives Verfahren. Ziel des Tests ist es immer, ein Programm zum Scheitern zu bringen. Diese Prämisse sollte allen am Projekt Beteiligten klar sein. Es hilft nichts, aus Nettigkeit gegenüber dem Entwickler oder Zeitnot nur oberflächlich zu testen. Auch hier gilt wieder: Je später ein Fehler entdeckt wird, desto kostspieliger ist seine Beseitigung.
Üblicherweise wird der Unit-Test ohne fest gefügte Testszenarios durchgeführt. Aus pragmatischen Gründen werden einfach alle erdenklichen Lebenslagen durchprobiert, in denen das konkrete RICEF angewendet werden kann. Je nach Komplexität der Programmierung sind 2 bis 5 Iterationszyklen mit dem Programmierer zur Fehlerbehebung normal und sollten von Anfang an in der Planung berücksichtigt werden.

Der System-Test: Testfälle für größere Zusammenhänge

Im System-Test werden größere, zusammenhängende Einheiten unter wechselnden Bedingungen von verschiedenen Projektgruppen getestet.

Beispiel: Test von größeren Einheiten

Dies können z. B. einzelne oder mehrere aufeinander folgende Transaktionen sein, z. B. eine Wareneingangs-Transaktion, in der das zuvor getestete Wareneingangsformular aufgerufen wird.

Ziel ist, Konfiguration und Programmierung in einem Bereich im realen Geschäftskontext zu testen. Hierzu werden im Vorfeld so genannte Testfälle erstellt. Ein Testfall beschreibt einen bestimmten Modus, in dem eine Transaktion durchgeführt wird.

Beispiel: Der Testfall

Nehmen wir als Beispiel unseren Wareneingangsbeleg, der bereits den Unit-Test erfolgreich durchlaufen hat. Dieser Beleg kann nun auf verschiedene Weise erzeugt werden, z. B.:

- Wareneingang für Lagermaterial
- Wareneingang für Nicht-Lagermaterial

Test-Skripten

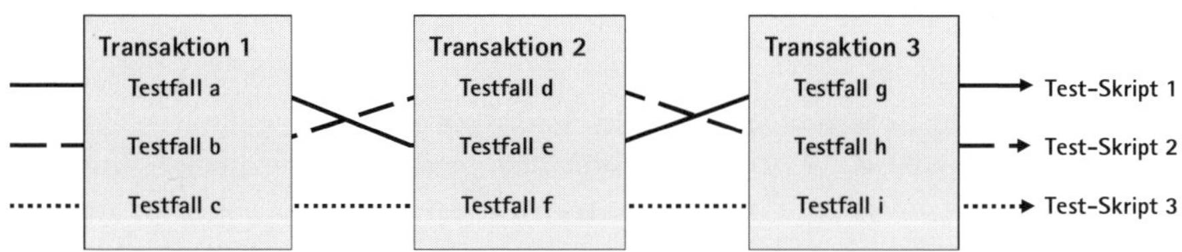

Abb. 77: Kombination von Testfällen zu Test-Skripts

Im System-Test werden mehrere solcher Testfälle, hier also Transaktionsvarianten und Formular, gemäß ihrer Sinnhaftigkeit zu so genannten Test-Skripten kombiniert. Für jedes Test-Skript wird pro Testschritt im Vorfeld festgelegt, was für ein Ergebnis erwartet wird. Auf diese Weise wird sichergestellt, dass Systemlogik und gesunder Menschenverstand miteinander übereinstimmen.

Beziehen Sie die Prozess-Spezialisten mit ein

Der Aufwand beim Testen steigt exponentiell, je mehr Kombinationen von Testfällen denkbar sind. Ein modernes ERP-System hat mehrere 10.000 mögliche Testfälle. Es wäre unmöglich, alle Kombinationen zu testen. Die Kunst ist hierbei, sich auf relevante und für Ihr Geschäftsumfeld kritische Bereiche zu beschränken. Es ist dabei äußerst sinnvoll und notwendig, Prozess-Spezialisten permanent in den Test involviert zu halten. Zum einen können nur diese als Auftraggeber entscheiden, ob das System funktioniert, d.h. ob es das erwartete Verhalten zeigt. Zum anderen gibt es keine bessere Art, die Untiefen eines ERP-Systems kennen zu lernen und en detail zu verstehen.

Ein weiterer positiver Nebeneffekt ist, dass die Mitarbeit der Prozess-Spezialisten im System-Test hilft, das Prozessverständnis der Beteiligten zu verbessern. Sind das wirklich die richtigen Abläufe für ihren Geschäftsbereich? Sind alle Anforderungen umgesetzt? Gibt es Unstimmigkeiten zwischen dem Verständnis einzelner Vertreter? Wenn die Prozess-Spezialisten sich uneinig sind, ist die Wahrscheinlichkeit hoch, dass die Verwirrung bei den Endanwendern um ein Vielfaches höher sein wird.

Quality Gates: Der richtige Umgang mit Fehlern

Auch beim System-Test können noch zahlreiche Fehler in den Programmen auftreten und Korrekturen notwendig sein. Die Anzahl und Schwere der Fehler wird dabei maßgeblich von der Qualität des ursprünglichen Designs, der Erfahrung des Entwicklers und der Güte des Unit-Tests bestimmt.

Fehler sollten spätestens zum System-Test in einer zentralen Datenbank, z.B. in einem so genannten Ticketsystem, erfasst und priorisiert werden. Die Priorität ist dabei im Wesentlichen davon abhängig, ob der Test fortgesetzt werden kann oder nicht.

Priorität	Testdurchführung	Korrektur erfolgt	Produktivstart	Auswirkung, wenn nicht behoben
Kritisch	abgebrochen	sofort	nicht möglich	Prozess nicht durchführbar
Hoch	unterbrochen	innerhalb 1-2 Arbeitstagen	gefährdet	schwerwiegend, signifikanter Mehraufwand
Mittel	fortgesetzt	innerhalb 5 Arbeitstagen	möglich	vertretbarer Mehraufwand
Niedrig	fortgesetzt	innerhalb 20 Arbeitstagen	möglich	leicht oder keine

Abb. 78: Fehlerklassifikation

Es empfiehlt sich die Anzahl der zu beseitigenden Fehler von Anfang an regelmäßig zu überwachen und sicherzustellen, dass sich hier kein Rückstand bildet. Bewährt hat sich hierbei die Definition von Quality Gates im Vorfeld des Tests. In den Quality Gates wird festgelegt, zu welchem Meilenstein wie viele offene Fehler der verschiedenen Kategorien erwartet werden. Dies hilft, ein Fehler-Reporting aussagekräftiger zu machen, da Sie auf ein konkretes Ziel hinarbeiten und dagegen berichten. Das Integrations- und QA-Team ist gut geeignet, Sie hierbei zu unterstützen.

Achtung: Überstunden und Wochenendarbeit

Da die Abarbeitung der Fehler zumeist auch gleichzeitig Voraussetzung für den Beginn des folgenden Testzyklus ist, ist die Wahrscheinlichkeit für Überstunden und Wochenendarbeit in dieser Phase relativ hoch. Stellen Sie sich und Ihr Team beizeiten darauf ein.

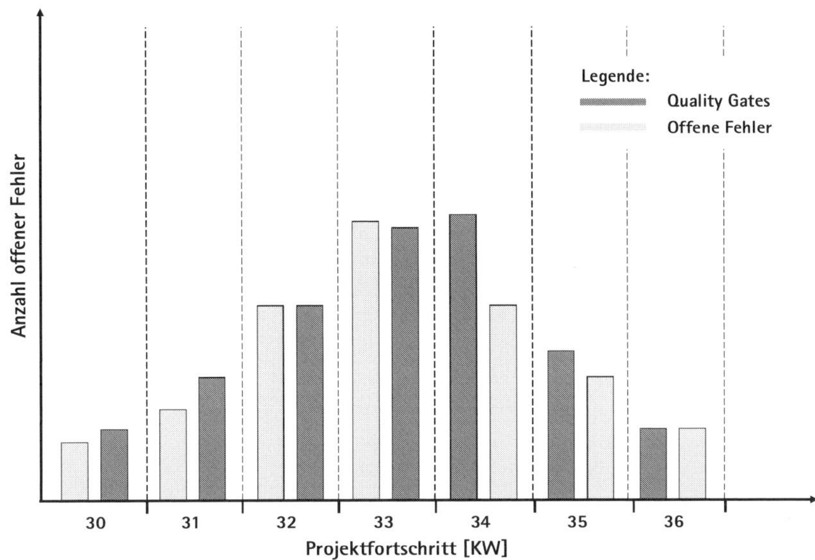

Abb. 79: Überwachung der offenen Fehler

Der Integrationstest: Szenarien in der Prüfung

Der Integrationstest ähnelt sehr stark dem System-Test. Aus der Vielzahl zur Verfügung stehender Test-Skripts werden jeweils einige ausgewählt und zu großen repräsentativen Integrationstest-Szenarien kombiniert. Ein solches Szenario umfasst dann im Gegensatz zum System-Test einen kompletten Prozessablauf.

Beispiel: Szenario eines Integrationstests

Wurde im System-Test die Transaktion „Wareneingang" getestet, so könnte das dazugehörige Integrationstest-Szenario „Materialdisposition, Lagerhaltung und Produktionsversorgung" heißen.

Ein solches Szenario kann leicht über 100 Transaktionen umfassen. Das Durchspielen eines solchen Szenarios kann bis zu drei Tage dauern. Dies sollten Sie in Ihrer Testplanung berücksichtigen.

Idealerweise stehen zum Integrationstest bereits übernommene Daten aus dem Alt-System bereit. Dies sollte immer angestrebt werden, da es die Identifikation der Key User mit dem System erhöht.

Die Abnahme: So erlangen Sie Sicherheit

Wenn ein Integrationstest-Szenario erfolgreich durchgespielt werden konnte, muss es aus Gründen der Revisionssicherheit der System-Implementierung schriftlich durch die Vertreter der Geschäftsbereiche abgenommen werden. Die Abnahmeformulare müssen gesammelt und zentral abgelegt werden. Sie sind den Wirtschaftsprüfern auf Nachfrage zur Verfügung zu stellen. Die Abnahme des Tests hat natürlich nicht nur eine juristische Dimension. Vielmehr werden durch die Abnahmeprozedur die Vertreter der Geschäftsbereiche dazu genötigt, sich intensiv mit der neuen Lösung auseinanderzusetzen. Dies ist von nicht zu unterschätzender Bedeutung, um später Überraschungen auf Kundenseite zu vermeiden.
Falls im Verlauf des Tests Fehler mit der Priorität „mittel“ oder „niedrig“ aufgetreten sind, so kann der Test auch mit Vorbehalt von den Prozess-Spezialisten abgenommen werden. Dazu sollten aber die aufgetretenen Fehler auf dem Abnahmeformular vermerkt werden.

Test-Tools: Lohnen sich automatisierte Tests?

Der Vollständigkeit halber sei erwähnt, dass es heute für alle großen ERP-Systeme automatische Tools zur Industrialisierung von Test-Aktivitäten gibt. Hierzu werden analog zum hier erwähnten V-Modell die jeweiligen Testschritte in einzelnen Bausteinen im Test-Tool definiert und parametrisiert (vergleichbar zum Unit-Test). Die Bausteine können dann theoretisch beliebig zu System- oder gar Integrationstests kombiniert werden. Praktisch scheitert dies jedoch in Projekten oft an dem hohen Einmalaufwand, den die Definition der einzelnen Test-Bausteine im System mit sich bringt. Dennoch macht es Sinn, für das massenhafte Testen von Migrationsdaten auf automatische Test-Tools zurückzugreifen. Ein anderer erwähnenswerter Anwendungsbereich ist der Regressionstest. Falls der Aufwand hierfür das Projektbudget sprengt, so lässt sich eventuell eine Kostenteilung mit dem Bereich arrangieren, der nach Abschluss des Projektes für die Systemwartung zuständig ist. Diese Support-Organisation sollte das größte Interesse an der Einsetzbarkeit von automatischen Test-Tools haben.

Datenbereinigung, Datenübernahme, Archivierung

Übersicht

Je nach Alter und Komplexität der vorhandenen Alt-Systeme und der Qualität der darin befindlichen Daten, kann die Bereinigung und Übernahme der Alt-Daten ein ziemlich aufwändiges Unterfangen sein.
Die folgende Graphik veranschaulicht den prinzipiellen Ablauf der Datenübernahme, der im Folgenden näher erläutert werden soll. Dieser Prozess wird im Laufe des Projekts vielmals oft wiederholt.

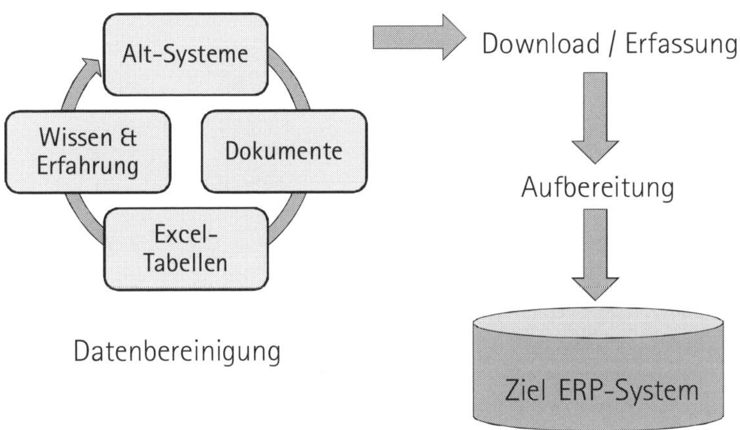

Abb. 80: Übersicht zur Datenübernahme

Prinzipiell sind Datenobjekte genauso Entwicklungsobjekte wie andere Systemerweiterungen auch, d.h. wie z. B. Berichte, Formulare oder neue Transaktionen. Allerdings zeichnet sich die Migrationsentwicklung durch einen ganz anderen Grad von Komplexität aus, weshalb sie häufig getrennt von

anderen Entwicklungen behandelt wird. Folgerichtig werden auch die Tests in leicht abgewandelter Form durchgeführt.
Die Komplexität wird dabei weitestgehend von den vorgefundenen Alt-Systemen bestimmt. Bei der Planung des Projekts sind aber häufig nur sehr unzureichende Informationen über die Alt-Systeme und die darin vorhandenen Daten vorhanden. Zudem ist der Erfolg der gesamten ERP-Einführung im hohen Maße vom Erfolg der Datenübernahme abhängig. Aus diesem Grund ist die Datenübernahme ein sehr risikobehaftetes Unterfangen und sollte während der Realisierungsphase Ihre volle Aufmerksamkeit genießen.

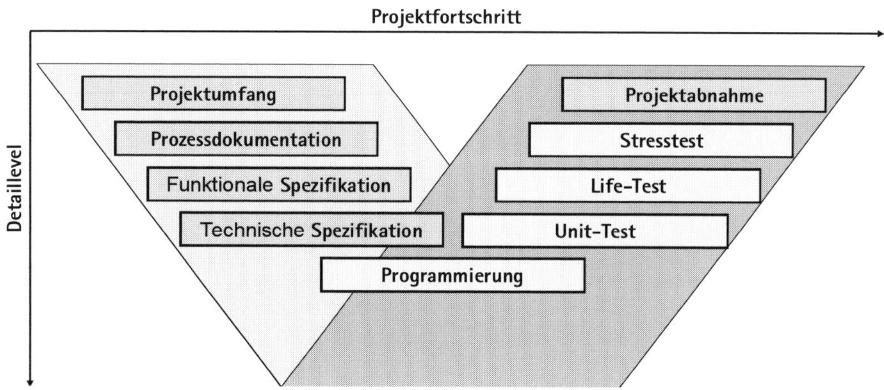

Abb. 81: Das V-Modell für die Datenübernahme

Die Datenübernahme: Vom richtigen Umgang mit Alt-Daten

1. Schritt: Was wird übernommen?

Im ersten Schritt geht es zunächst darum zu verstehen, welche Daten in welcher Ausprägung in welchem System abgelegt sind. In diesem Zusammenhang werden für gewöhnlich drei verschiedene Arten von Daten unterschieden:

- Stammdaten (z. B. Material, Lieferant, Kunde etc.)
- Bewegungs- bzw. Transaktionsdaten (z. B. Bestellungen, Rechnungen etc.)
- Salden und Bestände (z. B. Kostenstellen-Salden, Bestandswerte etc.)

Größtenteils sind die Alt-Daten in dem bisher genutzten „alten" ERP-System gespeichert, teilweise finden sie sich aber auch in Excel-Tabellen, Dokumenten, Datenbanken oder im Extremfall nur in den Köpfen von altgedienten Mitarbeitern. In der Mehrzahl der Fälle sind die Alt-Daten in irgendeiner Form verteilt und müssen zusammengetragen werden.

Dazu wird im ersten Ansatz definiert, welche Daten überhaupt übernommen werden.

- Aus Projektsicht muss es Ihr Ziel sein, so wenig wie möglich Daten zu übernehmen. Zum einen senkt das den Entwicklungsaufwand des Projekts und zum anderen gibt es weniger Folgeprobleme mit der Datenbereinigung.
- Die Haltung der Fachbereiche dazu ist natürlich eine ganz andere. Aus ihrer Sicht sollte so viel wie möglich übernommen werden, man weiß ja nie, was man alles braucht. Üblicherweise gibt es dort kein Verständnis für die Probleme, die diese Haltung im Bereich Datenbereinigung nach sich ziehen kann, was auch verständlich ist.

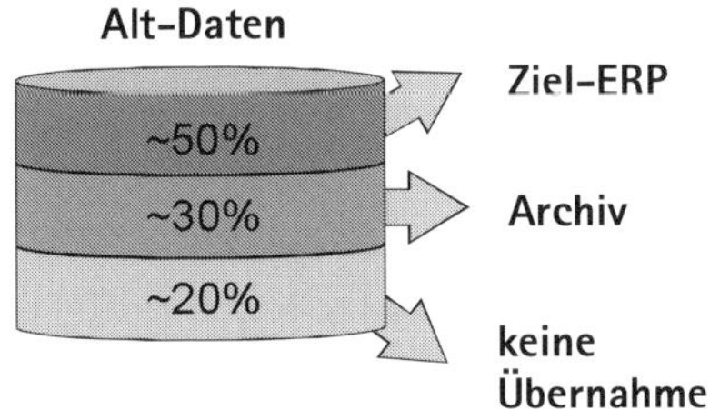

Abb. 82: Optionen der Alt-Daten-Verwendung

Zwischen diesen beiden Extrempositionen gilt es nun einen Mittelweg zu finden. Bewährt hat es sich, die Diskussion, welche Daten ins Zielsystem übernommen werden, mit der Entscheidung zum Aufsetzen eines Archivierungssystems zu verknüpfen. Auf diese Weise ist aus Sicht des Fachbereichs sichergestellt, dass der Zugriff auf die Daten nicht verloren geht. Ein Archivierungssystem ermöglicht den dauerhaften Zugriff auf Alt-Daten auch nach der Datenübernahme und der Abschaltung der Alt-Systeme. Hierzu werden Alt-Daten als Listen oder Dokumente aufbereitet, mit beschreibenden Metadaten versehen und dauerhaft sowie katastrophensicher elektronisch abgelegt. Da die einzelnen Datenobjekte in Archivsystemen im Gegensatz zu ERP-Systemen nicht in logischer Beziehung zueinander stehen, treten hier keine Probleme aufgrund von fehlerhaften oder unvollständigen Daten auf. Allerdings sind die Daten auch nur noch bedingt elektronisch verarbeitbar.

Beispiel: Geeignet für die Archivierung

Archivierung eignet sich beispielsweise für folgende Alt-Datenobjekte:

- Anlagengitter
- Bilanzwerte
- Profit- & Cost-Center Salden
- Stücklisten
- Arbeitsanweisungen

Die hier gemachten Angaben sind nur Anhaltspunkte, die jeweils im geschäftlichen Kontext Ihres Unternehmens gesehen werden müssen.

2. Schritt: Field-Mapping

Nachdem entschieden worden ist, welche Datenobjekte übernommen werden, beginnt das Field-Mapping, d.h. das Zuordnen von Informationen aus den Datenfeldern des Alt-Systems zu den Datenfeldern des Ziel-Systems. Die Zuordnung sollte in zwei Schritten von statten gehen:

1. ausgehend von den technisch benötigten Informationen des Ziel-Systems
2. ausgehend von den inhaltlich wichtigen Informationen des Alt-Systems

Beide Schritte sind notwendig und sollten in dieser Reihenfolge abgearbeitet werden.

3. Schritt: Definition der Migrationsregeln

Auf das Field-Mapping folgt die Definition der Migrationsregeln. Welche Informationen in welchem Feld müssen wie umgeschlüsselt werden? Welche Abhängigkeiten und Ausnahmen gilt es zu berücksichtigen? Diese Aktivitäten werden üblicherweise im Blueprint im Rahmen des Funktionalen Designs abgearbeitet. Allerdings hat die Datenübernahme auch hier ihre eigenen Regeln. Es ist nicht untypisch, dass die Konzeption für die Übernahme eines Objekts sich auch noch in der Realisierungsphase signifikant ändert. Das liegt zum einen in der hohen Abhängigkeit der einzelnen Objekte untereinander begründet und zum anderen in den typischerweise anfangs ungenügenden Kenntnissen der Datenlogik der Alt-Systeme. Dies entspricht nicht der reinen Lehre, lässt sich aber aus wirtschaftlichen Gründen nur sehr schlecht ändern.

Die Datenbereinigung: So gehen Sie mit fehlerhaften Daten um

In einem ERP-System gleich welcher Art fallen über die Zeit Unmengen von Daten an, die von verschiedenen Mitarbeitern an verschiedenen Orten bearbeitet werden. Diese Daten sind häufig auf verschiedene Weise fehlerbehaftet. Diese Fehler können falsche oder fehlerhafte Feldinhalte sein oder in der Existenz des Datensatzes selbst begründet sein.

Beispiel: Fehlerhafte Daten

Hier einige Beispiele:

- Beim Lieferant X fehlt die PLZ.
- Die Bestellung 456 ist seit zwei Jahren offen, obwohl das Material schon lange da ist.
- Der Kunde Y ist fünfmal mit verschiedener Kunden-Nummer angelegt.

Die Anzahl und Schwere der Datenfehler hängt dabei im Wesentlichen von dem Maß der Datenintegrität ab, mit dem die Alt-Daten verwaltet werden. Als zwei Extreme wären hier die berühmte Excel-Tabelle (keine oder geringe Daten-Integrität) bzw. die relationale Datenbank mit umfangreicher Daten-Verprobung (hohe Datenintegrität) zu nennen.
Die verschiedenen Fehlerbilder verursachen verschiedene Probleme bei der Datenübernahme in ein modernes ERP-System.

Beispiel: Fehler und ihre Auswirkungen auf die Datenübernahme

- Im besten Falle weist das System z. B. die Neuanlage des Lieferanten X ab, da die PLZ ein Pflichtfeld ist. Es entsteht also ein Fehler, der leicht identifizierbar und behebbar ist.

- Die zwei Jahre alte Bestellung hingegen ist unter Umständen migrierbar, verursacht aber bei der weiteren Verarbeitung Probleme und Fehler. Diese Fehler sind nicht ganz so offensichtlich und erfordern gründliches Testen.
- Die Tatsache hingegen, dass Kunde Y fünfmal angelegt ist, lässt sich nur sehr schwer maschinell abfangen, insbesondere weil die Informationen, die in den fünf einzelnen Datensätzen enthalten sind, sich durchaus leicht unterscheiden können.

Die Datenbereinigung lässt sich in zwei Aufgabenstellungen unterteilen:

1. Aufgabe: Korrektur von syntaktischen Datenfehlern, die die technische Migration erschweren
2. Aufgabe: Korrektur von inhaltlichen Datenfehlern, die das sinnvolle Arbeiten mit der ERP-Lösung erschweren

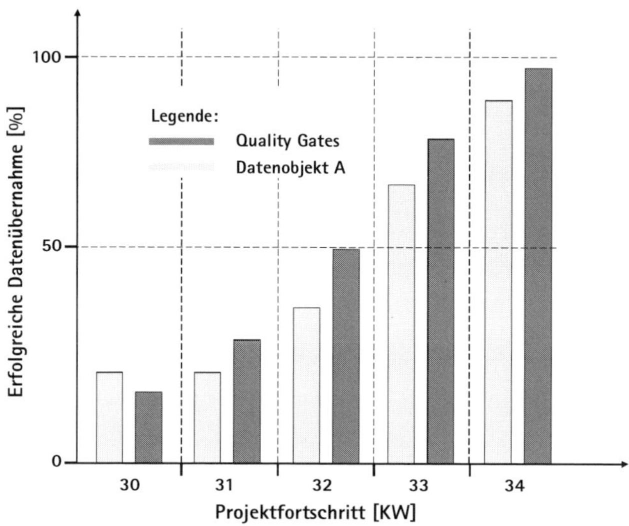

Abb. 83: Quality Gates für Datenübernahme

In beiden Fällen wird die Korrektur der Daten übrigens im Alt-System vorgenommen, was ein weiteres Merkmal für die Datenbereinigung ist. Natürlich ließen sich die inhaltlichen Fehler theoretisch auch nach erfolgreichem Projektabschluss „irgendwann später“ korrigieren, die Erfahrung zeigt aber,

dass das nie passiert. Erfahrungsgemäß wird sich in Projekten sehr häufig auf die erste Aufgabe fokussiert, da diese sich leicht identifizieren, messen und korrigieren lässt. Die zweite Aufgabe ist hingegen weit komplexer und wird daher häufig nur halbherzig angegangen und schnell fallen gelassen, wenn der Zeitdruck im Projekt steigt.
Für die Datenbereinigung haben sich zwei Lösungsansätze bewährt:

Syntaktische Datenfehler

Für die erste Gruppe lassen sich im Vorfeld pro Datenobjekt (also z. B. Material, Bestellung etc.) Quality Gates definieren. D.h. pro Datenobjekt legen Sie vor den eigentlichen Datenübernahmetests fest, welchen Grad an technisch erfolgreicher Migration Sie erwarten. Anschließend werden die tatsächlichen Ergebnisse dagegen aufgetragen. Dieser Ansatz ist leicht umsetzbar, und das Reporting ist intuitiv verständlich.

Inhaltliche Datenfehler

Für die komplexere zweite Gruppe der inhaltlichen Fehler hat es sich bewährt, in Interviews mit den Prozess-Spezialisten und anderen Kennern der Alt-Daten potenzielle Fehlerbilder zu ermitteln. Ein solches Fehlerbild könnte z. B. sein: „Die Bestellungen im Standort XY sind häufig nicht gepflegt." Anschließend wird diese Aussage durch stichprobenartige Untersuchung der Alt-Daten erhärtet bzw. qualifiziert. Für die Korrektur der Daten wird anschließend eine Arbeitsgruppe aus Vertretern des zuständigen Fachbereichs unter Leitung eines Prozess-Spezialisten gebildet. Diese kann wahlweise vom Migrationsteam oder dem Integrations- und QA-Team hinsichtlich des Fortschrittsgrads überwacht werden. Der Abarbeitungsgrad der so identifizierten Datenprobleme lässt sich dann einfach in einem wöchentlichen Bericht visualisieren.

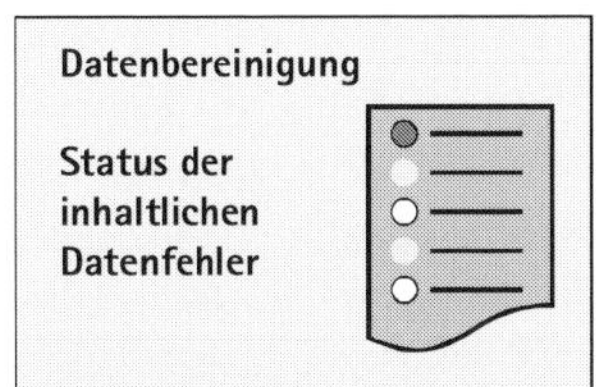

Abb. 84: Überwachung der inhaltlichen Datenbereinigung

Der Life-Test: Prüfstand für die Datenübernahme

Ähnlich wie bei den anderen Programmierungen durchlaufen auch die Datenübernahme-Programme natürlich Unit-Tests und zwar pro Datenobjekt. Allerdings besteht der Unit-Test hier jeweils aus der Kombination aus

- Download
- Aufbereitung
- Upload

Nachdem die einzelnen Datenübernahme-Werkzeuge entwickelt und von den Prozess-Spezialisten abgenommen worden sind, werden sie benutzt, um Massendaten im Testsystem für den System-Test oder den Integrations-Test zu generieren. Dies ist hilfreich, um offensichtliche Fehler im Migrationsprogramm aufzuspüren. Diese Fehler werden auch hier wieder zentral erfasst und Stück für Stück abgearbeitet. Es empfiehlt sich, hier wieder mit Quality Gates zu arbeiten, wie zuvor bereits ausgeführt.
Die eigentliche Komplexität beim Testen der Datenmigration entstammt aber dem korrekten Zusammenspiel der einzelnen Datenobjekte.

Beispiel: Migrationszeitpunkte im Test

Eine Firma fertigt eine Serie von 100 kleinen Motoren des gleichen Typs. Pro Woche werden 10 Motoren gefertigt. Die Einzelteile der Motoren einer Woche werden jeweils 2 Wochen vor dem Beginn der Fertigungswoche bestellt. Dazu werden Fertigungsaufträge angelegt, die wiederum Bestellungen auslösen. Die Teile treffen dann spätestens eine Woche vor Fertigungsbeginn ein. Direkt nach der Fertigung werden die Motoren in den Bestand gebucht, um wiederum eine Woche später an den Kunden ausgeliefert zu werden.
Zu jedem möglichen Migrationszeitpunkt muss also eine genau definierte Anzahl von Motoren, Rohmaterialien, Bestellungen und Fertigungsaufträgen vorliegen, damit die Migration erfolgreich ist.

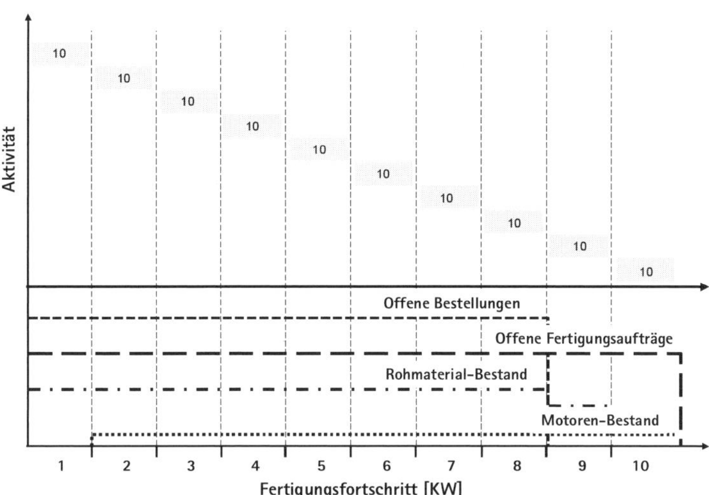

Abb. 85: Zusammenspiel verschiedener Datenobjekte

Die Herausforderung besteht also darin, genau das zu testen. Dies geht nur, indem man ganze Prozessketten testet. Das macht der Life-Test. Vereinfacht gesagt, ist der Life-Test eine mehrmalige Iteration des Integrationstests auf vollständig migrierten Daten. Voraussetzung für den Life-Test ist ein erfolgreich abgeschlossener Integrations-Test.

Tipp: Positive Nebeneffekte des Life-Tests

- Der Life-Test ist eine hervorragende Gelegenheit, um das Verständnis der Endanwender und damit der Geschäftsbereiche für die neue ERP-Lösung zu erhöhen. Es hat sich bewährt, ausgewählte Endanwender in den Life-Test zu integrieren, um sie auf diese Weise für den Produktivstart fit zu machen.
- Der Life-Test ist außerdem eine gute Gelegenheit, das gesamte Abnahmeprozedere des Produktivstarts mit den Geschäftsbereichen durchzugehen. Abhängig von der Firmengröße, der Anzahl der betroffenen Abteilungen und Standorte sowie der Konzernstruktur kann eine solche Produktivabnahme sehr komplex sein.

Der Stress-Test: Generalprobe für die Migration

Eine weitere Voraussetzung für eine erfolgreiche Datenübernahme ist die korrekte Berücksichtigung von zeitlichen Abhängigkeiten zwischen den einzelnen Datenobjekten. Bevor man z. B. offene Bestellungen übernehmen kann, müssen zunächst Materialien, Lieferanten und noch einiges mehr migriert worden sein. Aus diesen Abhängigkeiten lässt sich ein Plan erstellen, der aufzeigt, in welcher Reihenfolge die verschiedenen Aktivitäten einer Migration erfolgen müssen. So ein Plan wird im internationalen Umfeld häufig als Cutover Plan bezeichnet. Je nach Umfang der Datenmigration kann ein Cutover Plan einige hundert bis zu mehrere tausend Aktivitäten beinhalten. Um ein Gefühl dafür zu bekommen, wie lange die einzelnen Aktivitäten der Migration dauern, wird diese mehrmals vor dem eigentlichen Produktivstart geübt. Diese Übung wird auch als Stress-Test bezeichnet. Der Stress-Test dient im Wesentlichen dazu:

- die Korrektheit und Vollständigkeit des Cutover Plans zu prüfen,
- die Dauer der einzelnen Aktivitäten zu ermitteln,
- das Reaktionsverhalten des ERP-Systems auf die Upload-Aktivitäten zu ermitteln,
- den Ablauf des Produktivstarts im gesamten Projektteam zu üben.

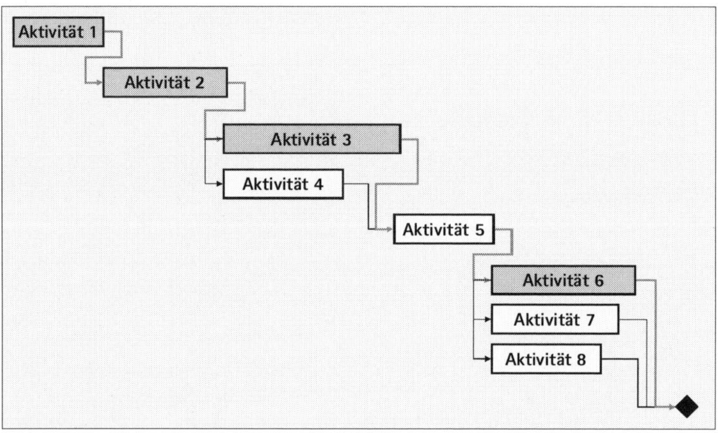

Abb. 86: Cutover Plan

Achtung: Erstens kommt es anders und zweitens als man denkt

Bestimmt kennen Sie Murphys Law. Der Cutover-Prozess ist ein hervorragender Spielplatz, um die Beweisführung zum Wahrheitsgehalt dieses Gesetzes anzutreten. Sie können alles testen, testen, testen. Wenn es schließlich zur Produktivmigration kommt, wird irgendetwas schief gehen, was zuvor tausendmal funktioniert hat. Probieren Sie es aus!

Der Regressionstest: Prüfung von Altbewährtem

Wenn in dem ERP-System, das es einzuführen gilt, bereits produktiv gearbeitet wird, z. B. weil andere Geschäftsbereiche, Länder oder Standorte vor Ihrem Projekt produktiv gegangen sind, so gilt es außerdem zu testen, dass alle Abläufe in diesen Bereichen noch so funktionieren wie vor der Migration. Diese Form des Systemtests wird auch Regressionstest genannt.

Hierzu werden die für diesen Bereich relevanten Integrationstests erneut durchgespielt. Dies geschieht gemäß Lehrbuch nach jedem Stresstest und natürlich nach der Produktivmigration.

In der Realität müssen diese Tests allerdings in der Regel von Mitarbeitern durchgeführt werden, die nicht für Ihr Projekt arbeiten, sondern für eine wie auch immer geartete Linienorganisation, die mit dem ERP-System arbeitet. Ihr Zugriff auf diese Kollegen ist eventuell beschränkt. Zumal die Kollegen dafür natürlich keine Zeit haben und ihnen außerdem den Aufwand für das Testen „aufbrummen" wollen. Hoffentlich haben Sie den Aufwand im Projektbudget berücksichtigt. Doch selbst, wenn nicht: Der Test muss sein, er gehört zu den Grundlagen einer ordnungsgemäßen Betriebsführung. Da Produktivstarts zumeist am Wochenende stattfinden, kann es hier durchaus zu Wochenendarbeit in den betroffenen Bereichen kommen. Alternativ können die Regressionstests auch zum Beginn der Arbeitswoche durchgeführt werden. Der Preis hierfür ist allerdings, dass das ERP-System in dieser Zeit den „normalen" Endanwendern nicht zur Verfügung steht. Hier hilft nur, sich der Problematik frühzeitig bewusst zu sein und bei Zeiten dafür zu sorgen, dass die entsprechenden Fachbereiche sich über die von ihnen erwartete Beistellleistung im Klaren sind. Eventuell muss der Sponsor eingebunden werden, wenn sich zu viel Widerstand regt.

Gerade vor dem Hintergrund eines globalen Rollout-Programms darf nicht unerwähnt bleiben, dass alle Standorte, die bereits in einem ERP-System produktiv arbeiten, nach jeder Produktivsetzung eines weiteres Standorts einen vollständigen Regressionstest aller potenziell betroffenen Geschäftsabläufe durchführen müssen, was einen nicht unerheblichen Aufwand bedeutet. In vielen Firmen wird damit äußerst nachlässig umgegangen, obwohl jeder die Theorie kennt. Die Disziplinierung setzt schlagartig ein, wenn es aufgrund von mangelnden Regressionstests zu ernsten Problemen nach dem Produktivstart kommt.

Um den wiederkehrenden Aufwand in einem Rollout-Programm gering zu halten, sollte für den Bereich Regressionstest ernsthaft über den Einsatz automatischer Test-Werkzeuge nachgedacht werden. Hierbei werden zuvor definierte und aufgenommene Testszenarien automatisiert abgespielt. Dies bedeutet einen hohen Aufwand in der Definition der Testszenarien. Dafür sinkt der Durchführungsaufwand je Regressionstest aber auch dramatisch.

Training der Endanwender

Übersicht

Das Management und die Durchführung von Trainings werden üblicherweise unter den Sammelbegriff „Change Management“ eingeordnet. Dies ist sicherlich nicht verkehrt, solange Change Management Aktivitäten nicht allein auf Trainings reduziert werden. Siehe dazu auch Kapitel „Prozessanpassung und die Rolle von Change Management“ ab S. 167.

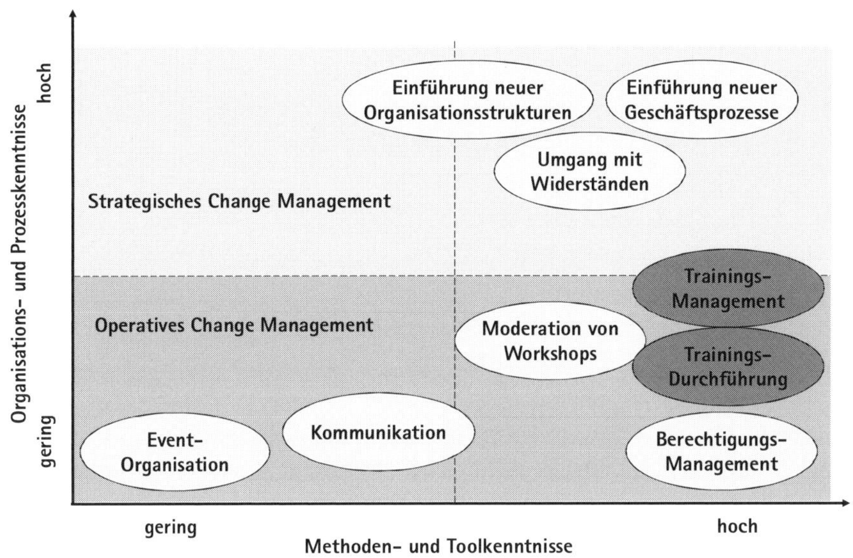

Abb. 87: Trainings-Management und -durchführung

Die Schulung der Endanwender ist aus drei Gründen ein wesentlicher Erfolgsfaktor für Ihr Projekt:

1. Gut trainierte Endanwender benötigen nach dem Produktivstart weniger Support.
2. Ein gutes Training hilft, die Angst vor Veränderung auf Seiten der Endanwender abzubauen.
3. Training ist die effektivste Methode, die Reaktion der „Basis“ auf die anstehende Veränderung verstehen zu können und bei Bedarf entsprechende Gegenmaßnahmen einzuleiten.

Trainingskonzept: Das A und O für ein gutes Training

Ein gutes Trainingskonzept beginnt mit einer Trainingsbedarfsanalyse. Hier wird ermittelt,

- welche Zielgruppen von Endanwendern es gibt und wie groß diese Gruppen sind.
- welchen Kenntnisstand hinsichtlich Prozessen und ERP-Lösung die Endanwender zum Zeitpunkt der Erhebung haben.
- welche Rahmenbedingungen zeitlicher, räumlicher oder organisatorischer Art zu berücksichtigen sind.

Nach der Trainingsbedarfsanalyse schließt sich die eigentliche Trainingskonzeption an. Diese gliedert sich üblicherweise in die folgenden Bereiche:

Trainingskonzeption	
Bereiche	**Zu klären:**
Trainingsorganisation	• Wo wird trainiert? Zentral oder dezentral? Existieren genügend Trainingsräume? • Wann wird trainiert? Dauer der einzelnen Trainings? Anzahl der Wochen vor Produktivstart? Im Schichtbetrieb? • Wer trainiert die Teilnehmer? Prozess-Spezialisten (immer die erste Wahl), Applikations-Spezialisten, Trainer? • Sind Maßnahmen zur Qualifikation der Trainer notwendig (Briefings, Train-The-Trainer-Kurse)? • Wie wird eingeladen, bestätigt, abgesagt, umgebucht? Zentral, dezentral? Welche Planungs- und Verwaltungstools werden genutzt?

Trainingskonzeption	
Bereiche	**Zu klären:**
Eingangskriterien	• Voraussetzungen/Mindestkenntnisse für Trainingsteilnahme, z. B. PC-Grundkenntnisse • Mindestteilnehmerzahl pro Kurs
Trainings-Curriculum	• Welche Inhalte werden als Schulung angeboten? • Welche logische Reihenfolge ist zu beachten, z. B. Grundlagen, Überblick, Vertiefung, Profi? • Welche Prozessschulungen müssen für Überblickskurse eingeplant werden?
Geeignete Trainingsformate pro Zielgruppe und Kurs	• Classroom Training (CRT) • Computer-based Training (CBT) • Web-based Training (WBT) • Coachings • Präsentation / Kommunikation
Schulungsmaterial	• Wer erstellt Schulungsmaterial? • Wie erfolgt die Abnahme der einzelnen Schulungen? • Wer setzt Beispiele im System auf? • Wie werden die Schulungssysteme und die Daten verwaltet? • Wo und wie werden Trainingsmaterialien produziert?
Qualitätssicherung der Trainings	• Kurs-/Dozentenbeurteilung der Endanwender (Formulare, Intranet) • Fokus-Gruppen (Zufällig ausgewählte Endanwender, die regelmäßig interviewt werden hinsichtlich Trainingsfortschritt) • Umgang mit kurzfristigen Absagen / No-Shows (Toleranzschwelle, Eskalationsmechanismen) • Statistiken und Berichte bzgl. Trainings-fortschritt
Exit-Kriterien	• Welcher Schulungsgrad muss bis zum Produktivstart erreicht sein? • Wie erfolgt die Bestätigung, dass Endanwender hinreichend geschult sind?

Diese Schulungskonzeption wird während der Blueprint-Phase erstellt und im weiteren Verlauf des Projekts verfeinert.

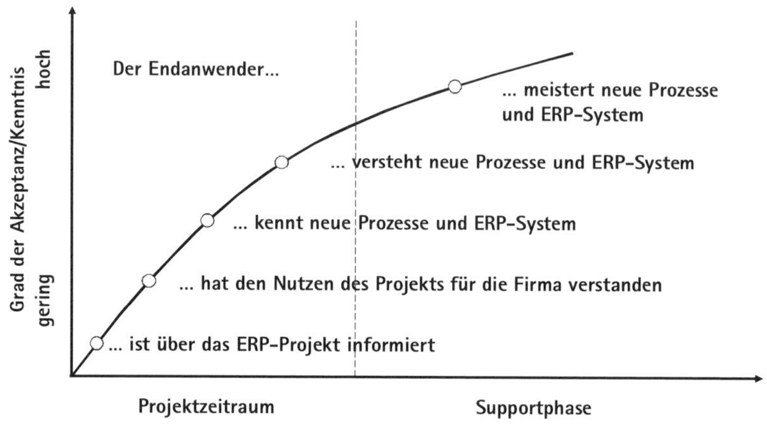

Abb. 88: Die Lernkurve des Endanwenders

Ziel von Trainingsbedarfsanalyse und Schulungskonzeption ist es dabei, für jede Gruppe von Endanwendern die geeigneten Maßnahmen zu finden, um sie analog zur Graphik vom passiven „Informierten" zu einem aktiven „Meister" der neuen ERP-Lösung zu entwickeln. Es sei an dieser Stelle aber auch erwähnt, dass dies in den wenigsten Fällen im Rahmen eines ERP-Projektes geleistet werden kann. Um in der Lage zu sein, nicht nur Gelerntes reproduzieren zu können, sondern wirklich eigenständig mit der neuen Lösung umzugehen, bedarf es Monate, manchmal sogar Jahre. Hier ist es Aufgabe des ERP-Projektes, Strukturen in der Organisation aufzubauen, die diesen kontinuierlichen Lernprozess unterstützen können. Bewährt hat sich hier eine permanente, flächendeckende Organisation von Prozess-Spezialisten in den Geschäftsbereichen auf Teilzeitbasis. Diese Organisation rekrutiert sich natürlich idealerweise aus den ehemaligen Prozess-Spezialisten des Projektteams. Sie kann auch als Schnittstelle zur IT/IS-Organisation dienen, z. B. um neue Anforderungen der Geschäftsbereiche zu kommunizieren oder Updates zu testen. Sie eignet sich ebenfalls hervorragend als Struktur, um Verbesserungs- und Optimierungsprozesse der einzelnen Fachbereiche zu begleiten oder um neue Mitarbeiter zu schulen.

So setzen Sie die Trainingskonzeption um

Nachdem die Konzeption erstellt und abgenommen ist, geht es an die Umsetzung. Hier stellt sich schnell die „Make or Buy"-Frage hinsichtlich der Erstellung des Trainingsmaterials.

Wann machen Standardschulungen Sinn?

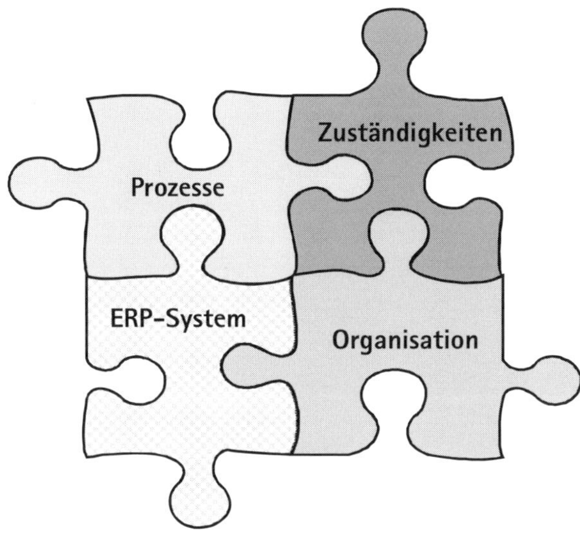

Abb. 89: Elemente einer ERP-Lösung

Im ERP-Bereich ist die Verwendung von Standardschulungen wie z. B. bei Projektmanagement- oder Datenbankprogrammen nicht üblich und auch nicht anzuraten. Die zu trainierende ERP-Lösung besteht aus verschiedenen, ineinander greifenden Elementen, die sehr stark auf Ihr Unternehmen abgestimmt sind.

Eine Standardschulung kann durchaus helfen, Key User auf ihre Rolle im Projekt vorzubereiten, für Endanwender-Schulungen kann davon nur abgeraten werden.

Externe Trainer oder Inhouse-Lösung?

Firmenspezifisches Material für klassische Gruppen-Schulungen (hier Classroom Trainings, CRT genannt) lässt sich noch am ehesten inhouse produzieren. Bereits hier sollte aber der Grenznutzen kritisch hinterfragt werden. Spätestens wenn es daran geht, die Schulungsmaterialien im Rahmen eines internationalen Rollouts zu übersetzen, sind die internen Ressourcen meist überfordert. Hier bieten sich dann spezialisierte Trainings- und Übersetzungsfirmen an. Bei diesen empfiehlt es sich, nicht alleine über den Preis auszuwählen. Die in ERP-Systemen und Prozess-Dokumenten verwandte Terminologie ist äußerst spezifisch und bedarf in der Übersetzung besonderer Erfahrung, damit aus „Netzplan" kein „Fischernetz" wird.

Computer Based und Web Based Trainings: Make or Buy?

Bei den Computer Based bzw. Web Based Trainings geht die Empfehlung sehr stark in Richtung „Buy", es sei denn, Sie haben zufällig eine spezielle Entwicklungsabteilung für solche Trainings im Unternehmen. Dieses Schulungsformat eignet sich besonders für wenig komplexe Inhalte bei gleichzeitig hoher Teilnehmer- und Wiederholungszahl. Die Vorteile liegen dabei auf der Hand:

- Es wird kein Trainer benötigt.
- Die Schulung kann (theoretisch) am Arbeitsplatz stattfinden.
- Endanwender können in ihrem Tempo lernen.

Dennoch sollten diese Argumente nicht über ein paar erhebliche Nachteile dieser Art von Schulung hinwegtäuschen:

- WBTs/CBTs werden häufig von den Teilnehmern aus Zeitdruck gar nicht gemacht oder nur oberflächlich. Hier gilt es dann, entsprechende Kontrollmechanismen vorzuhalten.
- Bei CBTs ist es schwer zu kontrollieren, ob ein Teilnehmer eine bestimmte Schulung absolviert hat.
- Es gibt nur eingeschränkte Möglichkeiten für spontane, individuelle Fragen der Teilnehmer.

- Der zwischenmenschliche Aspekt von Schulungen, also z. B. der Abbau von Berührungsängsten zum System, das Lernen durch Fragen von Kollegen, entfällt weitgehend.

Prinzipiell können WBTs auch synchron an verschiedenen Orten stattfinden mit einem Trainer, der mit den Teilnehmern per Konferenzschaltung verbunden ist und so Fragen direkt beantworten kann. Dies erfordert allerdings viel Disziplin von allen Teilnehmern und eine gute technische Infrastruktur. Dennoch, der Einsatz von WBTs/CBTs ist durchaus eine Option, die geprüft werden muss, empfiehlt sich aber nur in dafür geeigneten Themenbereichen.

Trainingsplanung und -verwaltung

Die Planung von Trainings wird häufig hinsichtlich Aufwand und Komplexität unterschätzt.

Diese Planungsprinzipien sollten Sie berücksichtigen

Die folgende Graphik soll das Prinzip der Planung verdeutlichen:

Abb. 90: Prinzip der Trainingsplanung

1. Im ersten Schritt wird der Mitarbeiter gemäß seiner Stellenbeschreibung zu einer ERP-Rolle zugeordnet. Diese Rolle ist den Berechtigungsrollen sehr ähnlich.

Beispiel: Zuordnung zu ERP-Rolle

Ein Gruppenleiter Einkauf könnte dabei die folgenden ERP-Rollen erhalten:

- Einkäufer
- Bestellfreigeber
- Reporting Einkauf

2. Die ERP-Rollen wiederum sind Kursen zugeordnet, die von den Mitarbeitern absolviert werden müssen.

Beispiel: Zuordnung zu Kursen

In unserem Beispiel könnte das dann so aussehen:

- Einkäufer => Überblicksschulung Einkäufer
- Bestellfreigeber => Freigabe von Bestellungen
- Reporting Einkauf => Einkaufsreporting

3. Nun müssen Kurstermine festgelegt werden. Zu einem Kurstermin gehören außerdem ein Trainer und ein Raum, der jeweils hierfür gebucht werden muss.

Bei der resultierenden Zuordnung von Mitarbeitern zu Kursterminen sind einige Rahmenbedingungen zu berücksichtigen:

- Die zeitliche Reihenfolge der belegten Kurstermine sollte mit der Abfolge der Kursinhalte übereinstimmen.
- Nicht alle Mitarbeiter einer Abteilung können gleichzeitig an einer Schulung teilnehmen.
- Mitarbeiter können nur an Schulungen an ihrem Standort teilnehmen.
- Die Mitarbeiter müssen an den geplanten Kursterminen verfügbar sein und Zeit haben, was mitunter das größte Problem ist.

Abhängig von Größe, Anzahl und Komplexität der betroffenen Geschäftsbereiche und Standorte entsteht in der Trainingsplanung und -verwaltung ein nicht unerheblicher Aufwand. Auch wenn es heute zahlreiche erprobte Planungs- und Verwaltungstools gibt, um die verschiedenen Zuordnungen im Trainingsbereich zu erleichtern, so sollte der Aufwand in diesem Bereich nicht unterschätzt werden.

Zentrale oder dezentrale Trainingsplanung und -verwaltung?

Eine Entscheidung, die im Projektkontext individuell getroffen werden muss, ist, ob die Trainingsplanung und -verwaltung zentral durch ein dediziertes Team oder dezentral, pro Standort, durchgeführt werden soll. Beides hat Vor- und Nachteile, die gegeneinander abgewogen werden müssen:

Zentral	Dezentral
besser kontrollierbar	größere Nähe zum Geschäftsbereich
gleichmäßige Qualität	stark abhängig von Personen
eher träge und unflexibel	flexible Reaktion auf Änderungen

Unter Umständen macht auch eine Kombination aus zentral und dezentral Sinn. Dies muss aber wie gesagt im Projektkontext individuell entschieden werden.

Trainingsdurchführung und -überwachung

Wenn die Trainings angelaufen sind, ist es wichtig, zeitnah und sehr genau auf die ersten Rückmeldungen von Teilnehmern und Trainern zu achten.

Wie Sie möglichst schnell Missstände aufdecken

Idealerweise gibt es ein Online-System, in dem sowohl Endanwender als auch Trainer jede individuelle Schulung bewerten und kommentieren können. Hier ist die Hauptsache, dass die Daten alle zeitnah an einer zentralen Stelle zusammenlaufen und ausgewertet werden können. Papierformulare scheiden für ein Großprojekt in jedem Falle aus.
Die zeitnahe Rückmeldung erlaubt die schnelle Reaktion des Trainingsteams auf etwaige Missstände, wie z. B. Probleme mit

- den Schulungsunterlagen,
- dem Schulungsraum,
- der Infrastruktur oder
- dem Trainer.

Irgendetwas beim Training geht immer schief. Je schneller Sie von den Problemen erfahren und diese beheben können, desto besser für den Projekterfolg.

Achtung: Der erste Eindruck zählt

Seien Sie sich immer bewusst, dass die Schulung üblicherweise der erste Kontakt der Endanwender mit dem Projekt ist. Es gibt hier keine zweite Chance für einen ersten Eindruck. Läuft die Einladung zur Schulung chaotisch, so werden die Endanwender entsprechende Rückschlüsse auch auf die Güte des Projekts und – schlimmer noch – auf die Güte der neuen ERP-Lösung ziehen. Läuft das Training hingegen sauber durch, so wird man auch dem neuen System gegenüber weniger reserviert sein.

Bewertungsschemata: Was sie bezwecken

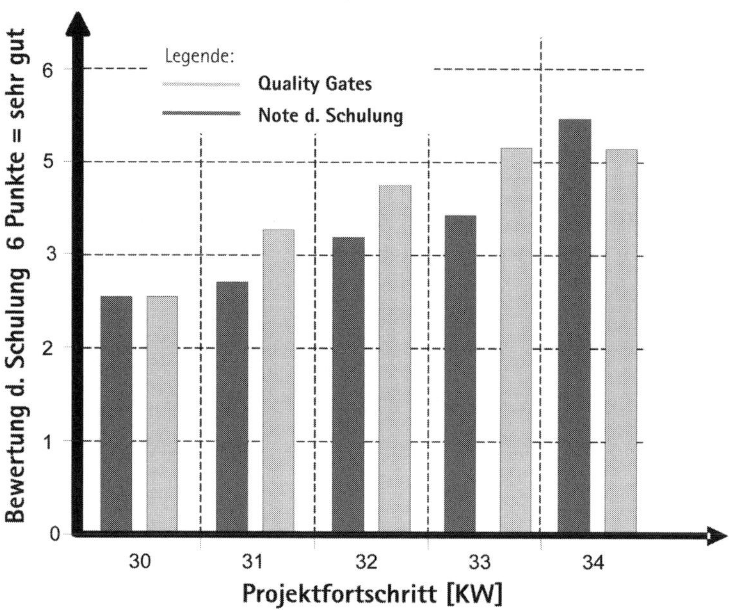

Abb. 91: Visualisierung der Schulungsbewertung

Ähnlich wie im System-Test ist es sinnvoll, sich vor dem eigentlichen Anlauf des Trainings Ziel-Benchmarks für die Schulungsbewertung zu setzen, gegen die dann die tatsächlichen Bewertungen gemessen und veröffentlicht werden, z. B. im War Room des Projekts. Achten Sie dabei in Ihrem Bewertungsschema auf eine gerade Anzahl von Punkten bzw. Noten, damit die Teilnehmer sich entscheiden müssen, ob das Training „eher gut" oder „eher schlecht" war. Ansonsten wird es einen sehr starken Drang zur Mitte der Notenskala geben.

Ein Bewertungssystem ist gut für die Transparenz der Außenwirkung des Projekts für die Projektmitarbeiter und erzeugt eine positive Konkurrenzstimmung unter den einzelnen Trainern, die dann miteinander wetteifern, besser zu sein als der Durchschnitt bzw. besser als ihre Ergebnisse der Vorwoche.

Wie Sie hohe No-Show-Raten vermeiden

Ebenfalls sinnvoll ist die Überwachung der Anwesenheitsrate, d.h., wie viel Prozent der zu einem Kurstermin eingeladenen Mitarbeiter auch tatsächlich erschienen sind. Abhängig von Organisation, Landes- und Unternehmenskultur, kann sich hier ein erhebliches Spannungsfeld auftun. Beim Umgang mit so genannten „No Shows", also denjenigen, die zu einer Schulung nicht erschienen sind, kann man viel Porzellan zerschlagen. Hier ein paar Empfehlungen:

- Stellen Sie sicher, dass die Zuordnung Mitarbeiter-Rolle und Mitarbeiter-Kurs von den Geschäftsbereichen überprüft und abgenommen wird. Lassen Sie hierfür ausreichend Zeit.
- Stellen Sie sicher, dass die festgelegten Kurstermine pro Mitarbeiter ebenfalls mit den einzelnen Bereichen abgestimmt und bestätigt werden. Dies ist die Grundlage für den Einladungsprozess und muss stimmen, wenn Sie nicht im Chaos enden wollen.
- Definieren Sie im Vorfeld des Trainings die Ziel-Anwesenheitsrate mit den Vertretern der Geschäftsbereiche. Definieren Sie außerdem das Zeitfenster, in dem das Projekt noch Absagen von Teilnehmern akzeptieren kann.
- Legen Sie gemeinsam mit dem Lenkungskreis Eskalationswege fest. Wer soll informiert werden, wenn es zu No-Shows kommt?
- Erheben Sie von Anfang an belastbare Daten zur Anwesenheit der Teilnehmer bei den einzelnen Kursterminen zwecks Reporting und Klärung von Rückfragen.

Fokus-Gruppen für echtes Feedback

Ein Nachteil bei stark aggregierten Kennzahlen ist, dass wenig Aussagen über die Ursache eines potenziellen Problems möglich sind. Sie sind quasi die Alarmleuchte, können aber oftmals bei der Diagnose nicht helfen. Aus

diesem Grunde eignen sich Fokus-Gruppen, um differenziertes Feedback zur gesamten Außenwahrnehmung des Projekts zu erhalten.
Fokus-Gruppen setzen sich aus wenigen, per Zufallsgenerator identifizierten Mitarbeitern eines Standorts oder Bereichs zusammen. Diese werden zu Anfang des Projekts in Zusammenarbeit mit der Personalabteilung identifiziert und in regelmäßigen Abständen durch das Change Management Team zur Wahrnehmung des Projekts in der Organisation, also beim eigentlichen Kunden, befragt. Aufgrund der geringen Zahl der Antworten können hier offene Fragen gestellt werden, d.h., es sind auch andere Antworten erlaubt als „Ja", „Nein" bzw. diskrete Zahlenwerte. Auf diese Weise lassen sich auch komplexere Ursache-Wirkung-Zusammenhänge verstehen und somit geeignete Gegenmaßnahmen einleiten.

Tipp: Rechnen Sie mit heftigen Antworten

Seien Sie nicht überrascht über die Antworten. Einige davon werden eventuell überraschend heftig ausfallen und Ihnen nicht gefallen. In vielen Unternehmen existiert quasi kein Kommunikationskanal von unten nach oben. Dort hat sich in der Regel viel Frust bei den Mitarbeitern angestaut, der sich jetzt gegen Sie entlädt, weil Sie der erste sind, der fragt. Erfahrungsgemäß ist dieses Phänomen auf die ersten Befragungen der Fokusgruppe befristet und pendelt sich im Verlauf des Projekts ein.

Letzte Vorbereitungen und Produktivstart

Übersicht

Die Realisierungsphase eines Projekts endet mit den letzten Vorbereitungen für den Produktivstart. Vergleicht man einen Produktivstart mit einer Premiere im Theater, so sind die einzelnen Tests (Integrationstest, Regressionstest etc.) die Generalproben dafür. Hier müssen alle Aktivitäten des Projekts in traumwandlerischer Sicherheit zusammenlaufen. Alle Systemfunktionalitäten müssen komplettiert, dokumentiert und abgenommen sein. Dies bedeutet auch, dass ab jetzt keine Änderungen am System mehr durchgeführt werden dürfen, d.h., das System wird „eingefroren". Diese Phase nennt man daher auch „Code Freeze". Sicherlich werden Sie zustimmen, dass solch ein Einfrieren durchaus sinnvoll ist. Wie soll man schließlich etwas überprüfen und abnehmen, wenn es sich noch verändert? Doch seien Sie gewiss, in jedem Projekt führt das endgültige Einfrieren des Systems zu erhitzten Gemütern und mitunter emotionalem Aufbegehren einzelner Beteiligter, die gerne noch die eine oder andere Verbesserung eingebaut hätten.
Der System-Test muss fertig gestellt, die Schulung der Endanwender abgeschlossen sein. Gleiches gilt für die Datenbereinigung und die Aufbereitung der Daten für die Migration. Die Mannschaft für die Anlaufunterstützung muss eingeteilt und geschult sein und vieles mehr.
Üblicherweise dienen die letzten Integrationstestzyklen und der Life Test dazu, die einzelnen Schritte des Produktivstarts im Team wieder und wieder durchzuspielen. Denn Sicherheit erreicht man nur durch üben, üben, üben.
Ein Produktivstart ist ein komplexes Vorhaben mit einer Dauer von 24 Stunden bis zu mehreren Tagen, das schnell mehrere hundert Aktivitäten mit wechselseitigen Abhängigkeiten beinhalten kann.

Beispiel: Produktivstart-Aktivitäten

Im Folgenden ein repräsentatives, aber keineswegs umfassendes Beispiel der Produktivstart-Aktivitäten für das Datenobjekt „Materialbestände":

- Durchführen einer Inventur im Altsystem
- Ausbuchen der Inventurdifferenzen durch die Buchhaltung
- Abnahme der Inventur durch die Bestandsverantwortlichen

- Schließen der Altsysteme, so dass keine Buchungen mehr durch Endanwender möglich sind
- Download der Bestandsinformationen
- Automatisiertes Umschlüsseln bestimmter Informationen von der Logik des Alt-Systems zur Logik des Ziel-Systems
- Schließen der Zielsysteme, so dass keine Buchungen durch Endanwender mehr möglich sind
- Prüfen, ob alle abhängigen Datenobjekte (in diesem Fall z. B. Materialstammdaten und Lagerorte) bereits korrekt im Zielsystem vorhanden sind
- Upload der Bestandsinformationen ins Zielsystem
- Überprüfung der Bestandsinformationen über Bestandssalden und Stichproben
- Abnahme der Materialbestände durch die Bestandsverantwortlichen

Die Qualität und Sicherheit eines Produktivstarts ist maßgeblich davon abhängig, wie gut jeder im Team seine Rolle im Rahmen dieses Prozesses versteht und wie genau der detaillierte Plan eingehalten wird. Das Ungeplante passiert dann schon noch früh genug.

Der Abnahmeprozess

Beim Produktivstart werden den Kunden des Projekts, also den Geschäftsbereichen, schlussendlich nach zig Monaten harter Arbeit die Projektergebnisse übergeben, und zwar in Form einer neuen ERP-Lösung bestehend aus System, Prozessen, organisatorischen Zuständigkeiten und übernommenen Daten. Das Projekt ist dabei ein Dienstleister für den Kunden. Wie bei den meisten Dienstleistungen muss auch eine neue ERP-Lösung von den Kunden bzw. den Geschäftsbereichen abgenommen werden.

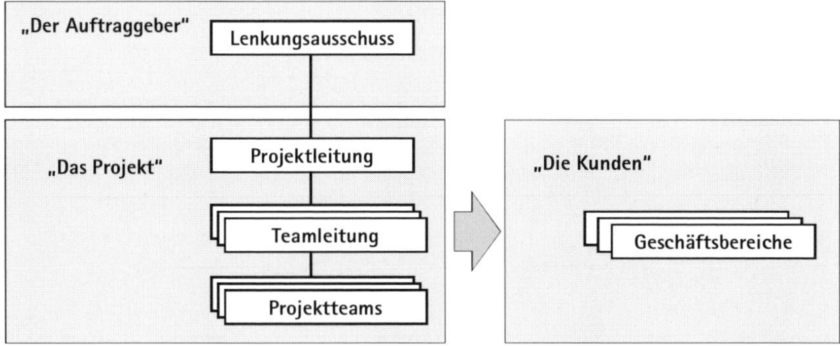

Abb. 92: Die einzelnen Parteien im Rahmen des Abnahmeprozesses für einen Produktivstart

Mögliche Probleme bei der Abnahme

- In den Geschäftsbereichen ist häufig nicht genug Wissen geschweige denn Kapazität vorhanden, um eine komplexe ERP-Lösung wirklich en detail zu verstehen und abzunehmen. Das Wissen dafür existiert meist nur in den Köpfen der Prozess-Spezialisten, die Teil des Projektteams sind. Dies kann zu einem durchaus folgenschweren Problem für das Projektteam werden. Wenn bis zu diesem Zeitpunkt das Stakeholder-Management und die Kommunikation des Projektteams die einzelnen Geschäftsbereiche nicht ausreichend auf ihre Rolle im Abnahmeprozess vorbereitet haben, kann es hier leicht zu Blockaden kommen, die wertvolle Zeit, Energie und Aufmerksamkeit der Projektleitung und eventuell des ganzen Teams verschwenden.
- Wie in der Übersicht zu diesem Kapitel bereits erläutert, sind die Abnahmeschritte integraler Bestandteil des Ablaufplans für den Produktivstart. Da Produktivstarts so gut wie immer an Wochenenden stattfinden, bedeutet das auch, dass die Abnahme der übernommenen Daten ebenfalls am Wochenende erfolgen muss, um den engen Terminplan einzuhalten. Wie immer wird es auch zu Abweichungen vom Plan kommen, die eine schnelle und effiziente Kommunikation erforderlich machen. Es ist durchaus üblich, während eines Produktivstarts Konferenzschaltungen mit den zentralen Beteiligten im Stunden-Rhythmus zu haben, bei

Bedarf sogar die Nacht hindurch. Wie leicht es ist, diverse Abteilungs-, Bereichs- oder Werksleiter zu bemühen, sich am Wochenende detailliert mit der Überprüfung und Genehmigung von Bestandssalden, Kostenstellenbudgets, Stücklisten u.v.m. zu beschäftigen, hängt stark von der Unterstützung des Managements für das Projekt ab. Dies wiederum ist abhängig von der Qualität Ihres Stakeholder-Managements.

Die Planung des Produktivstarts

Grobplanung: Festlegung des Starttermins

Die Grobplanung des Produktivstarts liegt in der Verantwortung der Projektleitung. Zusammen mit den einzelnen Fachteams und den Fachbereichen legt sie den genauen Termin für den Produktivstart fest und plant alle Test-, Schulungs- und Vorbereitungsaktivitäten so, dass sie den geplanten Starttermin ermöglichen. Nachdem der Starttermin durch den Lenkungsausschuss bestätigt wurde, bildet er die Ausgangsbasis für alle Planungs- und Kommunikationsaktivitäten.

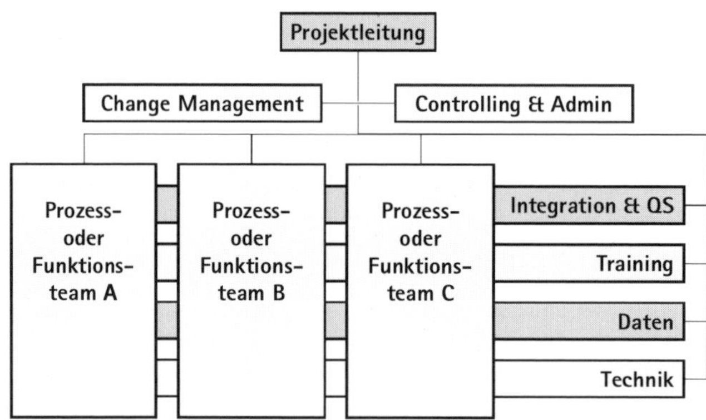

Abb. 93: Verantwortlichkeiten beim Produktivstart

Detailplanung: Bündelung der Aktivitäten für die Migration

Die Detailplanung des Produktivstarts liegt üblicherweise in den Händen des Teams, das für die Datenmigration zuständig ist (in der Abbildung: Team „Daten"). Während der gesamten Realisierungsphase sammelt und strukturiert das Team Aktivitäten, die im Rahmen des Go-Live durchgeführt werden müssen und bringt diese in eine logische Reihenfolge, d.h., für jede Aktivität werden Abhängigkeiten zu Vorgänger- und Nachfolgeraktivitäten ermittelt und dokumentiert. Das Gleiche gilt für die Dauer der einzelnen Aktivitäten.
Dieser Detailplan wächst über die Zeit und wird bei jedem Integrationstest erneut abgearbeitet und dabei erweitert und verfeinert.

Der Life-Test: Generalprobe für den Produktivstart

Der Life-Test ist die Generalprobe für den Produktivstart. Er ist üblicherweise die erste und letzte Chance, den kompletten Ablauf des Go-Live unter realitätsnahen Bedingungen durchzuspielen. Es ist von zentraler Bedeutung, dass der Ablaufplan für den Produktivstart nach erfolgreichem Durchlauf des Life-Tests nicht mehr verändert wird. Das mag vielleicht kleinlich erscheinen, doch jeder erfahrene Projektleiter wird Ihnen über Geschehnisse berichten können, bei denen minimale Änderungen im Ablauf, die mit den besten Absichten vorgenommen wurden, zu katastrophalen Ergebnissen beim Produktivstart geführt haben, die nur durch enormen Kraftaufwand zu beheben waren.
Daher muss auch das Team, das für die Datenübernahme zuständig ist, vor dem Rest des Projekts und vor allem vor sich selbst regelrecht beschützt werden. Hierbei kann das Integrationsteam eine zentrale Rolle spielen, z. B. indem es als Kontroll- und Überwachungsinstanz für alle Änderungsanforderungen eingesetzt wird. Des Weiteren kann es das Migrationsteam unterstützen, indem es das gesamte Abnahmeprozedere durch die Geschäftsbereiche steuert und verantwortet.

Die Planung der Anlaufunterstützung

Ein Projekt hört nicht auf mit dem Go-Live. Häufig wird die Anlaufunterstützung vergessen. Mit dieser sorgt das Projektteam dafür, dass die neue ERP-Lösung von den einzelnen Geschäftsbereichen eingesetzt wird wie geplant, dass Schulungsdefizite zeitnah ausgeräumt und fehlerhafte Systemfunktionalitäten schnellstmöglich korrigiert werden.

> **Achtung: Qualität der Anlaufunterstützung entscheidend für Projekterfolg**
> Die Wahrnehmung seitens der Geschäftsbereiche, ob ein Produktivstart erfolgreich war oder nicht, ist zu mehr als 50 % von der Qualität der Anlaufunterstützung abhängig.

Je nach Anzahl und Größe der einzelnen Geschäftsbereiche und Standorte und auch ihrer Entfernung voneinander, kann die Planung der Anlaufunterstützung durchaus anspruchsvoll sein. Insbesondere beim Flächen-Rollout kann es dazu kommen, dass das eigentliche Projektteam nicht groß genug ist, um die notwendige Vor-Ort-Unterstützung zu leisten. Dies gilt es bei Zeiten zu erkennen und entsprechend gegenzusteuern. Eventuell muss das Projektteam im Vorfeld des Produktivstarts noch verstärkt werden, um die nötige Personenstärke zu erreichen. Ein erweitertes Supportteam stellt allerdings wieder eine Herausforderung in sich dar, da die „Neuen" erst einmal mit der ERP-Lösung im Detail vertraut gemacht werden müssen, was Zeit und Aufwand bedeutet.

So planen Sie die Dimension des Support-Teams

Die folgende Planungsweise hat sich bewährt, um festzustellen, ob das Projektteam ausreichend dimensioniert ist:

- Anzahl Standorte
    - Funktionen je Standort (z. B. Einkauf, Buchhaltung etc.)
        - Endanwender je Funktion
            - Anzahl und Art der benötigten Anlaufunterstützung
                - Vor Ort, permanent
                - Vor Ort, zeitweise
                - Per Telefon

Mit der oben beschriebenen Struktur werden alle Standorte und Bereiche in den Standorten durchgeplant. Die Summe der dabei ermittelten benötigten

Anlaufunterstützung sollte in Zusammensetzung und Anzahl durch das existierende Projektteam abgedeckt werden können. Falls nicht, muss das Team verstärkt werden.
Bei einem Flächen-Rollout sollte außerdem so früh wie möglich über die Einrichtung einer zentralen Support-Hotline für die Anlaufunterstützung nachgedacht werden.

Krisenmanagement: So meistern Sie Unplanbares

Der Ablaufplan des Produktivstarts hat knapp tausend Zeilen, alles wurde akribisch abgearbeitet, alle Ratschläge und Hinweise dieses Buches wurden befolgt – und dann geht trotzdem etwas schief. Willkommen im echten Projektleben!
Das Unplanbare lässt sich auch durch das bestmögliche Projekt- und Risiko-Management nicht ausschließen. Wenn ein Projektmitarbeiter mit wichtiger Funktion einen Autounfall hat, die zentrale Datenbank des Migrationsteams plötzlich korrupt ist, ein Server urplötzlich den Geist aufgibt, dann hilft nur Improvisation. Seien Sie gewiss, solche Dinge passieren tatsächlich!
Es wäre müßig und unrealistisch für jede Eventualität einen Plan B zu entwickeln. Die Realität ist dafür viel zu komplex. Jetzt heißt es „kühlen Kopf bewahren“:

- Was genau ist die Sachlage?
- Was ist die genaue Auswirkung auf den Produktivstart?
- Welche Optionen stehen zur Verfügung?
- Welche Chancen auf Erfolg und welches Risiko sind mit welcher Option verbunden?

Idealerweise sind Sie und Ihr Projektteam zu diesem Zeitpunkt noch nicht völlig „sauer“ gefahren, so dass noch genug Energie vorhanden ist, um gemeinsam die Krise zu bewältigen (siehe hierzu das Kapitel „Krisen, Eskalationen und Umgang mit Widerständen“).

Der Produktivstart: Das System wird zum Leben erweckt

Nach Monaten harter Arbeit, zahllosen Überstunden, zerrütteten Nerven und teilweise auch Beziehungen kommt schließlich der lang ersehnte Moment des „Go-Live". Alle Abteilungen und Standorte haben die übernommenen Daten überprüft und abgenommen. In zahlreichen Konferenzschaltungen melden die einzelnen Abteilungen und Standorte ihren Bereich als „ready to start". Stück für Stück gehen die Abnahmeformulare beim Projektteam ein. Dann kann es losgehen.
Je nach Firmen- bzw. Projektkultur wird der Produktivstart mehr oder weniger zelebriert, wobei es das Projektteam sicherlich verdient hat, sich ein wenig zu feiern und gefeiert zu werden. So kann es z. B. durchaus nichts schaden, wenn zu diesem besonderen Zeitpunkt ein Vertreter des höheren Managements ein paar Worte des Dankes an das Team richtet und vielleicht sogar symbolisch die neue ERP-Lösung in Betrieb nimmt.
Und dann der große Augenblick: Die neue ERP-Lösung wird für die Benutzung durch die Endanwender freigegeben.

Support

Abb. 94: Projektphasen

Übersicht

Abb. 95: Projektphase Support

Warum überhaupt eine Support-Phase? Bei der Einführung von SAP-Lösungen wie auch von Upgrade- oder anderen Veränderungsprojekten ist in den meisten Unternehmen ein Zusammenspiel von zwei IT-Organisationseinheiten zu beobachten:

- Der Projektorganisation:
  Sie führt das Projekt in allen bisher beschriebenen Phasen durch und ist zuständig für den so genannten „Post-Production-Support", also die Phase unmittelbar nach dem Go-Live.
- Der Maintenance- oder Support-Organisation:
  Sie ist für die Anwenderunterstützung nach Abschluss des Projekts zuständig.

Ein Projekt hat ein definiertes Ende, das sich aus einem erwarteten Ergebnis zu einem geplanten Zeitpunkt unter Einhaltung eines vorgegebenen Budgets ergibt. Nach Erreichung dieses Ziels wird das Projekt aufgelöst, und seine Mitglieder werden aus der Verantwortung entlassen. Zu diesem Zeitpunkt muss der Staffelstab an eine andere Organisation übergeben werden, die von jetzt an die Verantwortung für die Arbeitsergebnisse des Projekts übernimmt.

Bei SAP-Projekten ist dies nicht anders. Der Übergang findet typischerweise am Ende der geplanten Support-Phase statt, die noch Teil des Projekts ist. Die Support-Phase dauert je nach Projektumfang typischerweise zwischen zwei und acht Wochen. In dieser Phase sind alle Energien darauf gerichtet, die Anwender bei der Nutzung der neuen SAP-Lösung zu unterstützen. Anders als im späteren Regelbetrieb ist die eingeführte Lösung zum Zeitpunkt des Produktivstarts häufig noch nicht bis in alle Details stabil. Um möglichen Schaden von den Geschäftsbereichen abzuwenden, müssen auftretende Fehler daher möglichst schnell erkannt und behoben werden.

Typische Fehler, die während der Support-Phase auftreten können, sind z. B.:

- Anwender XY hat keine Berechtigung für Transaktion Z.
- Der Drucker im Gebäude 4711 ist nicht erreichbar.
- Auf dem Rechnungsformular abc fehlt die Postleitzahl.
- Die Ergebnisse des MRP-Laufs (Materialbedarfsplanung) sind fehlerhaft.
- Anwender XY hat noch keine Schulung besucht oder hat die Schulungsinhalte wieder vergessen.
- Fehlbedienung des Systems und anschließende Fehlerkorrektur.

Dies alles erfordert eine entsprechend geschulte Projektmannschaft sowie eingespielte und hinreichend kommunizierte Support-Prozesse, d.h., alle Endanwender in den Geschäftsbereichen müssen wissen:

- Wo kann ich die Inhalte der Schulungen nachlesen?
- Was sind die Antworten auf die häufigsten Fragen (FAQ)?
- An wen wende ich mich, wenn ich ein Problem habe?
- Gibt es ein Call Center, und welche Informationen werden von den Mitarbeitern dort benötigt?
- Wie beschreibe ich die Schwere des Problems?
- Mit welchen Antwortzeiten kann ich rechnen?

Viele Projektmanager begehen den Fehler, alle Aufmerksamkeit auf den erfolgreichen Produktivstart zu richten, was absolut verständlich und wichtig ist. Häufig reicht die Kraft und Energie auch einfach nicht für mehr. Die Supportphase ist aber der Zeitraum, in dem die Endanwender, also die breite Masse, zum ersten Mal mit der neuen SAP-Lösung und mit den Support-Prozessen in Berührung kommen. Hier muss sich das Projekt bewähren. Aus Sicht des Endanwenders gibt es eine Gleichung:

Qualität der Schulung	=	Qualität des Supports	=	Qualität der Lösung

Läuft also die Planung, Organisation und Durchführung von Schulungen oder der Support unprofessionell, hat dies direkte Auswirkungen auf die wahrgenommene Qualität der eigentlichen SAP-Lösung. Dies mag berechtigt sein oder nicht, man muss sich jedenfalls damit auseinandersetzen.

Achtung: Nicht zu früh freuen

Stellen Sie sich vor: der Produktivstart ist geschafft! Alle sind übernächtigt und man trifft sich zu Wochenbeginn wie gewohnt in den Projekträumlichkeiten und schaut auf das Telefon. Nichts passiert. Doch Vorsicht, nicht zu früh freuen! Die Probleme kommen bestimmt. Am ersten Tag traut sich noch keiner an das neue System heran. Am zweiten vielleicht auch noch nicht. Doch spätestens am dritten Tag häufen sich die Anrufe, und der Stress beginnt.

Service Level Management: Wie Sie die Fehlerbehebung überwachen können

Getreu dem Motto „Man kann nur managen, was man auch messen kann" empfiehlt es sich auch in der Supportphase frühzeitig mit einer zentralen Dokumentation und Überwachung von nicht gelösten Problemen zu beginnen und sie kontinuierlich zu überwachen. Hierzu gibt es zahlreiche Standardtools, die auf dem Markt erhältlich sind. Wichtige Auswahlkriterien für ein solches Überwachungstool sind:

- Internet- bzw. Intranet-Fähigkeit
- Jeder Fehler muss eine eindeutige ID haben
- Informationen wie Anlage-, Änderungs- und Abschlussdatum sollten automatisch erfasst werden
- Feldinformationen sollten einfach ergänzbar sein
- Gute Reporting-Möglichkeiten, idealerweise mit grafischer Auswertung
- Intuitive Bedienbarkeit

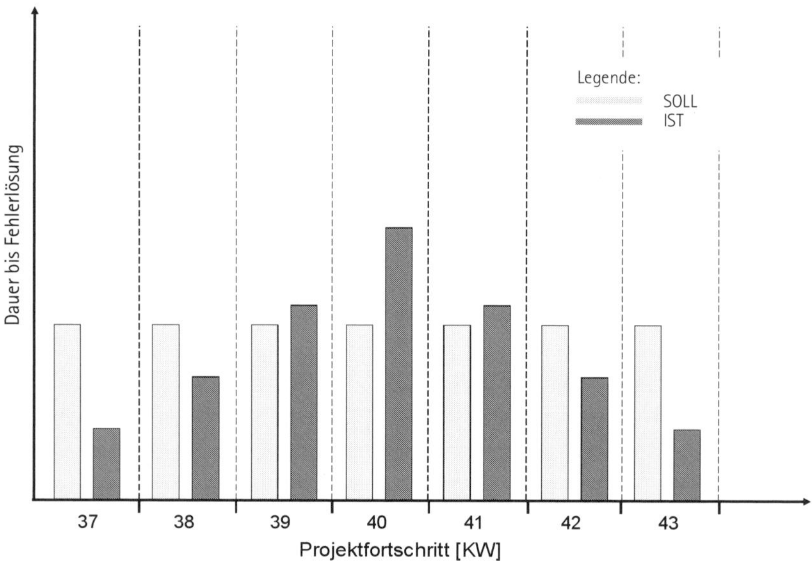

Abb. 96: Service Level Management

Während der Vorbereitung des Produktivstarts sollte das Projekt mit den Geschäftsbereichen vereinbaren, wie schnell Fehler behoben werden müssen. Dies sollte sich nach dem Schweregrad des Fehlers (also z. B. einfach, mittel, hoch oder kritisch) und der Natur der Tätigkeit in den einzelnen Bereichen richten.

Beispiel: Schwerer Fehler – Leichter Fehler

- Handelt es sich z. B. um eine Versandabteilung mit 10.000 Versandpositionen täglich, muss jeder Fehler, der den Versandablauf gefährdet, in kürzester Zeit behoben werden, da sich sonst die LKWs auf dem Betriebshof stauen.
- Handelt es sich hingegen um ein Lager mit 100 Pick-Positionen pro Tag, kann die Behebung unter Umständen auch ein wenig länger dauern, ohne dass dadurch der Betrieb zum Erliegen kommt.

Die Entwicklung der offenen Fehler sollte täglich vom Projektmanagement überwacht werden. Kommt das Projektteam mit dem Lösen von Problemen hinterher? Gibt es Themenbereiche oder Standorte, die besondere Schwie-

rigkeiten machen? Müssen Teile der Projektteams umdirigiert werden, um den Problemen Herr zu werden?
Während der Supportphase muss zeitnah und flexibel gehandelt werden, sonst entstehen leicht Brandherde, die man so schnell nicht wieder unter Kontrolle bekommt.

Loslassen: Übergabe an die Maintenance-Abteilung

Am Ende der Support-Phase wird die Systemverantwortung an die Maintenance-Abteilung übergeben. Der Aufwand hierfür ist größtenteils davon abhängig, wie stark die Maintenance-Abteilung während der Projektlaufzeit in das Projektteam eingebunden war.
Idealerweise war die personelle Einbindung stark oder Teile der Projektmannschaft gehen ohnehin in die Support-Abteilung über. In beiden Fällen ist gewährleistet, dass das Wissen, das im Projekt erarbeitet wurde, nicht verloren geht.
Etwas schwieriger wird es, wenn die Projekt- und die Maintenance-Mannschaft komplett unabhängig voneinander sind. Dann braucht es einen formalen Prozess, um die Übergabe abzusichern.

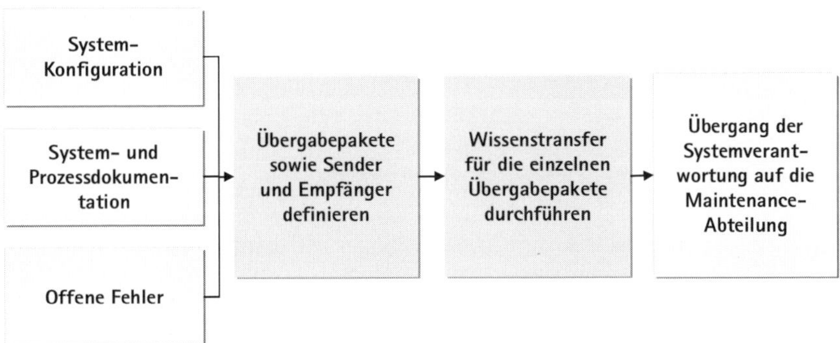

Abb. 97: Übergabeprozess an die Maintenance-Abteilung

1. Hierzu ist es sinnvoll, die komplexe SAP-Lösung in verschiedene thematische Übergabepakete aufzuteilen, z. B. Einkauf, Vertrieb, Lager, Produktion etc.

2. Für jedes Übergabepaket werden dann die dazugehörigen Komponenten zusammengestellt.
3. Anschließend wird für jedes Paket festgelegt, wer Sender (= Mitarbeiter aus Projektteam) und wer Empfänger (= Mitarbeiter aus Supportteam) ist.

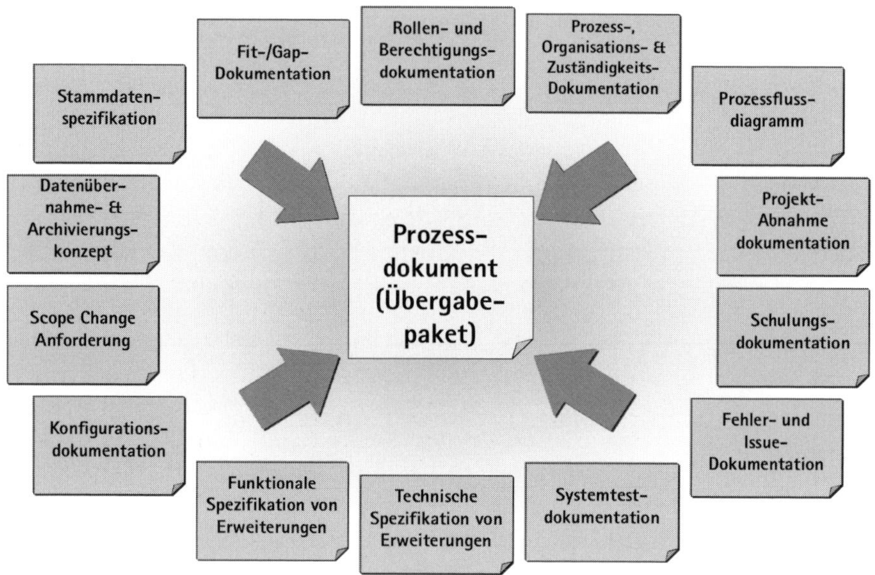

Abb. 98: Komponenten eines Übergabepakets

Soweit der formale Akt. Weitaus schwieriger ist es erfahrungsgemäß, dafür zu sorgen, dass Sender und Empfänger auch genügend Zeit haben, um die benötigten Informationen auszutauschen. Hier hilft nur detailliertes Nachhalten durch das Projektmanagement.

Typischerweise gibt es drei Voraussetzungen, die erfüllt sein müssen, damit ein Projektteam die Verantwortung für die SAP-Lösung an die Support-Organisation übergeben kann:

- Abgeschlossene Lösungsübergabe
- Anzahl der noch offenen Fehler unterhalb einer vordefinierten Anzahl (sog. „Quality Gate“)
- Zustimmung der Geschäftsbereiche

Sind all diese Bedingungen erfüllt, steht einer Übergabe nichts mehr im Wege.

Lessons Learned: Lernen für das nächste Projekt

Bevor sich das Team in alle Himmelsrichtungen verstreut, sollte man für eine Rückschau Zeit einplanen. Der Fachbegriff hierfür lautet „Lessons Learned“. Er bezeichnet das systematische Sammeln, Bewerten, Verdichten und die schriftliche Aufzeichnung von Erfahrungen, Entwicklungen, Hinweisen, Fehlern, Risiken etc., die in einem Projekt vorkamen und deren Beachtung/Vermeidung sich unter Umständen als nützlich für zukünftige Projekte erweisen könnte. Hierzu ist das ganze Team gefordert. In verschiedenen Workshops werden in den einzelnen Teams die gemachten Erfahrungen ausgewertet und Verbesserungsvorschläge für künftige Projekte gesammelt. Gut zugänglich archiviert dienen sie der Vorbereitung ähnlicher Projekte. Die Betrachtung einer größeren Anzahl solcher Dokumente über eine Reihe von Projekten hinweg kann zu Ideen führen, wie das Projektmanagement einer Organisation strukturell verbessert werden kann. Dabei ist es vorteilhaft, zu Beginn eines neuen Projektes die Beachtung der Lessons Learned vorangegangener Projekte verbindlich vorzuschreiben.

EIN MONTAG ANFANG JANUAR, CORK. ERSTER GO-LIVE. In den Wochen vor dem Produktivstart wird beinahe rund um die Uhr gearbeitet. Und schließlich halten sie den Termin für den ersten Go-Live, wenn auch äußerst knapp. Einen einzigen weiteren Monat hätte das Team auch nicht mehr durchgehalten. Das Projektteam und die komplette irische Führungsebene aus allen Standorten sind im größten Raum der Portakabins versammelt. Fred Walsh ist anwesend und auch Franco kommt, weil es ihm ja ein Herzensanliegen ist, den gemeinsamen Erfolg zu feiern. Die Redakteure der Mitarbeiterzeitung sind da, es wird fotografiert. Um zehn Uhr vormittags wird ganz formal der Hebel umgelegt. Fred Walsh hält eine kurze Dankesrede, in der er ein paar Turbulenzen erwähnt. Es gibt viel Applaus und erleichtertes Händeschütteln. Endlich positive Stimmung. Sie dringt in die Irlandstandorte und Niederlassungen in anderen Länder vor. Unterstützt von einer Rundmail des Präsidenten mit der stolzen Botschaft, das System sei nun live gegangen. Die Leute von der IT wissen: Jetzt beginnt die eigentliche Arbeit. Die anderen ahnen es schon.

MITTE JANUAR. PROBLEME IN LIMERICK. Dem Go-Live schließt sich eine Überwachung der Kennzahlen an, die von Nils aufgestellt worden sind. Ein paar Tage später fängt Nils Hajo auf dem Weg zum Kaffeeautomaten ab: „Wir haben in Limerick Wareneingänge, die passen überhaupt nicht zu dem, was wir sonst hatten. Es ist viel zu wenig, aber die Produktion schreit nicht. Wir bekommen da überhaupt keine Rückmeldung."

Hajo denkt kurz nach, während er den Kaffee in die braune Kunststofftasse laufen lässt. Zu Nils sagt er: „Das kann eigentlich nur bedeuten, dass die am System vorbei arbeiten. Und wenn das so ist, dann haben wir ein Riesenproblem."

Sie schalten Andy Boots ein, und noch spät am Abend telefoniert er Produktionsleiter und Lagerleiter aus den Betten. Es kommt heraus, dass sie alle tatsächlich am System vorbei arbeiten und Wareneingänge nicht mit SAP erfassen, weil irgendetwas nicht funktioniert. Das haben sie allerdings für sich behalten. Die indischen Mitarbeiter haben es ebenfalls nicht erkannt. Am nächsten Morgen fährt eine Task Force nach Limerick, die alles nachbuchen soll. Das tun sie während der nächsten Tage im Drei-Schicht-Betrieb, bis alles stimmt. Dennoch kommt es zu Ausfällen in der Produktion, weil Ersatzteile fehlen, ein teurer Fehler. Mick Earl bekommt das mit und ist kurz davor, in die Luft zu gehen. Andy hält ihn zurück und sagt: „Mick, ich fürchte, diese Suppe müssen wir selbst auslöffeln. Wir haben unsere Prozesse nicht richtig im Griff, das ist offensichtlich. Wir haben unsere Leute nicht richtig geschult und wir hatten auch nicht genügend Prozess-

Spezialisten abgestellt. Das können wir nicht eskalieren – ich jedenfalls mache da nicht mit."

Mick lenkt widerwillig ein.

ENDE MÄRZ IN CORK. HAPPY END. Ein paar Wochen später ist auch der zweite Go-Live gut überstanden, und es gibt eine große Party in einer angemieteten Kneipe in Cork, bei der alle mal so richtig Dampf ablassen können. Sie haben eine irische Band engagiert, und das Guinness schmeckt heute besonders gut. Hajo hält eine Rede und bedankt sich bei seinem Team für die Rückendeckung und die harte Arbeit. Er beginnt mit den Worten „Was für ein Jahr!" Das Buffet ist voll beladen mit den üblichen Variationen von Kartoffeln und Fleisch. Und – es wird getanzt. Die irischen Projektleiter führen eine Art Volkstanz auf, bis sie irgendwann übereinander stolpern. Alle feiern das Projekt als großen Erfolg. Schließlich hat man es ja immer schon gewusst, dass dies ein gutes Team mit einer fähigen Leitung ist und am Ende alles gut gehen würde ... Hajos Chancen auf eine Beförderung sind damit deutlich gestiegen. Ein paar Tage später sitzt er wieder im Flieger, neben ihm aber dieses Mal seine Frau und die beiden Töchter. Das Ziel: eine kleine Karibikinsel. Und zwei Wochen lang keine festen Schuhe tragen.

Glossar

ERP	Enterprise Ressource Planning: Software (gemeint sind Systeme wie SAP R/3, Oracle, PeopleSoft etc.) und Methodik, um die Geschäftsprozesse eines Unternehmens abzubilden und die Geschäftsressourcen (Material, Produktionskapazitäten, Mitarbeiter) zu beplanen.
Key User	Permanenter Vertreter eines Geschäftsbereichs im ERP-Projekt
IT	Informationstechnologie (EDV)
Scope	Projektumfang
Scoping-Document	Pflichtenheft, Beschreibung des Projektumfangs
PSP	Der Projektstrukturplan (engl. work breakdown structure) ist eine Gliederung des Projekts in planbare und kontrollierbare Teilaufgaben. Im Rahmen des PSP wird die gesamte Projektaufgabe in Arbeitspakete/Teilaufgaben (engl. work packages) zerlegt und die Beziehung zwischen den Arbeitspaketen beschrieben. Der Projektstrukturplan stellt die Projektleistung (Projektaufgabe) graphisch in einem Baum dar und ist die gemeinsame Basis für die Ablauf-, Termin- und Kostenplanung.
Kritischer Pfad	Bei der Methode des kritischen Pfades werden in einem Netzplan die Aktivitäten identifiziert, deren Verzug zu einem Gesamtverzug des Projekts führen würde.
Netto-Barwert	Der Netto-Barwert (auch Gegenwartswert, aus dem Englischen: net present value) ist ein Begriff aus der Finanzmathematik und entspricht dem Wert, den eine zukünftig anfallende Zahlung in der Gegenwart besitzt.

Deployment	Ausrollen einer SAP-Lösung oder einer Teilfunktionalität in einen neuen Standort
SLA	Der Begriff Service Level Agreement bezeichnet eine Vereinbarung zwischen Auftraggeber und Dienstleister, die wiederkehrende Service-Dienstleistungen für den Auftraggeber in den Kontrollmöglichkeiten transparenter gestaltet durch genaue Beschreibung zugesicherter Leistungseigenschaften (Service Level) wie etwa der Reaktionszeit, Umfang, Schnelligkeit.
SPOC	Single Point of Contact. Zentrale Kontakt- und Koordinationsperson.
Projekt Governance	Gremien zur Projektüberwachung und -steuerung
ETC	Estimated To Complete. Geschätzter Restaufwand bis zur Fertigstellung einer Aufgabe.
EAC	Estimate at completion
War Room	Projektraum, in dem alle wichtigen Statusinformationen zum Projekt tagesaktuell visualisiert sind.
IFRS	Die International Financial Reporting Standards (IFRS) sind internationale Rechnungslegungsvorschriften. Sie umfassen die Standards des International Accounting Standards Board (IASB) sowie die International Accounting Standards (IAS) des International Accounting Standards Committee.
HGB	Das Handelsgesetzbuch (HGB) enthält den Kern des Handelsrechts in Deutschland. Es regelt die Rechtsverhältnisse der Kaufleute und wird daher auch als das „Sonderprivatrecht der Kaufleute“ bezeichnet.
RICEF	Reports, Interfaces, Conversions, Enhancements, Forms

Scope Creep	Schleichende, ungewollte Erweiterung des Projektumfangs
Contingency	Sicherheitsreserve im Projektbudget
CRT	Class Room Training
WBT	Web-based Training
CBT	Computer-based Training
QA/QS	Quality Assurance /Qualitätssicherung

Über den Autor

Karsten Drath, Dipl.-Ing. und MBA, ist heute Managing Director Europa für den europäischen Consulting-Bereich von Dell Services. In den letzten dreizehn Jahren arbeitete er als interner und externer Unternehmensberater und Change Manager bei namhaften Konzernen in internationalen Großprojekten mit bis zu 200 Mitarbeitern und Budget im zweistelligen Millionen-Euro-Bereich. Im Rahmen dieser Tätigkeit war er u.a. bei einem global agierenden Schienenfahrzeughersteller für die weltweite Einführung von SAP R/3 verantwortlich. Neben der Rolle des Faktors Mensch sind Ausdauer und Beständigkeit für ihn dabei von zentraler Bedeutung, was er auch bei seiner erfolgreichen Teilnahme am Ironman 2006 unter Beweis stellte. Heute hilft er als Unternehmensberater und zertifizierter Leadership Coach internationalen Unternehmen, die Stromschnellen von Veränderungsprozessen durch eine ganzheitliche Sichtweise, die das „Menschliche" mit einbezieht, erfolgreich und unbeschadet zu meistern.

Danksagung

Dieses Buch wäre nicht möglich gewesen ohne die Unterstützung vieler Menschen. Zuallererst sei hier Tanja Faust genannt, die mit übermenschlicher Geduld Hajo, Geraume und Co. zum Leben erweckt hat. Lars Thomas, Susanne Graw, Patrick Vollmer, Rainer Kirschnick und Thorsten Keller haben mich an ihren Erfahrungen mit internationalen SAP-Projekten teilhaben lassen und ebenfalls wichtige Impulse geliefert. Zuletzt gilt mein Dank all denen, die dieses Projekt begleitet haben und mitgeholfen haben, dass aus der Idee „Das sollte man wirklich mal aufschreiben" ein echtes Buch geworden ist.

Literaturverzeichnis

Hopp and Spearman; Wallace J. Hopp, Mark L. Spearman, Factory Physics: foundations of manufacturing management; 2nd ed. McGraw-Hill Higher Education

Plossl and Orlicky 1985; George W. Plossle, Joseph A. Orlicky Orlicky's Material Requirements Planning, Prentice Hall, 2nd ed.

Wight. O. 1981. MRP II : Unlocking America's Productivity Potential', Boston: CBI Publishing.

R. E. Freeman: Strategic Management. Pitman, 1984

R. E. Freeman: The Stakeholder Approach Revisited. In: Zeitschrift für Wirtschafts- und Unternehmensethik (zfwu). 3/5/2004

R. Philips: Stakeholder Theory and Organizational Ethics. Berrett-Koehler Publishers, 2003

A. Svendsen: The Stakeholder Strategy. Profiting from Collaborative Business Relationships. Berrett-Koehler Publishers, 1998

J.E. Post, L.E. Preston, S. Sachs: Redefining the Corporation. Stakeholder Management and Organizational Wealth. Stanford Business, 2002

A.B. Carroll, A.K. Buchholtz: Business and Society. Ethics and Stakeholder Management. South-Western College Pub, 2002

Thomas Beschorner, Alexander Brink (Hrsg.): Stakeholdermanagement und Ethik. In: Zeitschrift für Wirtschafts- und Unternehmensethik (zfwu)

Stichwortverzeichnis

O

P

Q

R

S